21世纪高职高专机械基础系列规划教材

液压与气压传动

主　编　唐建生
副主编　张　怡　刘吉彪

武汉理工大学出版社
·武　汉·

内容简介

本书主要讲述液压与气动技术的基础知识，包括元件、回路及液压与气动系统。全书共九章，分别是绪论、液压流体力学基础、液压泵、液压缸与液压马达、常用液压元件、液压系统常用基本回路、典型液压系统的应用、气压传动工作介质与气动元件、气动系统常用基本回路。

本书以必需、够用为原则，采用通俗易懂的叙述方法，注重与工程实践紧密结合，突出应用能力的培养。

本书可作为高职的机械制造、数控技术、机电一体化、汽车制造与装配、自动化及其他相关专业的学生学习液压与气动技术的教材，也可供有关教师和工程技术人员参考。

图书在版编目(CIP)数据

液压与气压传动/唐建生主编.—武汉:武汉理工大学出版社，2016.6
ISBN 978-7-5629-5187-2

Ⅰ.①液… Ⅱ.①唐… Ⅲ.①液压传动 ②气压传动 Ⅳ.①TH137 ②TH138

中国版本图书馆CIP数据核字(2016)第131587号

项目负责人:王兆国　　**责任编辑**:张莉娟
责任校对:刘　凯　　**封面设计**:芳华时代
出版发行:武汉理工大学出版社
社　　址:武汉市洪山区珞狮路122号
邮　　编:430070
网　　址:http://www.wutp.com.cn
经 销 者:各地新华书店
印 刷 者:湖北丰盈印务有限公司
开　　本:787×1092　1/16
印　　张:12
字　　数:300千字
版　　次:2016年6月第1版
印　　次:2016年6月第1次印刷
印　　数:1—2000册
定　　价:29.00元
凡购本书，如有缺页、倒页、脱页等印装质量问题，请向出版社发行部调换。
本社购书热线电话:(027)87384729　87664138　87523148

前　言

本书在编写时，立足于高职学生培养的特点，贯彻理论知识适度、够用的原则，突出知识的应用性，注重分析与解决工程实际问题能力的培养。

本书是编者在多年高职教学和科研工作的基础上，汲取同类教材的经验，结合高职教学改革的需要，对液压与气动技术的内容进行认真整合与编排，在编写架构和内容选取上有所创新。

全书共9章。第1章绪论，介绍了液压与气动系统的组成和基本工作原理；第2章介绍了液压流体力学的基础知识；第3章液压泵，介绍了液压系统最常用的几种液压泵的结构和工作原理；第4章介绍了液压缸与液压马达；第5章介绍了常用液压元件；第6章介绍了液压系统常用基本回路；第7章介绍了典型液压系统的应用；第8章介绍了气压传动工作介质与气动元件；第9章介绍了气动系统常用基本回路。附录部分列出了液压与气动元件的图形符号、液压与气动系统常见的故障及排除方法。

本书由佛山职业技术学院唐建生教授担任主编，并负责全书的统稿工作；由广州城市职业学院张怡、河南工业职业技术学院刘吉彪担任副主编。其中，唐建生编写了第1章、第2章、第3章和附录部分；张怡编写了第4章、第5章、第6章；刘吉彪编写了第7章、第8章、第9章。

本书在编写过程中参阅了国内同行的教材、资料与文献，在此谨致谢意。由于编者水平有限，书中难免有错误和不妥之处，恳请读者批评指正。

编　者

2016年5月

前　言

[illegible]

编　者

2016年　月

目　　录

1 绪 论

液压与气压装置在工农业生产与生活各个领域中都有着广泛的应用，它们是用压力油或压缩空气作为传递能量的介质来实现传动与控制的目的。液压与气压装置在实现传动与控制时，必须要由各类泵源、阀、缸及管道等元件组成一个完整的系统。本书的任务就是研究组成系统的各类液压与气动元件的结构、工作原理和应用，分析液压与气压装置中常用的各种控制回路的作用和特点，在此基础上分析液压与气压传动设备的工作原理，掌握液压与气压传动设备的安装、调试、操作和维修的技能。

1.1 液压与气压传动的工作原理与系统组成

1.1.1 液压传动的工作原理

在我们对液压传动系统还缺乏认识的情况下，先从液压千斤顶的工作原理着手。液压千斤顶是一个常用的维修工具，它是一个较为完整的液压传动装置。

液压千斤顶的工作原理如图 1-1 所示。液压千斤顶的大活塞 4 和小活塞 7 分别可以在大缸体 3 和小缸体 8 内上下移动。因活塞与缸体内壁间有良好的密封性，所以形成容积可变的密封空间。两缸体由装有单向阀 5 的管道互连，并与油箱 1 相连。当要举升重物 G 时，先向上提起杠杆手柄 6，使手柄带动小活塞 7 向上移动，这时小活塞下部缸体内的空间增大。由于密封作用，外界空气不能补充进来，造成密封容积内压力低于大气压。同时，在单向阀 5 的作用下，大缸内的油液不能进入小缸。这时油箱内的油液就在大气压的作用下，经管道和单向阀 9 进入小缸体 8 内。当压下杠杆手柄 6 时，小活塞 7 下移，密封容积减小，压力升高，油液不能通过单向阀 9 流回油箱，只能通过单向阀 5 压入大缸内，推动大活塞将重物升高一定距离。重复以上过程，重物就不断被举升。举升重物的过程完成后，将放油阀 2 转动 90°，可使大缸内油液流回油箱，实现大活塞下移复位。

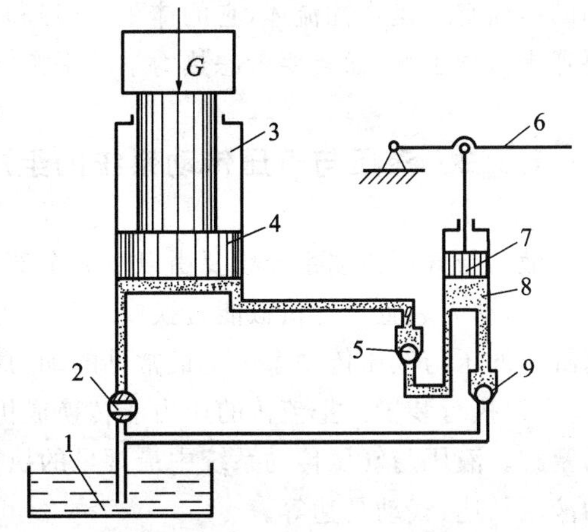

图 1-1 液压千斤顶的工作原理

1—油箱；2—放油阀；3—大缸体；4—大活塞；5—单向阀；6—杠杆手柄；7—小活塞；8—小缸体；9—单向阀

图 1-1 是手动液压千斤顶的工作原理图。实际应用中，千斤顶的产品设计形式是多种多样的，可以满足不同场合下的应用。在较小吨位时常用的有立式手动千斤顶[图 1-2(a)]、卧式手动千斤顶[图 1-2(b)]，在较大吨位时一般采用电动千斤顶[图 1-2(c)]。

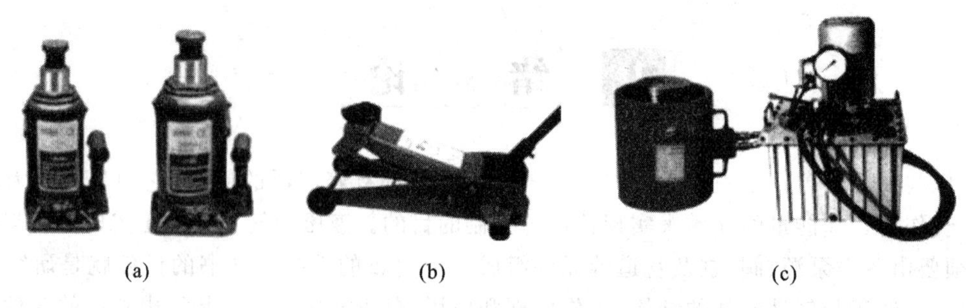

(a) (b) (c)

图 1-2 液压千斤顶产品样图

(a)立式手动千斤顶；(b)卧式手动千斤顶；(c)电动千斤顶

如果将图 1-1 所示系统中的油液介质换成空气介质，因空气介质直接取自大气，并直接排入大气，不需要图示中的回油管与油箱装置，其他元件的结构与原理类似，则图示系统就可视为一个气压传动系统。例如生活中常用的打气筒，其工作原理就与上述小活塞缸的完全相同。

从液压千斤顶的工作原理可以看出，液压与气压传动是以密封容积中的受压工作介质来传递运动和动力的。先将机械能转换成压力能，然后通过各种元件组成的控制回路来实现能量的调控，再将压力能转换成机械能，使执行机构实现预定的动作。

由于工作介质不同，液压传动与气压传动在结构和工作原理上有着极为相似之处，但理论基础并不完全相同。液压传动装置使用的油液为可压缩性较小的流体，工程应用中一般可视为不可压缩的液体，在分析液压传动的过程时主要考虑的是力的平衡，以液体所表现出的宏观力学特征为依据，分析液体在运动时的质量、能量的迁移及转换的力学平衡问题。气动装置所用的压缩空气是弹性流体，它的体积、压强和温度三个状态参量之间有互为函数的关系，不仅要考虑力学平衡，而且要考虑热力学的平衡。

1.1.2 液压与气压传动系统的组成

液压与气压传动系统主要由以下五个部分组成。

(1)动力装置。把机械能转换成流体压力能的装置，如图 1-1 所示的液压千斤顶中的小活塞缸。液压与气压传动系统中最常见的动力装置是液压泵或空气压缩机。

(2)执行装置。把流体的压力能转换成机械能的装置，如图 1-1 所示的液压千斤顶中的大活塞缸。液压与气压传动系统中最常见的执行装置是作直线运动的液压缸、气缸，作回转运动的液压马达、气动马达等。

(3)控制调节装置。对压力、流量和方向进行控制和调节的元件，如图 1-1 所示的液压千斤顶中的两个单向阀。控制元件种类多，组合灵活，包括压力阀、流量阀、方向阀、行程阀、逻辑元件等，是学习和掌握液压与气压传动系统工作原理的主要内容。

(4)辅助装置。如油箱、过滤器、分水滤气器、油雾器、蓄能器、管件等辅助元件，它们对保证液压与气压传动系统可靠和稳定的工作是不可缺少的。

(5)工作介质。液压油或压缩空气作传递能量的流体。

在绘制液压与气压传动系统工作原理图时，各类装置和元件都按国家标准规定的图形符号绘出，可参看本书的附录。在学习每个液压与气动元件的结构和工作原理时，一定要注意掌握其对应的图形符号。

1.2 液压与气压传动的特点

液压与气压传动也统称为流体传动。与机械装置相比，流体传动装置的主要优点是操作方便、省力，系统结构空间的自由度大，易于实现自动化。流体传动与电气控制相配合，可较方便地实现复杂的程序动作和远程控制。

流体传动具有传递运动均匀平衡、响应快、冲击小，能高速启动、制动和换向的特点，易于实现过载保护，易于调速，控制元件标准化、系列化和通用化程度高，有利于缩短机器的设计、制造周期和降低制造成本。

1.2.1 液压传动的优点

(1)在同等功率的情况下，液压装置的体积小、重量轻、结构紧凑。液压马达的体积和重量只有同等功率电动机的12%左右。

(2)液压装置的换向频率高，在实现往复回转运动时可达500次/min，实现往复直线运动时可达1000次/min。

(3)液压装置能在大范围内实现无级调速(调速范围可达1∶2000)，还可以在液压装置运行的过程中进行调速。

(4)液压传动容易实现自动化，因为它是对液体的压力、流量和流动方向进行控制或调节，操纵很方便。

(5)液压元件能自行润滑，使用寿命较长。

1.2.2 气压传动的优点

(1)空气介质来自于大气，可将用过的气体直接排入大气，处理方便。空气泄漏不会严重影响工作，不会污染环境。

(2)空气的黏性很小，在管路中的阻力损失远远小于液压传动系统，宜于远程传输及控制。

(3)工作压力低，元件的材料和制造精度要求低，成本低。

(4)维护简单，使用安全卫生，无油的气动控制系统特别适用于无线电元(器)件的生产过程，也适用于食品及医药的生产过程。

(5)气动元件可以根据不同场合，采用相应材料，使元件能够在易燃、高温、低温、强振动、强冲击、强腐蚀和强辐射等恶劣的环境下正常工作。

1.2.3 液压与气压传动的弱点

传动介质的易泄漏和可压缩性会使传动比不能严格保证；由于能量传递过程中压力损失和泄漏的存在使传动效率低，特别是气压传动系统输出力较小时，传动效率低。

液压传动系统的工作压力较高，控制元件制造精度高，系统成本较高，系统工作过程中发生故障不易诊断，特别是泄漏故障较多。

空气的压缩性远大于液压油的压缩性，因此在动作的响应能力、工作速度的平稳性方面气压传动不如液压传动。

1.3 液压与气压传动技术的发展概况

液压与气压传动技术在各类机械产品中被广泛地应用，以增强产品的自动化程度和动力性能，操作灵活、方便、省力，可实现多维度、大幅度的运动，提高生产设备的效率与自动化水平，提高重复精度与生产质量。如机床设备、工程机械、矿山机械；各类自动、半自动生产线；焊接、装配、数控设备和加工中心等。随着工业的发展，液压与气压传动技术必将更加广泛地应用于各个工业领域。

液压技术自 18 世纪末英国制成世界上第一台水压机算起，已有两三百年的历史了，但其真正的发展只是在第二次世界大战后的 50 余年。二战后液压技术迅速转向民用工业，在机床、工程机械、农业机械、汽车等行业中逐步推广。20 世纪 60 年代以来，随着原子能、空间技术、计算机技术的发展，液压技术得到了很大的发展，并渗透到各个工业领域中去。当前液压技术正向高压、高速、大功率、高效、低噪声、经久耐用、高度集成化的方向发展。同时，新型液压元件和液压系统的计算机辅助设计（CAD）、计算机辅助测试（CAT）、计算机直接控制（CDC）、机电一体化技术、计算机仿真和优化设计技术、可靠性技术，以及污染控制技术等方面也是当前液压传动及控制技术发展和研究的方向。

气压传动技术自 20 世纪 60 年代以来也发展很快，其主要原因是气动技术作为一种实现工业自动化的有效手段，引起各国技术人员的普遍重视和应用。许多国家已大量生产标准化的气动元件，在生产中广泛采用气动技术。随着工业的发展，它的应用范围也将日益扩大，同时它的性能也就必须满足气动机械多样化以及与机械电子工业快速发展相适应的要求，处在这样的变革时期，就要以更新的观点去开发气动技术、气动机械和气动系统。一方面要加强气动元件本身的研究，使之满足多样化的要求，同时要不断提高系统的可靠性，不断降低成本。要进行无给油化、节能化、小型化和轻量化、位置控制的高精度化研究，以及气、电、液相结合的综合控制技术的研究。同时，计算机辅助设计、优化设计，计算机控制也是气动技术开发的发展方向。

2 液压流体力学基础

液压传动系统是以油液作为工作介质的。本章主要以液压油工作介质的物理性质、压力与流量概念、流体力学的基础知识为研究内容，为液压传动系统的学习与分析提供最基本的理论知识。

2.1 液压油的物理性质

2.1.1 液体的密度

单位体积液体的质量称为密度，用符号 ρ 表示，单位为 kg/m^3。设一均质液体的体积为 V（单位：m^3），所含的质量为 m（单位：kg），则其密度为：

$$\rho = \frac{m}{V} \tag{2-1}$$

液体的密度随压力的升高而增大，随温度的升高而减小。但是由于压力和温度对密度变化的影响都极小，一般情况下可视液体的密度为一常数。水的密度 $\rho = 1000(kg/m^3)$，矿物油的密度 $\rho = 850 \sim 960(kg/m^3)$。

2.1.2 液体的可压缩性

液体受压力作用其体积会减小的性质称为可压缩性，液体可压缩性的大小，用单位压力变化时液体体积的相对变化量来表示，即体积压缩系数 κ，单位为 m^2/N。一定体积 V 的液体，当压力增大 dp 时，体积减小了 dV，则体积压缩系数 κ 为：

$$\kappa = -\frac{dV}{V}\frac{1}{dp} \tag{2-2}$$

压力增加时体积是减小的，式中负号表示 dV 与 dp 的变化相反，使体积压缩系数 κ 为正值。

工程上常用体积弹性模量 K 来表示液体的可压缩性。体积压缩系数的倒数称为体积弹性模量 K，即 $K = \frac{1}{\kappa}$，单位为 N/m^2，也称为 Pa。

液体的体积弹性模量与温度和压力有关，但变化很小，在工程应用中一般忽略不计。

在常温下，矿物油型液压油的体积弹性模量 $K = (1.4 \sim 2.0) \times 10^3 MPa$，是钢的 100～150 倍。在一般液压系统中，压力不高，压力变化不大，可认为液压油是不可压缩的。但是，如果油液中混有非溶解性气体时，体积弹性模量会大幅度降低。

2.1.3 液体的黏性

2.1.3.1 黏性的定义

液体在流动时，分子间的内聚力为阻止分子相对运动而产生一种内摩擦力。这种阻碍液体分子之间相对运动而产生内摩擦力的性质，称为液体的黏性。液压油黏性对机械效率、压力损失、容积效率、漏油及泵的吸入性影响很大，是液压油最重要的一个物理性质。

图 2-1 所示的液体黏性示意图中，两平行平板间充满液体，下平板固定不动，上平板以速度 u_0 向右移动。由于液体的黏性，黏附于下平板的液层速度为零，黏附于上平板的液层速度为 u_0，中间各液层的速度则从下到上逐渐递增。由图示可知各液层间的速度呈线性变化。

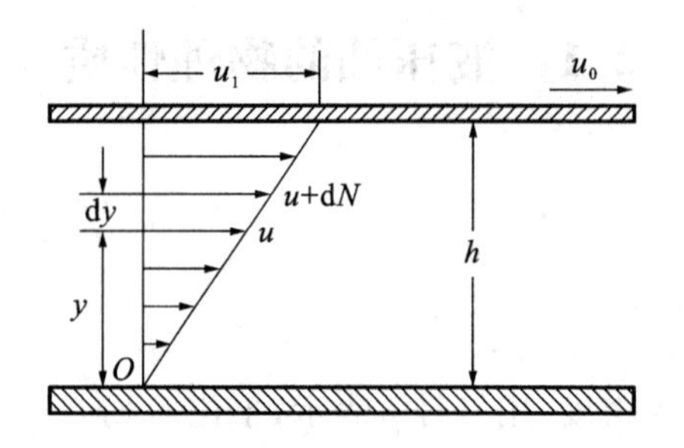

图 2-1 液体黏性示意图

经实验测定，液体流动时相邻液层间的内摩擦力与液层接触面积、液层间的相对速度 $\mathrm{d}u$ 成正比，与液层间的距离 $\mathrm{d}y$ 成反比。若以 τ 表示切应力（即单位面积上的内摩擦力），则得到牛顿液体内摩擦定律，即：

$$\tau = \mu \frac{\mathrm{d}u}{\mathrm{d}y} \tag{2-3}$$

式中 μ——比例常数，称为黏性系数或黏度；

$\frac{\mathrm{d}u}{\mathrm{d}y}$——速度梯度。

在静止液体中速度梯度 $\mathrm{d}u/\mathrm{d}y=0$，即内摩擦力为零。因此液体只有在流动时才会呈现出黏性，液体静止时是不呈现黏性的。

2.1.3.2 黏性的表示方法

液体黏性的大小用黏度来衡量。常用的有三种黏度表示形式，即动力黏度 μ、运动黏度 ν 和相对黏度。在工程中，运动黏度 ν 最为常用。

(1)动力黏度

在式(2-3)中，比例常数 μ 被称为动力黏度，或绝对黏度。它的法定计量单位为 $\mathrm{N \cdot s/m^2}$ 或 $\mathrm{Pa \cdot s}$，由于其计量单位中恰好涉及动力学研究的三个量(力、时间和位移)，因此被形象地称为“动力”黏度。

(2)运动黏度

在流体力学计算中，常遇到动力黏度 μ 与液体密度 ρ 的比值，就用 ν 表示该比值，即：

$$\nu=\frac{\mu}{\rho} \tag{2-4}$$

将 ν 称为运动黏度，显然 ν 没有明确的物理意义。由于推导出它的量纲单位为 m^2/s，量纲中恰好涉及运动学研究的两个量（时间和位移），因此被形象地称为“运动”黏度。

运动黏度最为常用，其法定计量单位为 m^2/s。工程上常以 cm^2/s 为单位，也称为 st（斯）；或以 mm^2/s 为单位，称为 cst（厘斯），且有 $1m^2/s=10^4 st=10^6 cst$。

液压油及润滑油的黏度分级标准，就是采用 40℃时油液的运动黏度 ν 的某一中心值（cst）作为牌号，共分为 10、15、22、32、46、68、100、150 八个黏度等级。

（3）相对黏度

相对黏度又称条件黏度，它是按一定的测量条件来测定的。动力黏度或运动黏度不能直接测量获得，按一定的测量条件测量出液体的相对黏度，再根据理论换算得出动力黏度或运动黏度。

各国采用的测量条件是不同的，具体的相对黏度名称也不相同，我国采用恩氏黏度（°E）这一名称。恩氏黏度计是一个容积为 200mL、底部有直径为 $\phi=2.8mm$ 小孔的容器。

将温度为 t℃的被测液体 200mL 装入恩氏黏度计，测出液体在自重作用下流尽所需的时间 t_1(s)；再测出温度为 20℃的 200mL 蒸馏水在同一小孔中流尽所需的时间 t_2(s)。这两个时间的比值即为被测液体在 t℃下的恩氏黏度，即：

$$°E=\frac{t_1}{t_2} \tag{2-5}$$

2.1.3.3 温度和压力对黏性的影响

在液压系统中，压力增大时，液压油的黏度会增大。但在一般液压系统使用的压力范围内，黏度增大的数值很小，压力对黏度的影响可以忽略不计。

液压油黏度对温度的变化十分敏感，不可忽略。由图 2-2 所示的几种国产液压油（机油）的黏度-温度关系曲线可见，温度升高，黏度快速下降。

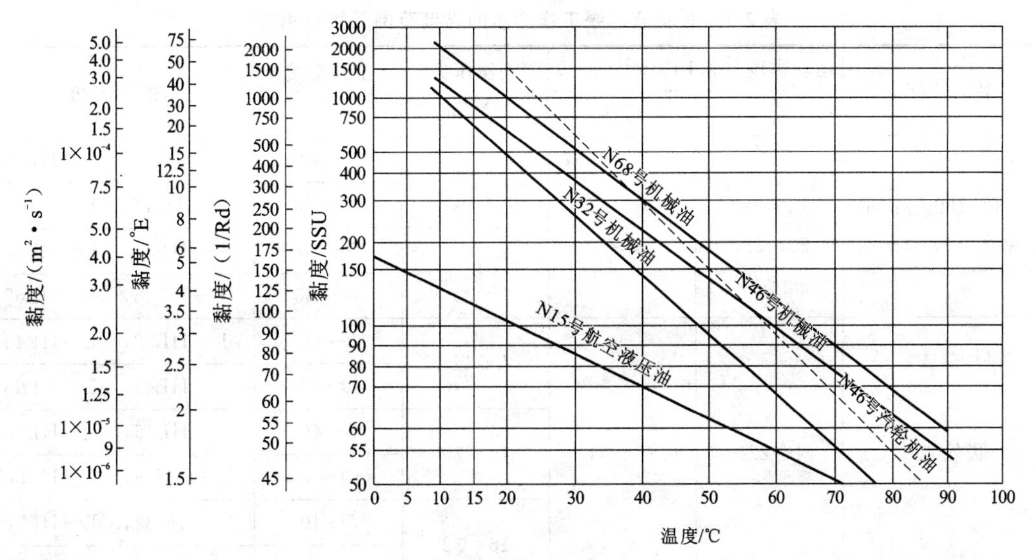

图 2-2 几种国产液压油的黏度-温度关系

例如，某机床液压系统在机床刚开始工作时无泄漏现象，机床工作约 1h 后开始出现漏油。分析其原因可知，在管路接头处已有松动的情况下，刚开始工作时液压油的温度较低，黏度较大，该松动间隙不足以产生泄漏；液压系统工作一段时间后，油液温度显著升高，黏度下降，该松动间隙出现漏油。由此可见，液压油的黏度对液压系统的密封影响较大，黏度对温度的敏感变化不可忽略。

2.1.4 液压油的品种和选用

合理地选择液压油，对提高液压传动性能，延长液压元件和液压油的使用寿命，都有重要的意义。

矿物油型液压油是以石油的精炼物为基础，加入各种添加剂调制而成。在《润滑剂、工业用油和相关产品(L 类)的分类 第 2 部分：H 组(液压系统)》(GB/T 7631.2—2003)分类中的 HH、HL、HM、HR、HV、HG 型液压油均属矿物油型液压油，这类油的品种多，成本较低，需要量大，使用范围广，目前占液压介质总量的 85%左右。以下介绍它们的特性及使用范围。

液压油有很多品种，可根据不同的使用场合选用合适的品种，在品种确定的情况下，最主要考虑的是油液的黏度，其主要考虑因素如下。

(1)液压系统的工作压力

工作压力较高的系统宜选用黏度较高的液压油，以减少泄露；反之便选用黏度较低的液压油。例如，当压力 $p=7.0\sim20.0$ MPa 时，宜选用 N46～N100 号的液压油；当压力 $p<7.0$ MPa 时，宜选用 N32～N68 号的液压油。

(2)运动速度

执行机构运动速度较快时，为了减小液流的功率损失，宜选用黏度较低的液压油。

(3)液压泵的类型

在液压系统中，对液压泵的润滑要求苛刻，不同类型的泵对油的黏度有不同的要求，参见表 2-1。

表 2-1 各种液压泵工作介质的黏度范围及推荐用油

名 称	运动黏度/($\times10^{-6}\,m^2\cdot s^{-1}$)		工作压力/MPa	工作温度/℃	推荐用油
	允许	最佳			
叶片泵(1200r/min) 叶片泵(1800r/min)	16～220 20～220	26～54 25～54	7	5～40	L—HH32， L—HH46
				40～80	L—HH46， L—HH68
			14 以上	5～40	L—HL32， L—HL46
				40～80	L—HL46， L—HL68
齿轮泵	4～220	25～54	12.5 以下	5～40	L—HL32， L—HL46
				40～80	L—HL46， L—HL68
			10～20	5～40	L—HL46， L—HL68
				40～80	L—HM46， L—HM68
			16～32	5～40	L—HM32， L—HM68
				40～80	L—HM46， L—HM68

续表 2-1

名　称	运动黏度/($\times10^{-6}m^2\cdot s^{-1}$)		工作压力/MPa	工作温度/℃	推荐用油
	允许	最佳			
径向柱塞泵 轴向柱塞泵	10～65 4～76	16～48 16～47	14～35	5～40	L—HM32， L—HM46
径向柱塞泵 轴向柱塞泵	10～65 4～76	16～48 16～47	14～35	40～80	L—HM46， L—HM68
径向柱塞泵 轴向柱塞泵	10～65 4～76	16～48 16～47	35 以上	5～40	L—HM32， L—HM68
径向柱塞泵 轴向柱塞泵	10～65 4～76	16～48 16～47	35 以上	40～80	L—HM68， L—HM100
螺杆泵	19～49	—	10.5 以上	5～40	L—HL32， L—HL46
螺杆泵	19～49	—	10.5 以上	40～80	L—HL46， L—HL68

液压油使用一段时间后会受到污染，常使阀内的阀芯卡死，并使油封加速磨耗及液压缸内壁磨损。液压油经长期使用，油质必会恶化，必须定期更换。

2.2 液体静力学基础

液体静力学是研究液体处于相对平衡状态下的力学规律及其应用。液体在相对平衡状态下不呈现黏性，因此静止液体内不存在切向剪应力，只有法向的压应力，即静压力。

2.2.1 液体静压力

静止液体在单位面积上所受的法向压应力称为静压力。静压力在物理学中称为压强，在液压传动中简称压力。

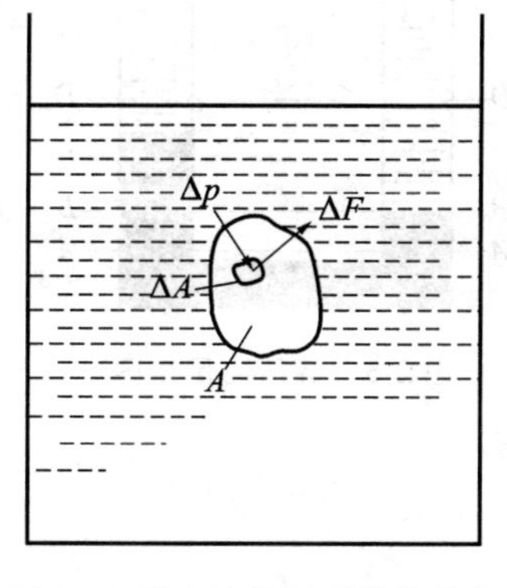

图 2-3 静止液体所受的作用力

如图 2-3 所示，在静止液体中取任意一微小面积 ΔA，由于液体处于相对静止状态，在面积 ΔA 上只承受总法向力 ΔF 的作用，所以液体所受的总静压力永远垂直于它所作用的平面。在面积 ΔA 上的平均液压力为 $\Delta F/\Delta A$，当 ΔA 趋于 0 时，$\Delta F/\Delta A$ 的极限称为液体的静压力，并以 p 表示，即：

$$p=\lim_{\Delta A\to 0}\frac{\Delta F}{\Delta A} \tag{2-6}$$

压力的法定单位是 Pa(帕)，即 N/m^2。由于 Pa 单位较小($1Pa=1N/m^2$)，常用它的倍数单位来表示压力：

$$1kPa=1\times10^3Pa$$

$$1MPa=1\times10^6Pa$$

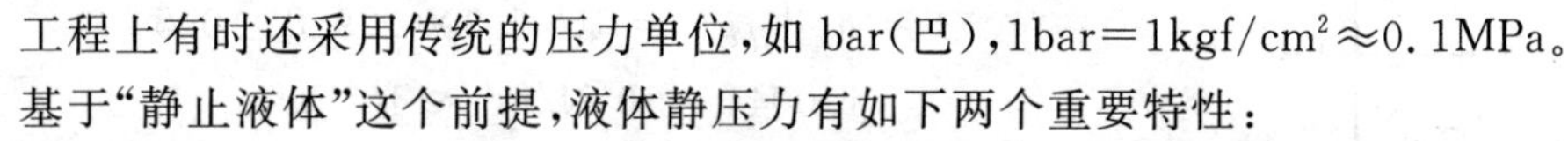

工程上有时还采用传统的压力单位，如 bar(巴)，$1bar=1kgf/cm^2\approx0.1MPa$。

基于“静止液体”这个前提，液体静压力有如下两个重要特性：

(1)液体静压力垂直于作用面，其方向和该面的内法线方向一致。

(2)静止液体内任何一点所受到的压力在各个方向上都相等。如果某点受到的压力在某个方向上不相等,那么液体就会流动,就不是“静止液体”了。

2.2.2 液体静压力基本方程

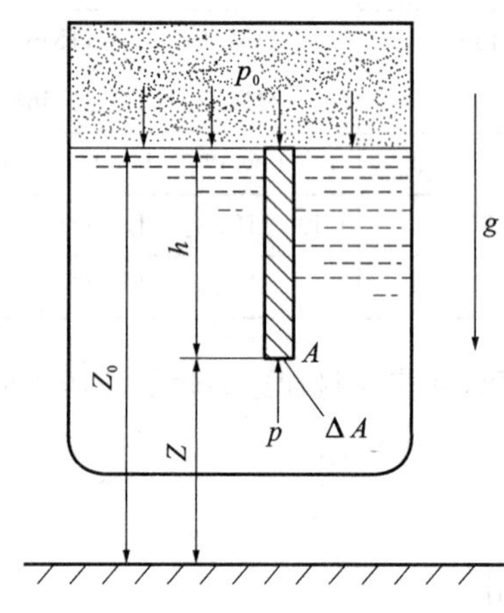

图 2-4 距液面 h 深处的静压力

分析静止液体内部任意一点的静压力,如图 2-4 所示。从液面向下取一微小圆柱,其高度为 h,即 A 点距液面高度为任意值 h,设微小圆柱底面积为 ΔA,则该圆柱在侧面受力并平衡外,在垂直方向上,上表面受力为 $p_0\Delta A$,下表面受力为 $p\Delta A$,液体所受重力为 $\rho gh\Delta A$,小圆柱在垂直方向受力平衡,即:

$$p\Delta A = p_0\Delta A + \rho gh\Delta A$$

简化得

$$p = p_0 + \rho gh \qquad (2\text{-}7)$$

该式称为液体静力学基本方程。

液体静力学方程表明了静止液体中的压力分布规律,即:

(1)静止液体中任何一点的静压力为作用在液面的压力 p_0 和液体重力所产生的压力 ρgh 之和。

(2)液体中的静压力随着深度 h 的增加而呈线性增加。

(3)在连通器里,同一种静止液体中只要深度 h 相同,其压力就相等,称之为等压面。

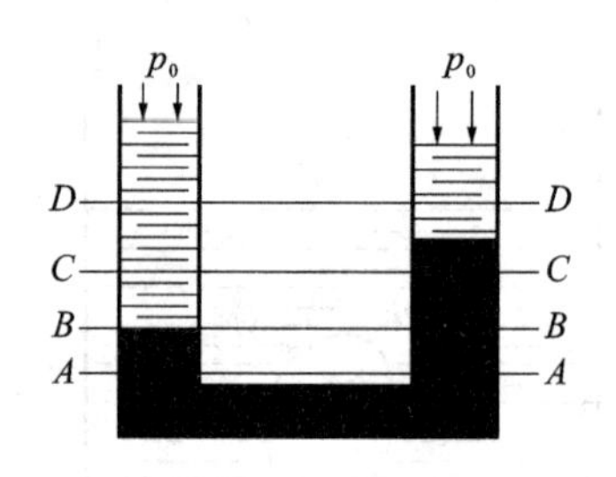

图 2-5 等压面示意图

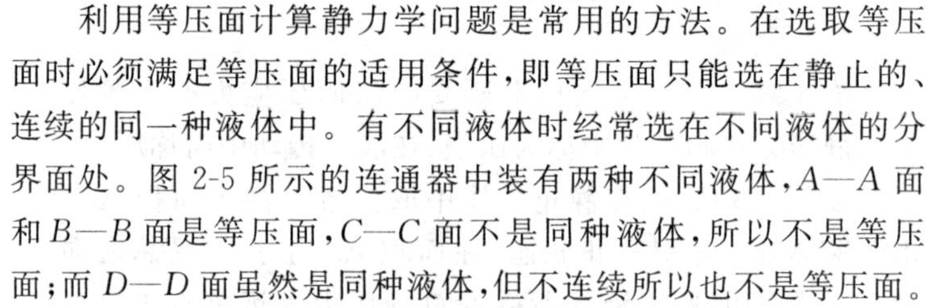
利用等压面计算静力学问题是常用的方法。在选取等压面时必须满足等压面的适用条件,即等压面只能选在静止的、连续的同一种液体中。有不同液体时经常选在不同液体的分界面处。图 2-5 所示的连通器中装有两种不同液体,$A—A$ 面和 $B—B$ 面是等压面,$C—C$ 面不是同种液体,所以不是等压面;而 $D—D$ 面虽然是同种液体,但不连续所以也不是等压面。

【例 2-1】 如图 2-6 所示,容器内盛有油液。已知油的密度 $\rho = 900\text{kg/m}^3$,活塞上的作用力 $F = 1000\text{N}$,活塞的面积 $A = 1\times10^{-3}\text{m}^2$,假设活塞的质量忽略不计。问活塞下方深度为 $h = 0.5\text{m}$ 处的压力等于多少?

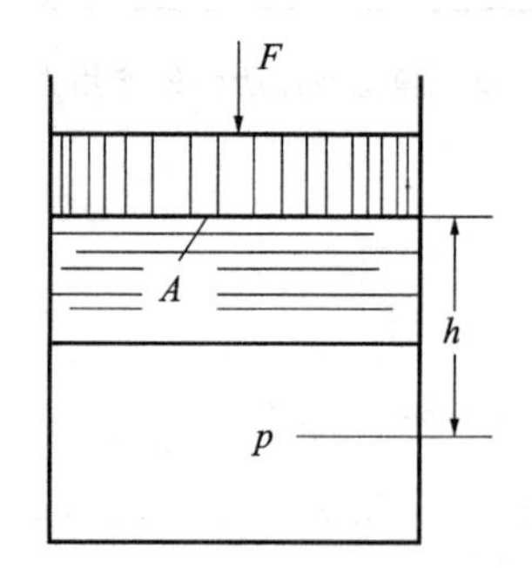

图 2-6 静止液体内的压力

【解】 活塞与液体接触面上的压力均匀分布,有:

$$p_0 = \frac{F}{A} = \frac{1000}{1\times10^{-3}} = 10^6\,\text{N/m}^2$$

根据液体静压力的基本方程式(2-7),深度为 h 处的液体压力为:

$$\begin{aligned} p &= p_0 + \rho gh = 10^6 + 900\times9.8\times0.5 \\ &= 1.0044\times10^6\,\text{N/m}^2 \approx 10^6\,\text{Pa} \end{aligned}$$

液体在受外界压力作用的情况下,$p_0 \gg \rho gh$,ρgh 相对甚小,在液压系统中常可忽略不计,因而可近似地认为“整个液体内部的压力是相等的”。我们在分析液压系统的压力时，一般都忽略 ρgh 的影响。

2.2.3 绝对压力与相对压力

液体压力有绝对压力和相对压力两种表示方法。

以绝对真空为基准测量的压力叫作绝对压力；以大气压力为基准测量的压力叫作相对压力，即：

绝对压力＝相对压力＋大气压力

因为大气压无处不在，在进行液压传动系统的分析与计算时，除非特别说明使用绝对压力，一般都使用的是相对压力。

压力表指示的压力，是高于大气压的压力值，因此，高于大气压的相对压力被称为表压力。

当某点处的绝对压力小于大气压时，用压力表无法测量，需要用真空计来测定，因此，低于大气压的相对压力称为真空度，即：

表压力(相对压力之一)＝绝对压力－大气压力

真空度(相对压力之二)＝大气压力－绝对压力

如图 2-7 所示，明确了绝对压力与相对压力、相对压力中的表压力与真空度之间的关系。

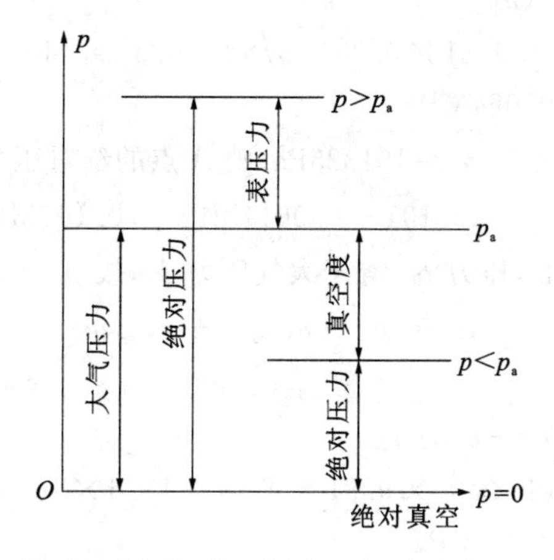

图 2-7 绝对压力与相对压力(表压力、真空度)之间的关系

【例 2-2】 图 2-8 所示的 U 形管测压计内装有水银，左端与装有水的容器相连，右端与大气相通(水银的密度为 13.6×10^3 kg/m^3)。

(1)如图 2-8(a)所示，已知 $h=20$cm，$h_1=30$cm，试计算 A 点的相对压力和绝对压力。

(2)如图 2-8(b)所示，已知 $h_1=15$cm，$h_2=30$cm，试计算 A 点的真空度和绝对压力。

【解】 (1) 取 $B—B'$ 面为等压面

U 形管测压计右端

$$p_{B'} = \rho_{水银} g(h + h_1)$$

U 形管测压计左端

$$p_B = p_A + \rho_{水} gh_1$$

由于 $p_{B'} = p_B$，所以

$$\rho_{水银} g(h + h_1) = p_A + \rho_{水} gh_1$$

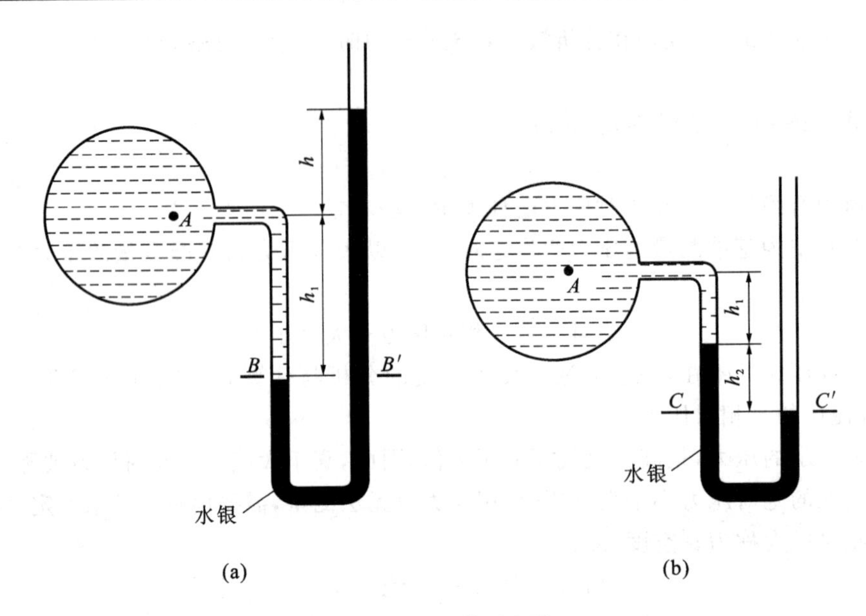

图 2-8 U 形管测压计

$$
\begin{aligned}
p_A &= \rho_{水银} gh + gh_1(\rho_{水银} - \rho_{水}) \\
&= [13.6 \times 10^3 \times 9.81 \times 0.20 + 9.81 \times 0.30 \times (13.6 \times 10^3 - 10^3)]\text{Pa} \\
&= 63765\text{Pa} \approx 0.064\text{MPa}
\end{aligned}
$$

以上所求为相对压力，大气压力 $p_a = 101325\text{Pa}$，则 A 点的绝对压力：

$$p_A = (0.101 + 0.064)\text{MPa} = 0.165\text{MPa}$$

（2）取 $C—C'$ 面为等压面，压力 $p_{C'}$ 等于大气压力 p_a，故 $p_C = p_{C'} = p_a$

$$p_C = p_A + \rho_{水} gh_1 + \rho_{水银} gh_2$$

所以

$$
\begin{aligned}
p_A &= p_C - (\rho_{水} gh_1 + \rho_{水银} gh_2) \\
&= [101325 - (1 \times 10^3 \times 9.81 \times 0.15 + 13.6 \times 10^3 \times 9.81 \times 0.3)]\text{Pa} \\
&= 59828\text{Pa} \approx 0.06\text{MPa}
\end{aligned}
$$

以上所求为绝对压力，A 点的真空度为：

$$p_a - p_A = (101325 - 59828)\text{Pa} = 41497\text{Pa} \approx 0.04\text{MPa}$$

2.2.4 帕斯卡原理

在密闭容器内，施加于静止液体上的压力将以等值同时传递到液体内各点，容器内压力方向垂直于内表面，这就是帕斯卡原理，如图 2-9 所示。

容器内的液体各点压力为（$p_0 \gg \rho gh$，忽略 ρgh 的影响）：

$$p = \frac{W}{A_2} = \frac{F}{A_1} \tag{2-8}$$

这也是千斤顶工作的理论基础。在此得出一个很重要的结论，即在液压传动系统中，工作压力由负载来决定，而与流入的流体多少等其他因素无关。

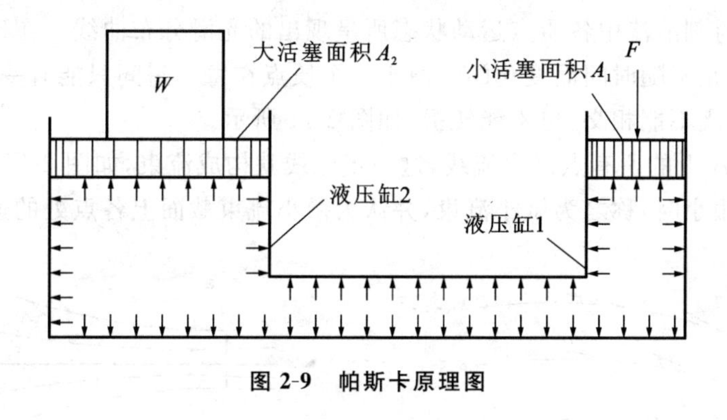

图 2-9 帕斯卡原理图

2.3 连续性方程和伯努利方程

液体动力学主要研究液体流动时的运动规律问题，其内容相当广泛和复杂。这里我们主要学习运用连续性方程和伯努利方程，对液压传动系统中的压力和流量等参数进行定性分析和定量计算。

2.3.1 液体动力学的基本概念

(1)理想液体和稳定流动

既无黏性又不可压缩的液体，称为理想液体。

理想液体的概念是为了简化液体动力学问题。实际液体既有黏性又可压缩，按理想液体的概念得出结论后，再根据实验验证的方法加以修正。

液体在流动时，若液体中任意一点处的压力、速度和密度都不随时间变化，则这种流动称为稳定流动。

稳定流动也是一种理想的流动状态。只要压力、速度和密度有一个随时间变化，则这种流动称为非稳定流动。图 2-10(a)所示的水箱中的水位不断得到补充，水位不变，孔口出流为稳定流动；图 2-10(b)所示的水箱中的水位没有补充，随流动而水位下降，则孔口出流为非稳定流动。

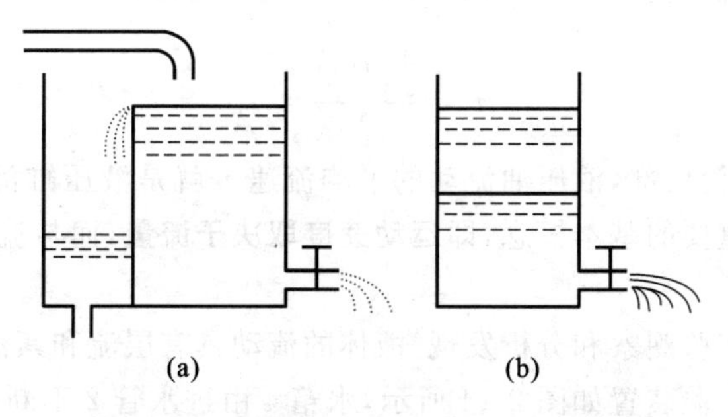

图 2-10 稳定流动与非稳定流动示意图

(a)稳定流动；(b)非稳定流动

(2)流线、流束

流线是某一时刻液流中各质点运动状态所呈现出的光滑分布曲线。在理想液体的稳定流动中，流线的形状是不随时间而变化的。由于一个质点在每一瞬间只能有一个速度，流线是一条条光滑的曲线，既不能相交，也不能转折，如图 2-11 所示。

通过某截面 A 上的所有点画出流线，这一组流线就构成流束，如图 2-12 所示。

当流束面积很小时，称之为微小流束，并认为微小流束截面上各点处的速度大小相等。

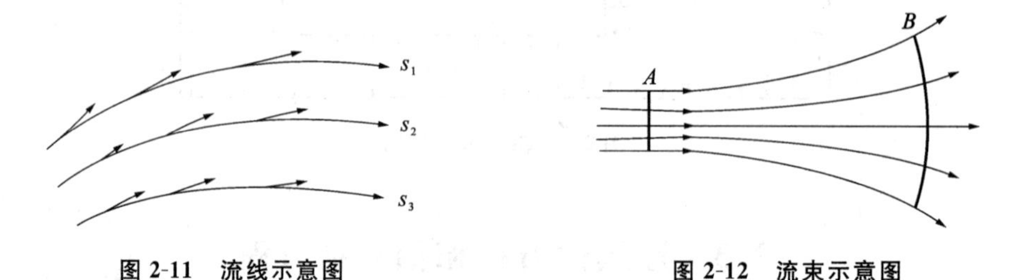

图 2-11　流线示意图　　图 2-12　流束示意图

(3)流量 q 和平均流速 v

单位时间内流过某通流截面的液体的体积称为流量。流量的法定计量单位为 m^3/s，常用单位有 L/min，换算关系为：

$$1m^3/s=6\times10^4 L/min$$

设某一微小流束通流截面 dA 上的流速为 u，如图 2-13 所示，则通过 dA 的微小流量为 $dq=udA$，通过通流截面 A 的流量为：

$$q=\int_A u\,dA \tag{2-9}$$

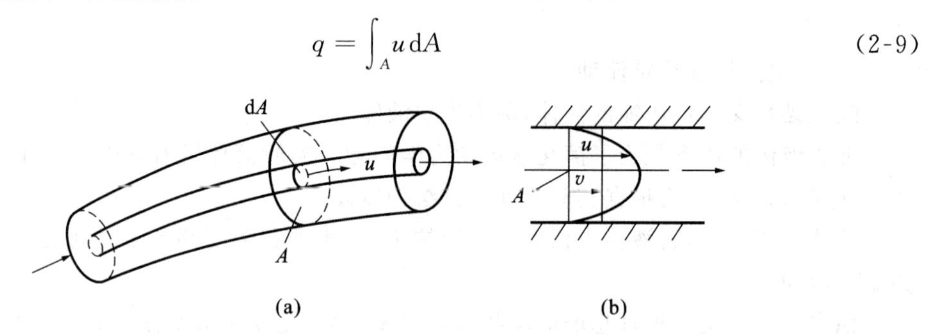

图 2-13　流量与平均流速

截面上各点的流速 u 的分布规律较复杂，工程计算时一般不按上述积分方式计算流量，而采用平均流速的概念，假定整个通流截面 A 上的流速是均匀分布的，则平均流速 v 为：

$$v=\frac{\int_A u\,dA}{A}=\frac{q}{A} \tag{2-10}$$

例如，在液压缸缸筒内部，液压油流动的平均流速 v 就是液压缸活塞运动的速度，由此得出液压传动中另一个重要的基本概念，即**运动速度取决于流量**，而与流体的压力等无关。

(4)流态和雷诺数

科学家通过大量实验观察和分析发现，液体的流动具有层流和紊流两种基本流态。

观察液体流态的实验装置如图 2-14 所示，水箱 4 由进水管 2 不断供水，多余的水从隔板 1 上部流出，使玻璃管 6 中的水保持稳定流动。在水箱下部装有玻璃管 6、开关 7，在玻璃管进口处放置小导管 5，小导管与装有同密度、颜色水的水箱 3 相连。

实验时首先将开关 7 打开，然后打开颜色水导管的开关，并用开关 7 来调节玻璃管 6 中水的流速。当流速较低时，颜色水的流动是一条与管轴平行的清晰的线状流，和大玻璃管中的清水互不混杂[图 2-14(a)]，这说明管中的水流是分层的，这种流动状态叫层流。逐渐开大开关 7，当玻璃管中的流速增大至某一值时，颜色水流便开始抖动而呈波纹状态[图 2-14(b)]，这表明层流开始被破坏，进入临界状态。再进一步增大水的流速，颜色水流便和清水完全掺混在一起[图 2-14(c)]，这种流动状态叫紊流。

如果将开关 7 逐渐关小，则玻璃管中的流动状态便又从紊流向层流转变。

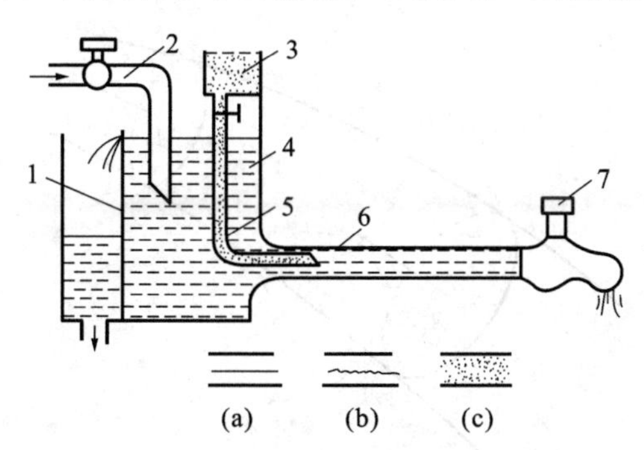

图 2-14 液体流态雷诺实验装置示意图

1—隔板；2—进水管；3，4—水箱；5—小导管；6—玻璃管；7—开关

实验证明，液体在圆管中的流动状态不仅与管内的平均流速 v 有关，还和管径 d、液体的运动黏度 ν 有关。v 的量纲单位是 m/s，d 的量纲单位是 m，ν 的量纲单位为 m^2/s，这三个物理量按以下形式恰好组成了一个无量纲单位的数值量，即：

$$Re = \frac{vd}{\nu} \tag{2-11}$$

Re 即雷诺数。工程上常用临界雷诺数 Re_{cr} 来判别液流状态。当 $Re < Re_{cr}$ 时液流为层流；当 $Re > Re_{cr}$ 时液流为紊流。常见的液流管道的临界雷诺数见表 2-2。

表 2-2 常见液流管道的临界雷诺数

管道形状	Re_{cr}	管道形状	Re_{cr}
光滑金属圆管	2000～2320	带环槽的同心环状缝隙	700
橡胶软管	1600～2000	带环槽的偏心环状缝隙	400
光滑同心环状缝隙	1100	圆柱形滑阀阀口	260
光滑偏心环状缝隙	1000	锥阀阀口	20～100

对于非圆截面的管道来说，Re 可用下式计算，有：

$$Re = \frac{vd_H}{\nu} \tag{2-12}$$

d_H 为通流截面的水力直径，它的计算公式为：

$$d_H = \frac{4A}{\chi} \tag{2-13}$$

式中 A——通流截面的有效面积；

χ——湿周，它是通流截面上与液体接触的固体壁面的周界长度。

2.3.2 连续性方程

根据质量守恒定律，在相同时间内，液体以稳定流动通过管内任一截面的液体质量必然相等。图 2-15 所示的管内两个流通截面面积为 A_1 和 A_2，流速分别为 v_1 和 v_2，则通过任一截面的流量 Q 为：

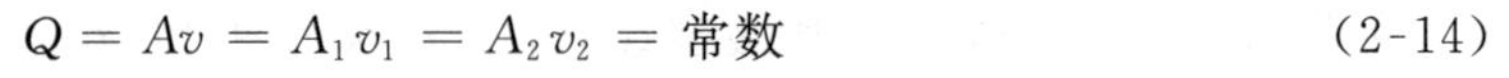

$$Q = Av = A_1 v_1 = A_2 v_2 = \text{常数} \tag{2-14}$$

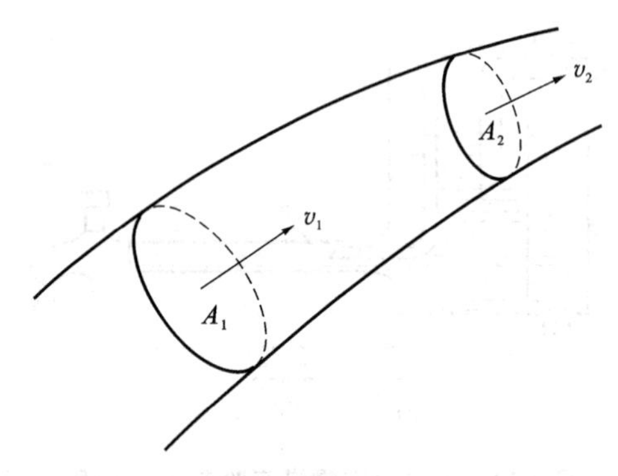

图 2-15 连续流动时各截面流量相等

连续性方程应用的前提是“液体流动连续不断”。例如，江河的流量在各断面是相同的，我们观察到的就是河面宽处水流缓慢，河面窄处水流湍急，这符合连续性方程的定性分析结论，即截面积大流速小，截面积小流速大。但是，如果河道有分流或拦水大坝，则上下游的流量就不相等。

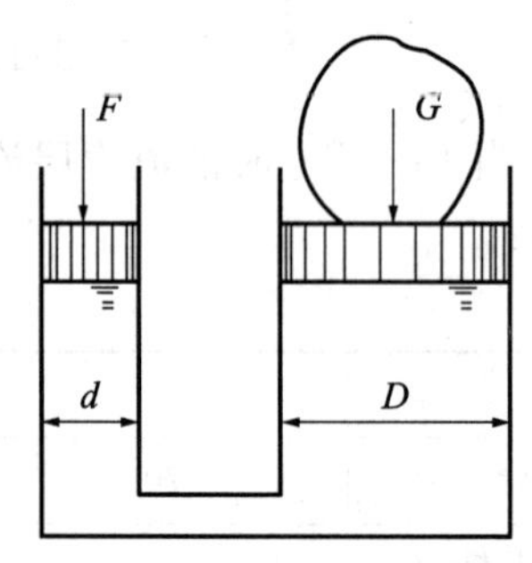

图 2-16 例 2-3 示意图

【例 2-3】 图 2-16 所示为相互连通的两个液压缸，已知大缸内径 $D=100\text{mm}$，小缸内径 $d=20\text{mm}$，大活塞上放一质量为 5000kg 的物体 G。问：

(1)在小活塞上所加的力 F 有多大，才能使大活塞顶起重物？

(2)若小活塞下压速度为 0.2m/s，则大活塞上升速度是多少？

【解】 (1)物体的重力为：

$$G = mg = 5000 \times 9.8 = 49000\text{N}$$

根据帕斯卡原理，两缸中压力相等，即：

$$\frac{F}{\frac{\pi d^2}{4}} = \frac{G}{\frac{\pi D^2}{4}}$$

所以，为了顶起重物，应在小活塞上加力为：

$$F = \frac{d^2}{D^2} G = \frac{20^2}{100^2} \times 49000 = 1960\text{N}$$

(2)由连续性方程 $Q = Av = \text{常数}$，得：

$$\frac{\pi d^2}{4} v_{小} = \frac{\pi D^2}{4} v_{大}$$

故大活塞上升速度为：

$$v_{大}=\frac{d^2}{D^2}v_{小}=\frac{20^2}{100^2}\times 0.2=0.008\text{m/s}$$

2.3.3 伯努利方程

(1)理想液体的伯努利方程

对于理想液体的稳定流动，根据能量守恒定律，同一管道任意截面上的总能量都应相等。流动液体在理想状态下只有三种能量形式：

单位重量的压力能(也称为压力水头，量纲单位为 m)：$\frac{p}{\rho g}$；

单位重量的势能(也称为位置水头，量纲单位为 m)：$mgz/mg=z$；

单位重量液体的动能(也称为速度水头，量纲单位为 m)：$\frac{1}{2}\frac{mv^2}{mg}=\frac{v^2}{2g}$。

根据能量守恒定律，各截面的三者之和等于常数(量纲单位为 m，也称为总水头)，即：

$$\frac{p}{\rho g}+z+\frac{v^2}{2g}=常数 \tag{2-15}$$

如图 2-17 所示，取任意的两个通流截面 A_1、A_2，截面上的流速分别为 v_1、v_2，压力分别为 p_1、p_2，两截面距离水平基准面高度分别为 z_1、z_2，则有：

$$\frac{p_1}{\rho g}+z_1+\frac{v_1^2}{2g}=\frac{p_2}{\rho g}+z_2+\frac{v_2^2}{2g} \tag{2-16}$$

式(2-15)和式(2-16)就是流体力学中应用极为广泛的伯努利方程。

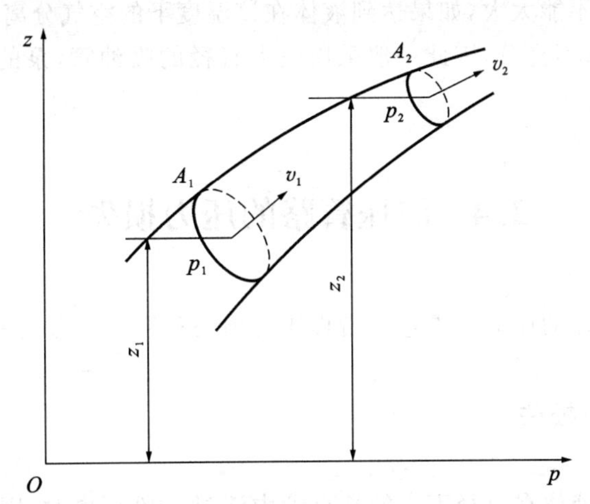

图 2-17 伯努利方程简图

(2)实际液体的伯努利方程

实际液体在流动时是具有黏性的，由此产生的内摩擦力将造成总水头(三种水头之和)的损失，使液体的总水头沿流向逐渐减小，而不再是一个常数；而且，在用平均流速代替实际流速进行动能计算时，必然会产生误差，为了修正这个误差，引入动能修正系数 α。一般层流时取 $\alpha\approx 2$，紊流时取 $\alpha\approx 1$，理想时取 $\alpha=1$。则修正后的实际液体的伯努利方程为：

$$\frac{p_1}{\rho g}+z_1+\alpha_1\frac{v_1^2}{2g}=\frac{p_2}{\rho g}+z_2+\alpha_2\frac{v_2^2}{2g}+h_w \tag{2-17}$$

式中　h_w——能量损失，量纲单位为 m，也称为损失水头。

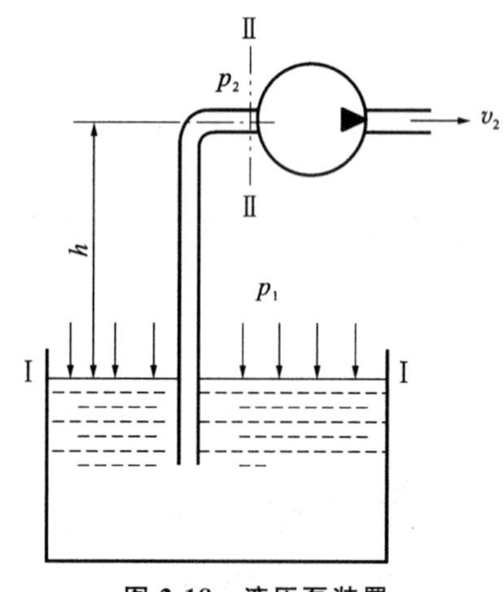

图 2-18　液压泵装置

【例 2-4】 如图 2-18 所示，计算液压泵吸油口处的真空度。

【解】 在利用伯努利方程时，必须选取两个截面，而且尽量选取"特殊截面"，比如压力等于 0(或大气压力)的截面、位置高度等于 0 的截面或速度约等于 0 的截面等，以简化求解的过程。设泵的吸油口比油箱液面高 h，取油箱液面Ⅰ—Ⅰ和泵进口处截面Ⅱ—Ⅱ列出伯努利方程，并以Ⅰ—Ⅰ截面为基准水平面，则有：

$$\frac{p_1}{\rho g}+z_1+\alpha_1\frac{v_1^2}{2g}=\frac{p_2}{\rho g}+z_2+\alpha_2\frac{v_2^2}{2g}+h_w$$

式中，$p_1=p_a, v_1\approx 0, \Delta p_w=\rho g h_w$

将上式整理得：

$$p_a-p_2=\rho g h+\frac{1}{2}\rho\alpha_2 v_2^2+\Delta p_w$$

其中，Δp_w 是两液面间的压力损失。

由上式可以看出，组成泵吸油口处的真空度的三部分都是正值，这样泵的进口处的压力必然小于大气压。

泵在吸油时，实际上是液面的大气压力将油压进泵里去的。

泵吸油口的真空度不能太大，如果达到液体在该温度下的空气分离压，则溶解在液体内的空气就要析出，造成吸入不充分，因此一般采用较大直径的吸油管，泵的安装高度一般位于液面上方不大于 0.5m 处。

2.4　液压管路的压力损失

液压管道中流动液体的压力损失包括沿程压力损失和局部压力损失。

2.4.1　沿程压力损失

沿程压力损失是当液体在直径不变的长直管中流过一段距离时，因内摩擦力而产生的压力损失。

经实验研究和理论分析，沿程压力损失与流过管路的液体黏度 μ、管道直径 d、管路长度 l、流量 q 或平均流速 v 等参数有关，计算公式如下：

$$\Delta p_{沿}=\frac{32\mu l}{d^2}v=\frac{32v\rho}{dv}\frac{l}{d}v^2=\frac{64}{Re}\frac{l}{d}\frac{\rho v^2}{2}=\lambda\frac{l}{d}\frac{\rho v^2}{2} \tag{2-18}$$

层流时，式中 $\lambda=\frac{64}{Re}$ 为沿程阻力损失系数。由此对沿程压力损失的一般定性理解是：管路越长，压力损失越大；管道越粗，压力损失越小；流速越大，压力损失越大；黏度越大，压力损失越大等。

2.4.2 局部压力损失

局部压力损失是指液流流经截面突然变化的管道、弯管、管接头以及控制阀阀口等局部障碍时，形成涡流等引起的压力损失。局部压力损失可用下式计算：

$$\Delta p_{局} = \xi \frac{\rho v^2}{2} \tag{2-19}$$

式中 ξ——局部阻力系数。

2.4.3 总压力损失

整个管路系统的总压力损失，等于管路系统中所有沿程压力损失和所有局部压力损失之和，即：

$$\sum \Delta p = \sum \Delta p_{沿} + \sum \Delta p_{局} \tag{2-20}$$

由于零件结构不同(尺寸的偏差与表面粗糙度的不同)，因此，要准确地计算出总的压力损失的数值是比较困难的，一般采用估算或经验值计算。压力损失是液压传动中必须考虑的因素，它关系到确定系统所需的供油压力和系统工作时的温升，工程应用中要让压力损失尽可能小些。

2.5 孔口的流量与压力特性

当小孔的通道长度 l 与孔径 d 之比 $l/d \leqslant 0.5$ 时称为薄壁孔，如图 2-19(a)所示。

当小孔的通道长度 l 与孔径 d 之比 $l/d > 4$ 时称为细长孔，如图 2-19(b)所示。

当小孔的通道长度 l 与孔径 d 之比 $0.5 < l/d \leqslant 4$ 时称为短孔，短孔介于细长孔和薄壁孔之间。

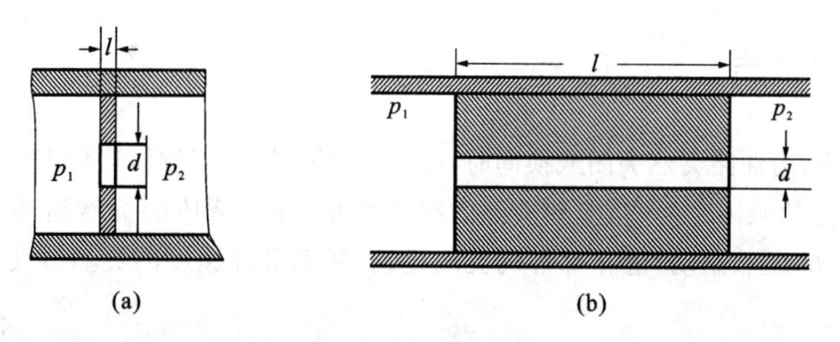

图 2-19 孔口示意图

(a)薄壁孔；(b)细长孔

对于薄壁孔，可以根据伯努利方程和连续性方程推导得到(推导过程略)其通过的流量 q 与小孔前后的压差 Δp 之间的关系式为：

$$q = C_d A \sqrt{\frac{2}{\rho} \Delta p} \tag{2-21}$$

C_d 为流量系数，计算时一般取 $C_d=0.60\sim0.61$。

由式(2-21)可知，流经薄壁孔的流量 q 与小孔前后的压差 Δp 的平方根以及小孔面积 A 成正比；式中无黏度参数，因而流量 q 与黏度无关。

当液压系统由于油温显著升高而使液压油的黏度变化时，薄壁孔形的液压元件的流量将保持稳定。正是因为薄壁孔的这个特点，在液压系统中常用薄壁孔作为节流元件的阀口形式。

对于细长孔，相当于一段圆管，由式(2-18)沿程压力损失计算公式，推导得出流经细长孔的流量 q 与它两端的压差 Δp 之间的关系式为：

$$q=\frac{\pi d^4}{128\mu l}\Delta p \tag{2-22}$$

从式(2-22)可以明确看出，流经细长孔的流量与动力黏度 μ 成反比，因此流量受油温影响较大，这一特点与薄壁孔不同。

为了统一表达形式，式(2-21)和式(2-22)经代数变换为：

薄壁孔

$$q=C_d A\sqrt{\frac{2}{\rho}\Delta p}=KA\sqrt{\Delta p}$$

细长孔

$$q=\frac{\pi d^4}{128\mu l}\Delta p=KA\Delta p$$

因此，用一个统一的公式形式，来表达各种小孔的流量压力特性，即：

$$q=KA\Delta p^m \tag{2-23}$$

式中 K——由小孔形状和液体性质决定的系数；

m——由孔的具体类型决定的指数，薄壁孔 $m=0.5$；细长孔 $m=1$；短孔 $0.5<m<1$。

2.6 液压冲击和空穴现象

2.6.1 液压冲击

在液压系统中，当油路突然关闭或换向时，会引起急剧的压力升高，这种现象称为液压冲击。

产生液压冲击的原因主要有：流动液体的突然停止；静止液体的突然运动；流动液体的突然换向；运动部件的突然制动；静止部件的突然运动；运动部件速度的突然改变；某些液压元件动作的不灵敏等。

当管路内的油液以某一速度运动时，若在某一瞬间迅速截断油液流动的通道（如关闭阀门），则油液的流速将在瞬间从某一数值突然降至零，此时油液流动的动能将转化为油液的压力能，从而使压力急剧升高，造成液压冲击。高速运动的工作部件的惯性力也会引起系统中的压力冲击。例如油缸部件要换向时，换向阀迅速关闭油缸原来的排油管路，这时油液不再排出，但活塞由于惯性作用仍在运动，从而引起压力急剧上升，造成压力冲击。液压系统中由于某些液压元件动作不灵敏，如不能及时地开启油路等，也会引起压力的迅速升高而形成冲击。

产生液压冲击时，系统中的压力波峰要比正常压力大几倍，甚至几十倍，特别是在压力高、流量大的情况下，极易引起系统的振动、噪音，甚至会导致管路、密封元件或液压元件的损坏。这样既影响了系统的工作质量，又会缩短系统的使用寿命。还要注意的是，由于压力冲击产生的瞬间高压可能会使某些液压元件(如压力继电器)产生误动作而损坏设备。

减少或防止液压冲击的主要方法有：尽量减慢阀门关闭速度或减小冲击波传播距离，使完全冲击变为不完全冲击；限制管中油液的流速；用橡胶软管或在冲击源处设置蓄能器，以吸收液压冲击的能量；在出现液压冲击的地方，安装限制压力的安全阀；在液压管路或元件中设置缓冲装置等。

2.6.2　空穴现象

在液流中当某点压力低于液体所在温度下的空气分离压力时，原来溶于液体中的气体会分离出来而产生气泡，这就叫空穴现象。当压力进一步减小直至低于液体的饱和蒸气压时，液体会迅速汽化，形成大量蒸气气泡，使空穴现象更为严重，从而使液流呈不连续状态。

如果液压系统中发生了空穴现象，液体中的气泡随着液流运动到压力较高的区域时，一方面，气泡在较高压力作用下将迅速破裂，从而引起局部液压冲击，造成噪音和振动；另一方面，由于气泡破坏了液流的连续性，降低了油管的通油能力，造成流量和压力的波动，使液压元件承受冲击载荷，因此影响了其使用寿命。同时，气泡中的氧也会腐蚀金属元件的表面，我们把这种因发生空穴现象而造成的腐蚀叫汽蚀。

泵的吸油口、油液流经节流部位、突然启闭的阀门、带大惯性负载的液压缸、液压马达在运转中突然停止或换向时等都将产生空穴现象。

为了减少汽蚀现象，应使液压系统内所有点的压力均高于液压油的空气分离压力。例如，应注意油泵的吸油高度不能太大，吸油管径不能太小，因为管径过小就会使流速过快，从而造成压力降得很低。此外，油泵的转速不要太高，管路应密封良好，油管出口应没入油面以下等。总之，应避免流速的剧烈变化和外界空气的混入。

习　　题

2-1　什么叫液体的黏性？其物理意义是什么？常用的黏度表示方法有哪几种？

2-2　压力有哪几种表示方法？相对压力与表压力和真空度之间是什么关系？

2-3　连续性方程的物理意义和适用条件各是什么？

2-4　伯努利方程的物理意义是什么？

2-5　某液压油的运动黏度 $\nu=20\text{mm}^2/\text{s}$，密度 $\rho=900\text{kg/m}^3$，其动力黏度为多少？

2-6　图 2-20 所示两盛水圆筒，作用于活塞上的力 $F=3.0\times10^3\text{N}$，$d=1.0\text{m}$，$h=1.0\text{m}$，$\rho=1000\text{kg/m}^3$。求圆筒底部的液体静压力和液体对圆筒底面的作用力。

2-7　如图 2-21 所示，直径为 d，重量为 G 的圆柱浸入液体中，并在外力 F 的作用下处于平衡状态。若液体的密度为 ρ，圆柱浸入深度为 h，求液体在测压管内上升的高度 x。

2-8　如图 2-22 所示，一容器内充满了密度为 ρ 的油液，压力 p 由水银压力计的读数 h 来确定。现将压力计向下加长距离 a，这时容器内的压力并未发生变化，但压力计的读数则由 h 变为 $h+\Delta h$，求 Δh 与 a 之间的关系。

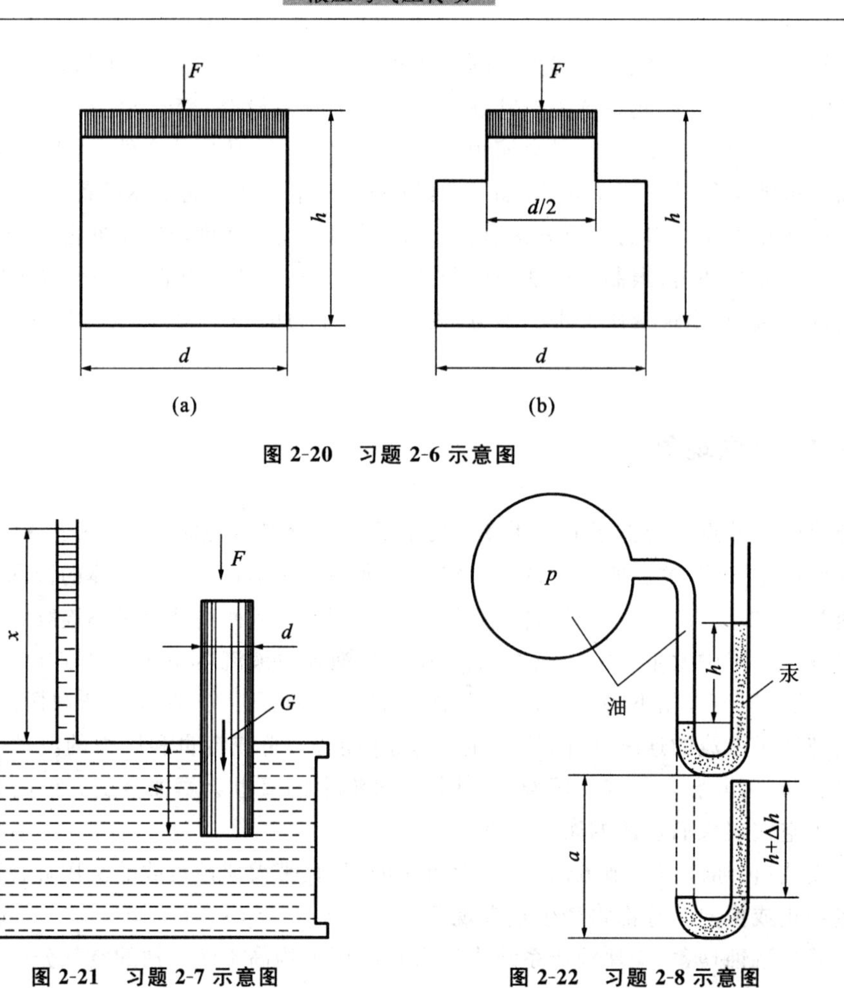

图 2-20 习题 2-6 示意图

图 2-21 习题 2-7 示意图

图 2-22 习题 2-8 示意图

2-9 图 2-23 所示的变截面水平圆管，通流截面直径 $d_1=d_2/4$，在 1—1 截面处的液体平均流速为 8.0m/s，压力为 1.0MPa，液体的密度为 1000.0kg/m^3。求 2—2 截面处的平均流速和压力。（按理想液体考虑）

2-10 如图 2-24 所示，管道输送 $\rho=900\text{kg/m}^3$ 的液体。已知 $h=15\text{m}$，A 处的压力为 $4.5\times10^5\text{Pa}$，B 处的压力为 $4\times10^5\text{Pa}$，试判断管中液流的方向。

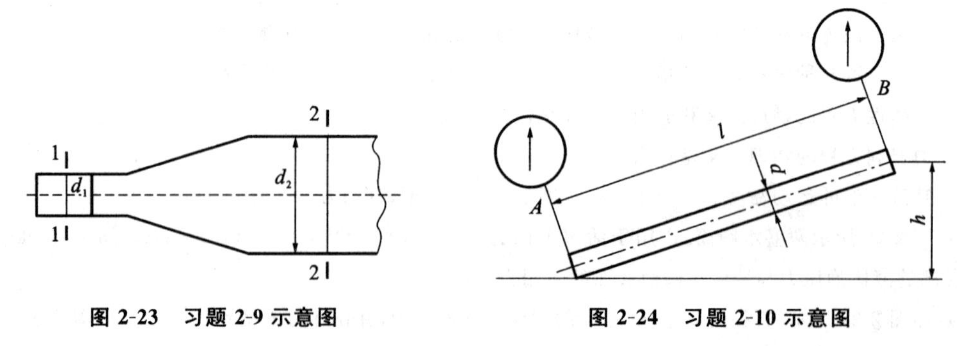

图 2-23 习题 2-9 示意图

图 2-24 习题 2-10 示意图

2-11 如图 2-25 所示，当水箱阀门关闭时压力表的读数为 $2.5\times10^5\text{Pa}$，阀门打开时压力表的读数为 $0.6\times10^5\text{Pa}$，如果 $d=12\text{mm}$，不计损失，求阀门打开时管中的流量 q。

2-12 有一薄壁小孔，通过流量 $q_1=25$ L/min，压力损失 $\Delta p=0.3$ MPa，试求节流阀孔的通流面积。（设流量系数 $C_d=0.62$，油的密度 $\rho=900\text{kg/m}^3$）

2-13 如图 2-26 所示，液压泵流量可变，当 $q_1=30\times10^{-3}\,m^3/s$ 时，测得小孔前的压力 $p_1=5\times10^5\,Pa$。如泵的流量增加到 $q_2=60\times10^{-3}\,m^3/s$ 时，求小孔前的压力 p_2 等于多少？（小孔以细长孔和薄壁孔两种情况分别进行计算）

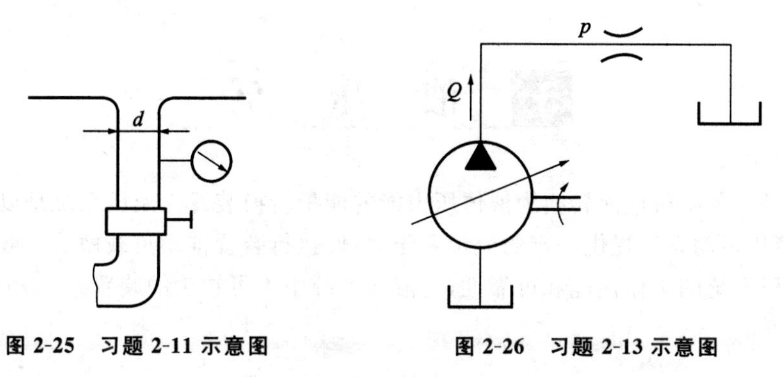

图 2-25 习题 2-11 示意图

图 2-26 习题 2-13 示意图

3 液　压　泵

液压泵是一种将机械能转换为液体压力能的能量转换装置。液压系统是以液压泵作为动力装置，向液压传动系统提供一定的流量和压力，使执行装置推动负载做功。液压泵的性能直接影响到液压系统的工作性能和可靠性，是液压系统中不可缺少的装置。

3.1　液压泵概述

工程上使用的液压泵类型较多，主要有定量液压泵和变量液压泵两大类。定量液压泵最常用的结构有齿轮泵、叶片泵和柱塞泵；变量液压泵最常用的结构有柱塞泵和叶片泵等。这些液压泵在具体结构上各不相同，应用场合各有侧重，但工作原理是相同的。

3.1.1　液压泵的基本工作原理

3.1.1.1　工作原理

图 3-1 所示是一个单柱塞式的液压泵工作原理模型图。柱塞 2 装在缸体 3 内，并可左右移动，在弹簧 4 的作用下，柱塞紧压在偏心轮 1 的外表面。当电机带动偏心轮旋转时，偏心轮推动柱塞左右运动，使密封容腔 a 的大小发生周期性的变化。当密封容腔 a 由小变大时就形成部分真空，使油箱中的油液在大气压的作用下，经吸油管道顶开单向阀 6 进入容腔 a 实现吸油，此时单向阀 5 是反向截止的，已经压出的油不会被倒吸回流；反之，当密封容腔 a 由大变小时，容腔中已吸满的油液将顶开单向阀 5 进入系统油路而实现压油，此时单向阀 6 是反向截止的，保证容腔中的油液不会重新流回油箱。电机带动偏心轮不断旋转，液压泵就不断地吸油和压油。

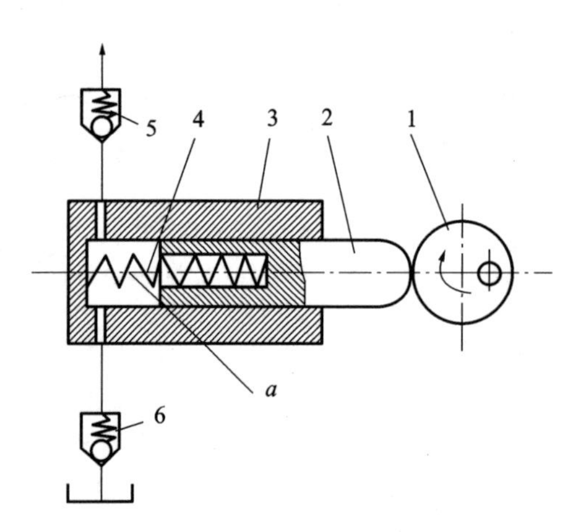

图 3-1　液压泵工作原理模型图

1—偏心轮；2—柱塞；3—缸体；4—弹簧；5、6—单向阀

这种结构原理的液压泵，是依靠密封工作腔的容积变化来实现吸油和压油的，因而称之为容积式泵。容积式泵的流量大小取决于密封工作腔容积变化的大小和次数。从单柱塞式的液压泵模型的工作过程分析可以看出，泵的吸油和排油都是“间歇性”的，这种现象称为流量脉动。

图 3-2 所示是液压泵的图形符号。在液压系统原理图中,各液压元件都是以图形符号绘制的,显然,图形符号仅表示该元件的基本功能,并不能表示出它的结构、参数或连接方式等。例如,图 3-2(b)的符号只表示一个单向定量液压泵,并不能显示该泵是齿轮泵或叶片泵等内容。每一种液压元件在学习时都必须掌握它的图形符号,以便正确绘制和阅读液压系统油路图。

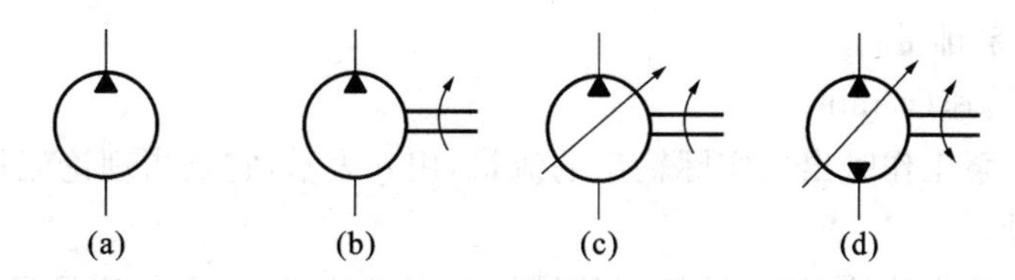

图 3-2　液压泵的图形符号

(a)液压泵一般符号;(b)单向定量泵符号(c)单向变量泵符号;(d)双向变量泵符号

3.1.1.2　液压泵的两个必备工作条件

液压泵的具体结构各不相同,但它们要正常工作,都必须具备以下两个工作条件:

(1)必须有密封且可周期性变化的容积空间。没有密封就不能形成压力或真空,没有周期性变化就不能吸油或排油。

(2)必须有配流机构。配流机构的作用是将液压泵的吸油腔和压油腔隔开,液压泵的具体结构原理不同,其配流机构的设计形式也不同。例如图 3-1 所示的工作模型图中是采用两个单向阀实现配流的。

在分析具体结构的液压泵的工作原理时,按上述两个工作条件,在具体液压泵的结构中了解它的密封容积空间是如何形成、如何变化的,了解它的配流是如何实现的,即可掌握该泵的基本工作过程。

3.1.2　液压泵的主要性能参数

(1)额定压力和工作压力

液压泵在液压系统中工作时,它的实际压力就是它的工作压力,可以通过安装在液压泵出口处的压力表读取。液压泵的工作压力是由具体液压系统的外负载及管路的压力损失所决定的,并随负载变化而变化。

在液压泵生产与选用中规定了两个压力参数:额定压力和最高允许工作压力。

额定压力是指液压泵在正常工作条件下,按实验标准规定能连续运转的最高压力,实际工作时压力均应小于此值。额定压力的大小是由液压泵设计和制造所决定的,液压泵的工作压力只有在额定压力之内,才能保证它的寿命、密封效果和效率。液压泵实际工作压力长期超过它设计的额定压力,并不意味着不能工作,但将大大缩短它的使用寿命,并且会破坏密封,导致泄漏,降低效率。

最高允许压力是指按实验标准规定,允许短时间超过额定压力运行所能达到的最大压力。

(2)排量 V 和流量 q

液压泵的排量是指泵每转一周所输出的液体体积,它是由液压泵的一个几何尺寸决定的量,用 V 表示,单位是 m^3/r、L/r 或 mL/r。

排量可调的液压泵称为变量泵,不可调的液压泵称为定量泵。

流量是指液压泵在单位时间内输出液体的体积,单位是 m^3/s 或 L/min。流量包括理论流量和实际流量。理论流量 q_t 与排量 V 的关系:

$$q_t = nV \tag{3-1}$$

式中 V——液压泵排量;

n——电机转速(r/min)。

实际流量是指泵工作时出口实际输出的流量,用 q 表示,它是指理论流量有一定泵内泄漏后实际排出的流量。

在电机转速不确定的情况下,液压泵的排量 V 是确定的,但泵的流量是不确定的。

(3)液压泵的功率和效率

液压泵靠电动机带动,输入的是转矩和转速,即机械能;输出的是液体压力和流量,即压力能。理论上输入功率和输出功率是相等的。但是实际上输出功率小于输入功率,二者之差为功率损失,包括容积损失和机械损失两部分。

输入机械功率

$$P_I = T\omega \tag{3-2}$$

输出液压功率

$$P_O = pq \tag{3-3}$$

式中 T——转矩;

p——输出压力(Pa);

ω——角速度,$\omega = 2\pi n$;

q——输出流量(m^3/s)。

容积损失主要是指流量损失,是液体在泵的内部泄漏造成的功率损失,即高压油腔的油因泄漏流回到吸油腔,表现为泵的实际输出流量小于它的理论流量。所以液压泵的实际流量 q 与理论流量 q_t 的比值称为容积效率,用 η_v 表示,即:

$$\eta_v = \frac{q}{q_t} = \frac{q_t - \Delta q}{q_t} = 1 - \frac{\Delta q}{q_t} = 1 - \frac{k_1 p}{Vn} \tag{3-4}$$

式中,$\Delta q = k_1 p, q_t = Vn$。

由此可见,对于一个具体的液压泵,它的实际工作压力越大,泄漏系数越大,泵的容积效率越低。

机械效率是由于零件之间的摩擦及液体流动时内部摩擦所引起的。主要反映在实际输入转矩总是大于理论上所需的转矩。即理论转矩 T_t 与实际输入转矩 T_I 之比称为机械效率,用 η_m 表示,即:

$$\eta_m = \frac{T_t}{T_I} \tag{3-5}$$

根据能量守恒原理,泵的理论输出功率 pq_t 等于泵理论输入功率 $2\pi n T_t$,求得:

$$T_t = \frac{pq}{2\pi n} = \frac{pV}{2\pi}$$

代入式(3-5)得

$$\eta_m = \frac{pV}{2\pi T_I} \tag{3-6}$$

泵的总效率 η 就是泵输出的液压功率和输入的机械功率的比值，即：

$$\eta = \frac{P_O}{P_I} = \frac{pq\eta_v}{2\pi n T_I} = \frac{pVn}{2\pi n T_I}\eta_v = \frac{pV}{2\pi T_I}\eta_v = \eta_m \eta_v \tag{3-7}$$

由此可见，液压泵的总效率等于容积效率和机械效率的乘积。

【例 3-1】 某液压系统中，泵的排量 V=10mL/r，电机转速 n=1200r/min，泵的工作压力 p=5MPa，泵容积效率 $\eta_v = 0.92$，总效率 $\eta = 0.84$，求：(1)泵的理论流量；(2)泵的实际流量；(3)泵的输出功率；(4) 电机驱动功率。

【解】 (1)泵的理论流量为：

$$q_t = Vn = 10\times10^{-3}\times1200 = 12\text{L/min}$$

(2)泵的实际流量为：

$$q = q_t\eta_v = 12\times0.92 = 11.04\text{L/min}$$

(3)泵的输出功率为：

$$P_O = pq = 5\times10^6\times11.04\times10^{-3}/60 = 0.9\text{kW}$$

(4)电机驱动功率为：

$$P_I = P_O/\eta = 0.9/0.84 = 1.07\text{kW}$$

3.2 齿 轮 泵

齿轮泵是一对齿轮以啮合运动方式进行工作的定量液压泵，按其结构形式，可分为外啮合式和内啮合式两种。外啮合式齿轮泵，由于结构简单、制造方便、价格低廉、工作可靠、维修方便，因此已广泛应用于低压系统。内啮合式齿轮泵齿形复杂，加工困难，成本较高，工程中较少使用。因此这里主要介绍工程上常用的外啮合齿轮泵的工作原理和结构。

3.2.1 外啮合齿轮泵的工作原理与结构

图 3-3 为外啮合齿轮泵工作原理图。在泵的壳体内有一对齿数、宽度相等的圆柱齿轮外啮合，两端有端盖罩住。

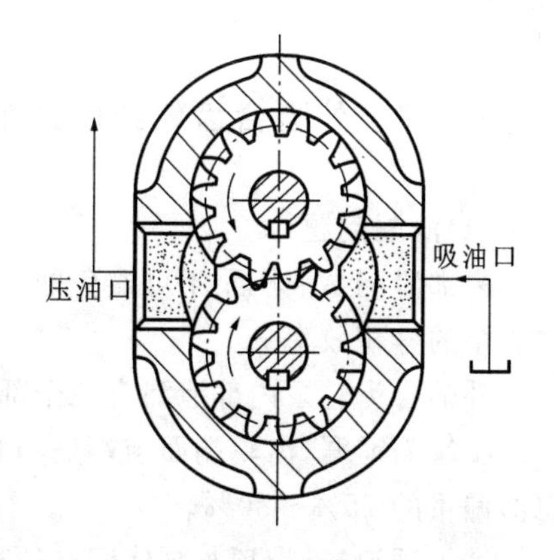

图 3-3 外啮合齿轮泵工作原理图

密封工作腔是由壳体、端盖和齿轮的各个齿间槽组成；啮合齿轮的啮合线和齿顶将左右两个密封腔自然分开，以实现吸油腔和压油腔的配流。

当轮齿按图示方向转动时，右侧密封腔腔内啮合轮齿逐渐退出啮合，使其容积逐渐增大，形成局部真空，即吸油腔；在大气压力作用下，油箱里的油液经管道进入吸油腔并进入齿槽，随转动轮齿带到左侧密封腔内，轮齿又很快进入啮合，左侧密封腔容积逐渐减小(即压油腔)，压油腔压力增大，齿槽内的油被强行排出系统。

外啮合齿轮泵是靠啮合线将高、低压两腔自然地分隔开来，不需要专门的配流机构，称为自然配流。

图 3-4 是 CB-B 型齿轮泵结构图。它采用三片式结构。三片分别是前端盖 8、后端盖 4 和泵体 7。它们之间通过两个圆柱销 17 定位，六个螺钉 9 紧固。其中主动齿轮 6 用键 5 固定在传动轴 12 上，并与电动机相连而转动，带动啮合的从动齿轮旋转。

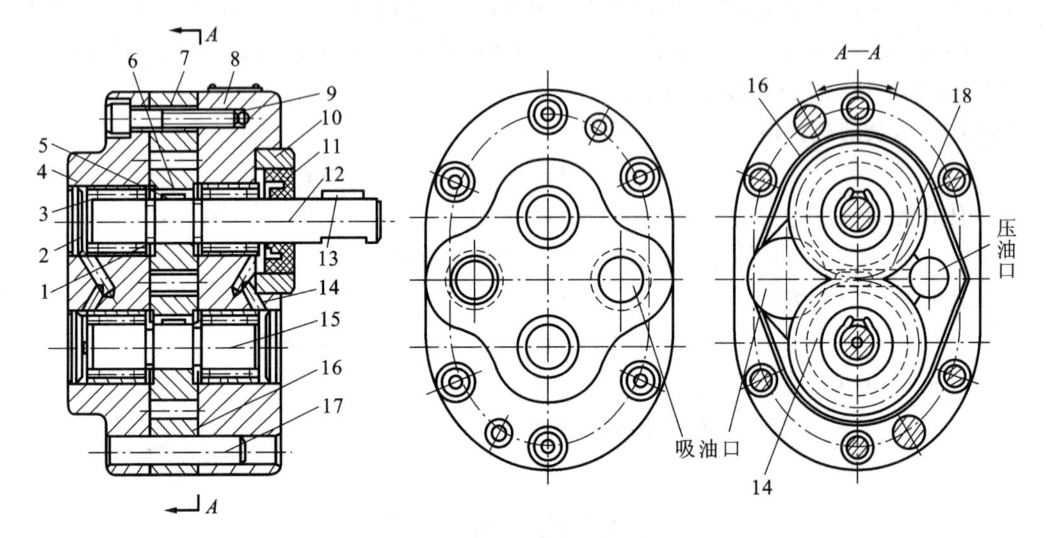

图 3-4 CB-B 型齿轮泵结构图

1—弹簧挡圈；2—轴承端盖；3—滚针轴承；4—后端盖；5，13—键；
6—主动齿轮；7—泵体；8—前端盖；9—螺钉；10—端盖(透盖)；11—密封圈；
12—传动轴；14—卸油通道；15—从动轴；16—卸荷槽；17—定位销；18—困油卸荷槽

在后端盖上开有吸油口和压油口，为了保证吸油充分，吸油口一般较大，开口大的为吸油口，小的为压油口。两根轴 12、15 用四个滚针轴承 3 分别装在前、后端盖上，油液通过轴向间隙润滑轴承，然后经卸油通道 14 回吸油口。泵体的两端面开有卸荷槽 16，将渗到泵体和盖板结合面间的压力油引回吸油腔。

为使齿轮转动灵活，在齿轮端面必须有轴向间隙，齿顶必须有径向间隙，这种装配间隙是泄漏的主要途径。

3.2.2 外啮合齿轮泵的几个技术问题

(1)泄漏问题

内部泄漏是液压泵不可避免的，即压油腔的压力油经间隙漏回到吸油腔，泄漏量的大小表现为泵的容积效率 η_v。

外啮合齿轮泵内部泄漏有三个部位：

①端面泄漏，齿轮端面与端盖间必须有的端面间隙所产生的泄漏。该部分泄漏量最大，占总泄漏量的 75%～80%。

②齿顶泄露，齿顶与泵体间必须有的装配间隙所产生的泄漏，但由于封油区长，泄漏方向与齿轮转向相反，因此该部分泄漏量较小。

③啮合线泄漏,啮合线的密封效果与齿轮质量有关,高、低压油腔仅"一线之隔",会产生泄漏,其泄漏量仅占总泄漏量的4%~5%。

泄漏大则效率低,泄漏后工作压力也会降低。端面泄漏是主要部分,但外啮合齿轮泵的机械运转又要求必须有一定的装配间隙,因此,它的容积效率在各类液压泵中相对较低。

(2)困油问题

为了保证齿轮啮合平稳,齿轮啮合系数必须大于1,即前一对轮齿脱开前,后一对轮齿已经进入啮合。

因此,必然会出现两对轮齿同时啮合的瞬间。这两对轮齿间形成一个封闭空间,如图3-5所示。随着啮合齿轮的旋转,封闭空间容积大小是不断变化的。

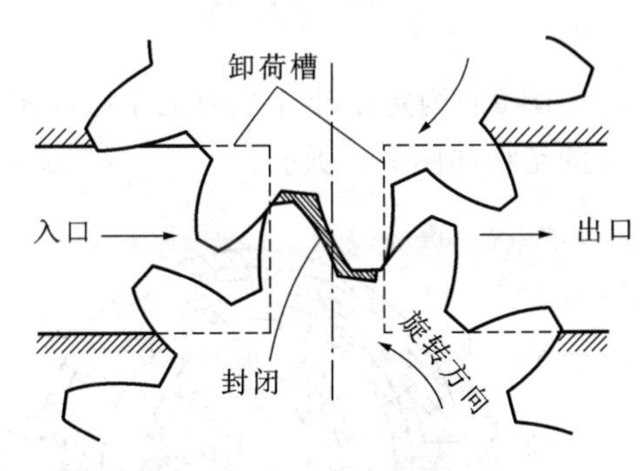

图3-5 齿轮困油现象

开始时封闭空间容积逐渐减少,直至两个啮合点处于节点两侧位置时达到最小,由于油液的可压缩性很小,被困油受到挤压,压力急剧升高,使油从可泄漏的缝隙中强行挤出,齿轮和轴承受到很大的径向力。当齿轮再旋转,容积又逐渐增大,造成局部真空,由于无油补充,使油液中的气体分离出来,产生气穴现象,引起振动和噪声。这一过程称为困油现象。

困油危害极大,所以为消除齿轮泵的困油现象,在前、后端盖上各铣了两个卸荷槽,如图3-5中虚线所示。当封闭空间容积减小时,使其通过右边卸荷槽与压油腔相通;容积逐渐增大时,使其与吸油腔相通。一般两卸荷槽间距不能太小,以防吸、压油腔相通。

(3)径向力不平衡问题

啮合齿轮是靠轴承装在前、后端盖上工作的,由于压油腔和吸油腔对啮合齿轮的作用是不同的,从高压油区到低压油区,作用力呈逐渐减少分布,因此会造成齿轮的径向作用力不平衡,使齿轮和轴承承受的不平衡载荷加大。工作压力越大,径向不平衡力也越大,使轴弯曲变形,齿顶与泵体内壁磨损加大,使轴承寿命降低。

为消除径向不平衡力,常采用缩小压油口、使高压腔作用面积减小的方法。同时也可以在端盖上吸、压油腔对面开两个平衡槽,分别与吸、压油腔相通,以平衡径向不平衡力。但泄漏要相对增大,容积效率降低。

基于以上分析,外啮合齿轮泵的排量不可调节,只能是定量泵,具有结构简单、重量轻、体积小、制造与维护容易、价格低、工作可靠、自吸性能强、抗污染能力强、转速和流量调节范围大等优点。同时也有磨损较大、泄漏大、流量脉动大、噪声较大等缺点。

齿轮泵主要应用于中、低压液压系统,且要与需求流量匹配,防止功率损失过大。

在安装使用时,进、出油口不能装反,否则小口成吸油口则吸油不充分,大口成排油口则径向不平衡力加大;电机转向不能反转,否则不能进行吸、排油。

3.3 叶 片 泵

叶片泵在液压传动系统中应用较广。它的优点是结构紧凑、体积小、瞬时流量脉动微小、运转平稳、噪声小、使用寿命较长等，但也存在着结构复杂、吸油性能较差、对油液污染比较敏感等缺点。

一般将叶片泵按每转吸、排油各1次的称为单作用叶片泵，每转吸、排油各2次的称为双作用叶片泵。双作用叶片泵的排量不可调，故习惯称之为定量叶片泵；单作用叶片泵的排量可以调节，因此，变量叶片泵只能是单作用叶片泵。

3.3.1 定量叶片泵

图3-6为定量叶片泵的工作原理图。主要由转子1、定子2、叶片3和配流盘组成。配流盘的结构如图3-7所示。

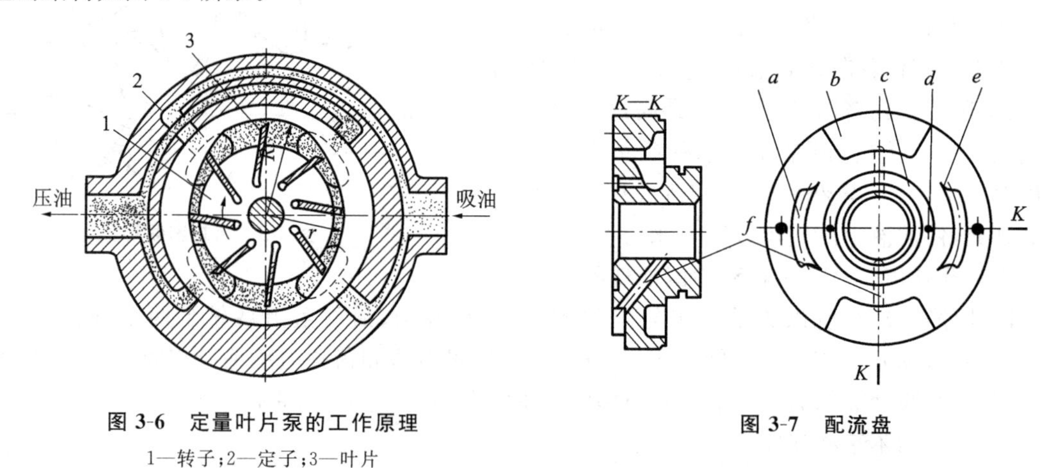

图3-6 定量叶片泵的工作原理

1—转子；2—定子；3—叶片

图3-7 配流盘

如图3-6所示，定子2与转子1中心重合，定子内表面由两段半径为R的大圆弧和两段半径为r的小圆弧以及它们之间的四段过渡曲线组成。在配流盘上对应于定子四段过渡曲线的位置开有四个配油窗口，其中两个与吸油口相通，称为吸油窗口；另外两个与压油口相通，称为压油窗口。转子上开有均布的径向槽，叶片3装在定子上的叶片槽内，并可在槽内滑动。转子按图示方向旋转时，叶片在离心力和根部压力油（叶片根部与压油腔相通）作用下紧贴定子内表面。

在配流盘、定子、转子和两相邻叶片间形成密封腔。转子转动使叶片由小半径向大半径处滑移时，两叶片间的密封容积逐渐增大，形成局部真空而吸油；叶片由大半径向小半径处滑移时，两叶片间的密封容积逐渐减小而排油。吸、排油是通过配流盘来实现的。

转子每转一周，叶片在槽内往复运动两次，完成吸、排油各2次，因此称为双作用式叶片泵。

由于双作用式叶片泵的两个吸油窗口和两个压油窗口对称分布，所以径向力平衡，因此这种叶片泵又称为卸荷式叶片泵。

图3-8为YB_1型双作用叶片泵结构图，采用分离式结构，泵体分为前泵体7和后泵体1。泵体内安有左配流盘2、右配流盘6、定子4、转子3、叶片5。为了使用与安装方便，将泵体内元件用两个紧固螺钉13连为一个整体部件。用螺钉头部作定位销与后泵体定位孔相互定位，保证吸、压油窗口与定子内表面过渡曲线相对位置准确无误。从图3-8也看出，吸油口开在后泵

体上，压油口开在前泵体上。花键轴 9 与转子内花键相连，并依靠两个球轴承 11、12 支承一起转动。转子上开有叶片槽 12 或 16 条，叶片在槽内可自由滑动。10 是密封圈，防止油的泄漏和空气、灰尘的侵入。

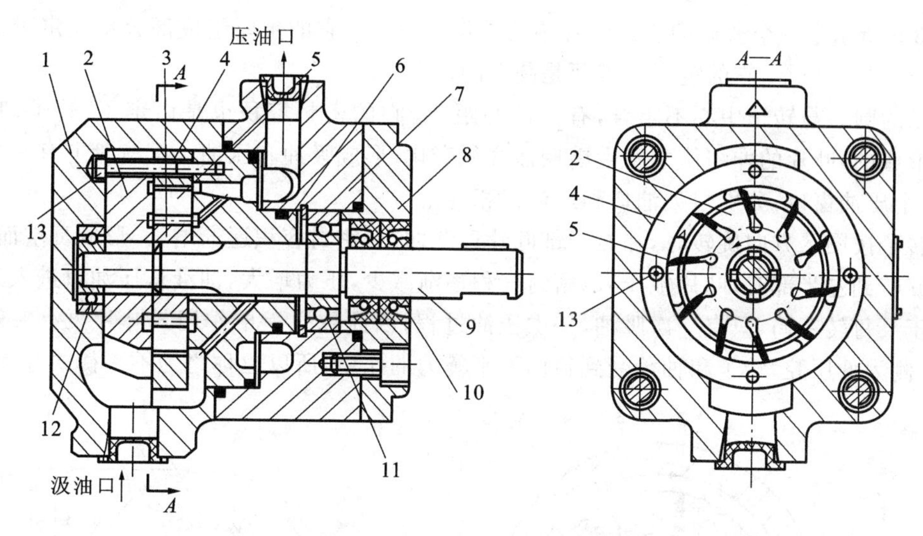

图 3-8 YB₁ 型双作用叶片泵结构图

1—后泵体；2、6—左、右配流盘；3—转子；4—定子；5—叶片；7—前泵体；8—端盖(透盖)；9—花键轴；10—密封圈；11、12—球轴承；13—紧固螺钉

为了使叶片顶部与定子内表面紧密接触，消除径向间隙，在左、右配流盘对应于叶片根部位置开有环形槽 c，右配流盘(图 3-7)的环形槽 c 内有两个通压油口的小孔 d，压力油经小孔 d 和槽 c 进入叶片根部，保证叶片顶部与定子内表面间的良好密封。左、右配流盘上都开有吸、压油窗口各两个，如右配流盘的上、下两缺口 b 即是吸油窗口，两个腰形孔 a 即为压油窗口。在腰形孔端部开有三角形小槽 e，称为卸荷槽，以减轻密封腔油液从吸油区向压油区过渡时的困油现象，右配流盘上 f 为泄漏油孔。

3.3.2 定量叶片泵的几个技术问题

(1)困油现象

叶片泵也存在困油现象，为此在左、右配流盘腰形孔端部开有卸荷三角槽，以消除困油现象。

(2)叶片安装倾角

双作用叶片泵的叶片不是沿径向安装，而是沿转动方向向前倾斜一个角度，即叶片前倾一个 θ($10^\circ\sim14^\circ$)角。这样做的目的是使压力角减小，叶片在槽内运动时摩擦力降低，磨损减少，避免叶片卡住或折断的现象。

双作用叶片泵在运转时，转子决不允许反向转动，否则将使叶片置于“后倾”角度，迅速磨损甚至折断。在安装调试电动机接线时，要正确判断电机转向是否符合要求。

(3)叶片泵的泄漏

泄漏主要有三处：配流盘与转子、叶片之间的轴向间隙泄漏；叶片顶端与定子内表面的径向间隙泄漏；叶片与转子槽之间的侧面间隙泄漏。三处泄漏中以轴向间隙泄漏的泄漏量最大。

3.3.3 普通变量叶片泵

图 3-9 所示是一个普通的变量叶片泵的工作原理图。它的主要组成部分也是定子、转子、叶片和配流盘。但是，它的定子内表面是圆形的。

定子的圆心与转子中心不重合，有一偏心距 e。它的密封容积也是由定子、转子、叶片和配流盘形成的，叶片的伸缩使之发生周期性容积变化，形成吸油和压油。配流盘上有一个吸油窗口、一个压油窗口，分别与吸油口和压油口相连。

当转子按图示方向旋转时，在右半部叶片逐渐伸出，密封容积逐渐增大，形成真空而吸油；当继续旋转到左半部时，叶片被压入，密封容积逐渐减少，压力增大，油液从压油口进入系统。

由于泵每转一周，只有一次吸油，一次压油过程，因此称之为单作用式叶片泵。一侧为高压腔，一侧为低压腔，转子和轴承受到径向不平衡力的作用，所以也称之为不平衡式叶片泵。

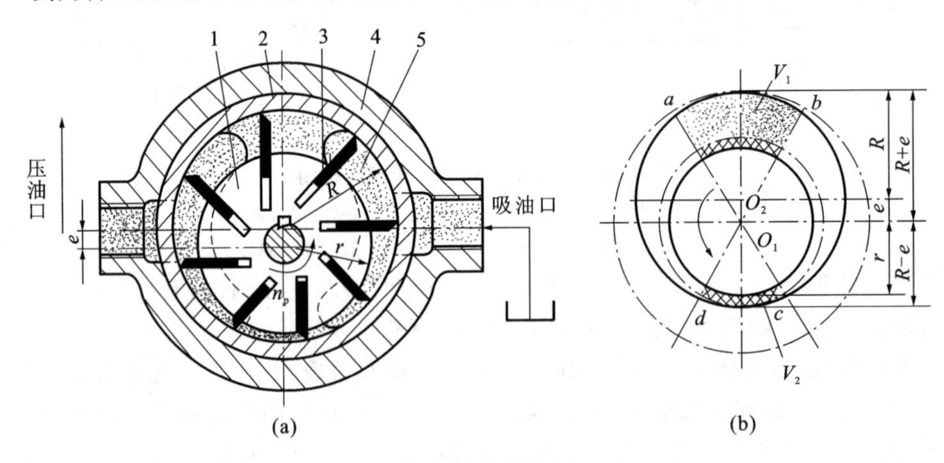

图 3-9 单作用叶片泵工作原理

1—转子；2—定子；3—叶片；4—泵体；5—配流盘

只要改变偏心距 e，就能调节排量及流量，因此单作用式叶片泵一般用作变量泵。

当偏心距 e 为零时，即定子与转子同心，可以看到转子转动过程中，叶片无伸缩，排量为零。

由图 3-9 可知，单作用叶片泵的叶片相对于转动方向是“后倾”了一个角度，这主要是为了让转子转动，叶片在离心力的作用下充分甩出，保证叶片顶部与定子内表面之间有良好的密封。

在单作用叶片泵安装调试时，必须让电机转向符合叶片“后倾”的方向，否则，单作用叶片泵在转动时叶片不能充分甩出，将不能正常吸、排油。

3.3.4 一种特殊的变量叶片泵——限压式变量叶片泵

一种能够根据出口工作压力来自动调节其偏心量，从而自动调节流量的单作用叶片泵，称为限压式变量叶片泵。

因为转子通过转轴与电动机连接在一起，所以，总是通过移动定子的位置来实现偏心距的调节。

图 3-10 为外反馈式变量叶片泵工作原理图，转子 2 的中心 O_1 是固定的，定子 3 可以左右移动，在限压弹簧 5 的作用下，定子靠在左端与反馈柱塞 7 右端面接触，使转子中心 O_1 与定子中心 O_2 之间有一个初始偏心距 e_0，由其决定流量的大小。调节时用流量调节螺钉 1 调节。配流盘吸、压油窗口对称分布在定子和转子中心 O_1O_2 的两侧。止推滑块 6 用来支承定子，承受作用于定子上的油压。泵的出口压力，经泵体内通道作用在反馈柱塞 7 的左端面上。工作中，出口压力通过柱塞对定子产生反馈力，用来平衡限压弹簧 5 的预紧力。负载变化时，反馈力就变化，推动定子相对转子移动，改变偏心距和流量。这种泵是把泵的出口压力通过反馈柱塞从外面加到定子上，因此称之为外反馈式变量叶片泵。

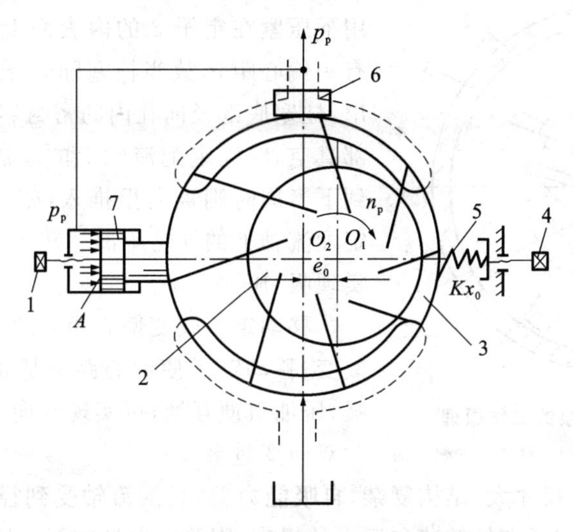

图 3-10　外反馈式变量叶片泵工作原理图

1、4—调节螺钉；2—转子；3—定子；5—限压弹簧；6—止推滑块；7—反馈柱塞

当泵的工作压力 p 小于限定压力时，定子受到的反馈力不大于弹簧作用力，定子不动，偏心距 e_0 最大，流量也最大，该压力为限定压力。通过调节螺钉 4 来调节弹簧的预压缩量，即可调节限定压力。

当反馈力大于限定压力时，弹簧被压缩，定子右移，偏心距减小，流量输出也随之减小。当工作压力继续升高到某一值时，弹簧压缩到最短，定子移至最右端，泵的实际流量为零，该压力称为极限压力。

限压式变量叶片泵适用于执行机构有快、慢速要求的液压系统，快速时需要低压大流量，慢速时需要高压小流量。根据负载大小自动调节，合理地匹配功率，功率损失小，可减少油液发热，节省能源，但结构相对复杂。

3.4 柱 塞 泵

柱塞泵是依靠柱塞在缸体柱塞孔内往复运动，使密封容积产生变化来实现吸、压油的。由于柱塞与缸体柱塞孔均为圆柱表面，加工方便、配合精度高，因此密封性能好、泄漏小，在高压状况下工作仍有较高的容积效率。只要改变柱塞的工作行程就能改变泵的排量，容易实现单向或双向变量。它常用于高压大流量和流量需要调节的液压系统，如工程机械、液压机、龙门刨床、拉床等液压系统。

按柱塞排列方向不同,可分为径向柱塞泵和轴向柱塞泵两大类。

3.4.1 径向柱塞泵

图 3-11 为径向柱塞泵的工作原理图。转子 3 上有按径向排列沿圆周均匀分布的柱塞孔,柱塞 1 可在其中滑动。衬套 4 过盈配合在转子孔内,随转子一起旋转,而配流轴 5 则固定。当转子按图示方向旋转时,柱塞在离心力(或低压油)作用下压紧在定子 2 的内表面上。由于转子和定子间有一偏心距 e,故当柱塞随转子转到上半周时向外伸出,柱塞底部径向孔内的密封容积逐渐增大而产生局部真空,经固定配流轴上的 a 腔吸油;柱塞随转子转到下半周时则被向里推入,密封容积逐渐减小,经固定配流轴上的 b 腔压油。转子每转一周,每个柱塞各实现吸、压油一次。

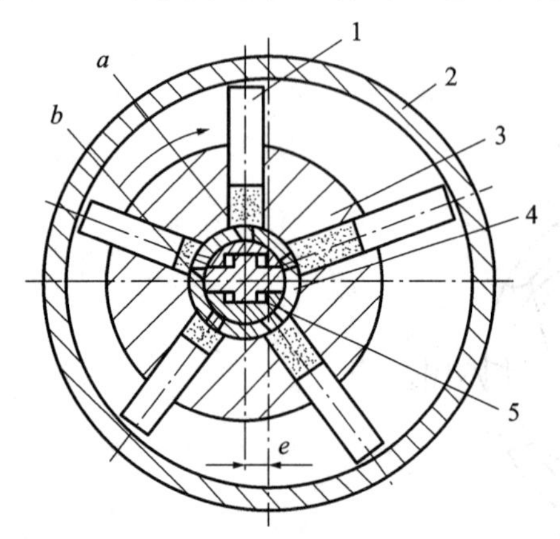

图 3-11 径向柱塞泵的工作原理

1—柱塞;2—定子;3—转子;4—衬套;5—配流轴

移动定子改变偏心距 e 的大小,泵的排量就得到改变;移动定子使偏心距 e 从正值变为负值时,泵的吸、压油口便互换,可实现双向变量,故这种泵亦可作为双向变量泵。

径向柱塞泵的径向尺寸大,结构复杂,自吸能力差,且配流轴受到径向不平衡液压力作用易磨损,这些特点都限制了它的转速和压力的提高,因此径向柱塞泵应用相对较少。

3.4.2 轴向柱塞泵

轴向柱塞泵是指柱塞在缸体内轴向排列并沿圆周均匀分布,柱塞的轴线平行于缸体旋转轴线。轴向柱塞泵结构紧凑,加工性好,效率高,流量调节方便,功率重量比很小,寿命长,工作压力高(常用压力为 20～40MPa,最高可达 80MPa)。但缺点是结构复杂,制造工艺要求较高,价格高,油液抗污染敏感性强,使用与维护要求高。

(1)轴向柱塞泵的工作原理

图 3-12 为斜盘式轴向柱塞泵工作原理图。缸体 1 上沿圆周均匀分布着几个轴向柱塞孔,柱塞 3 可在其中滑动。斜盘 4 的法线与缸体轴线成 γ 角。斜盘和配流盘 2 固定,传动轴 5 带动缸体和柱塞一起转动。柱塞靠根部的弹簧(或压力油)作用而保持其头部与斜盘紧密接触。当传动轴按图示方向旋转时,柱塞在自下向上回转的半周(π～2π)内逐渐向外伸出,使缸体柱塞孔内密封容积不断增大而产生局部真空,经配流盘上的吸油窗口 a 吸油;柱塞在自上向下回转的半周(0～π)内则被斜盘向里推移,使密封容积不断减小,通过配流盘压油窗口 b 压油。缸体每转一周,每个柱塞往复运动一次,完成一次吸、压油动作。

如果改变斜盘倾角 γ 就能改变柱塞行程长度 h,也就改变了泵的排量。改变斜盘倾角方向,就能改变吸油和压油的方向而成为双向变量泵。

(2)轴向柱塞泵的结构

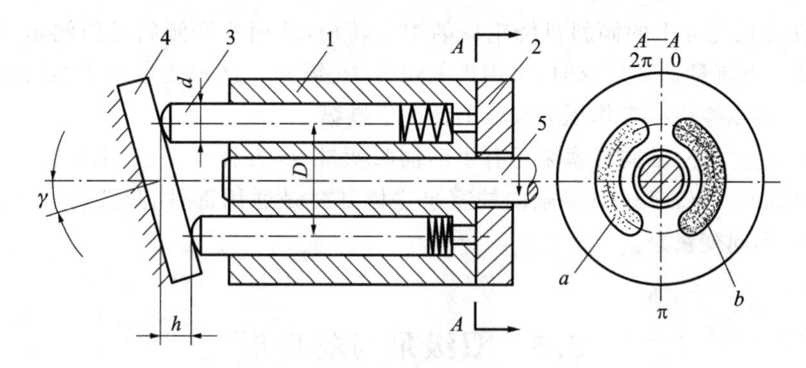

图 3-12 轴向柱塞泵的工作原理

1—缸体；2—配流盘；3—柱塞；4—斜盘；5—传动轴

图 3-13 为 SCY14-1B 型轴向柱塞泵，它由两部分组成，即主体部分和变量机构部分。

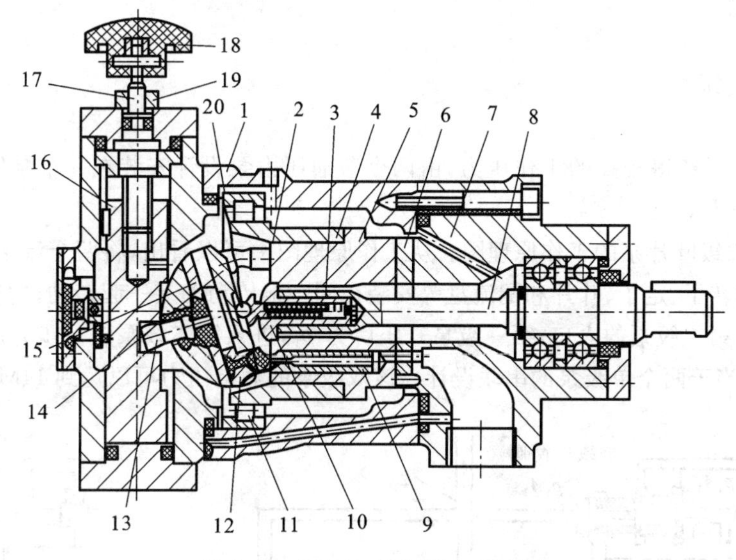

图 3-13 SCY14-1B **型轴向柱塞泵**

1—中间泵体；2—内套；3—定心弹簧；4—钢套；5—缸体；6—配流盘；7—前泵体；

8—传动轴；9—柱塞；10—外套筒；11—圆柱滚子轴承；12—滑履；13—轴销；14—压盘；

15—倾斜盘；16—活塞；17—丝杠；18—手轮；19—锁紧螺母；20—钢球

如图 3-13 所示，缸体 5 装在中间泵体 1 和前泵体 7 内，由传动轴 8 通过花键带动旋转。在缸体的七个柱塞孔内装有柱塞 9，柱塞的球形头部装在滑履 12 的孔内并可作相对转动。定心弹簧 3 通过内套 2、钢球 20 和压盘 14 将滑履压在倾斜盘 15 上，使泵具有一定自吸能力，同时定心弹簧又通过外套筒 10 将缸体压在配流盘 6 上。缸体外镶有钢套 4，支承在圆柱滚子轴承 11 上，使压盘对缸体的径向分力由圆柱滚子轴承来承受，而避免传动轴和缸体受弯矩。缸体柱塞孔中的压力油经柱塞和滑履的中心小孔，送至滑履与倾斜盘的接触平面间，形成静压润滑膜，以减小摩擦磨损。缸体对配流盘的压力，除定心弹簧力外，还有缸体柱塞孔底部台阶面上所受的液压力，此力比弹簧力大得多，而且随泵的工作压力升高而增大，使缸体和配流盘保持良好贴合，使磨损间隙能得到自动补偿，因此泵具有较高的容积效率。

图 3-13 左侧部分为变量机构。轴向柱塞泵的最大优点是只要改变倾斜盘的倾角就能改变其排量。若转动手轮 18，使丝杠 17 转动，因导向键的作用，变量活塞 16 便上下移动，轴销

13则使支承在变量壳体上的倾斜盘绕钢球的中心转动，从而改变倾斜盘的倾角，相应也就改变了泵的排量。当流量达到要求时，可用锁紧螺母19锁紧。这种变量机构结构简单，但操纵力较大，通常只能在停机或工作压力较低的情况下操纵。

除了有手动变量外，轴向柱塞泵还有手动伺服变量、压力补偿变量、电动变量、恒压变量、零位对中式变量等。SCY14-1B型轴向柱塞泵主体部分是通用部件，只要将它换上不同变量机构，就可组成不同变量泵。

3.5 双级泵与双联泵

为了实现提高压力等级或提高效率的目的，将两个泵设计在一个泵体内，构成双级泵或双联泵。

3.5.1 双级泵

双级泵是为了获得较高的工作压力，由两个普通压力泵设计安装在一个泵体内串联而成，以提高系统的压力等级。

图3-14为双级叶片泵的工作原理图。从工作原理图中可以看出，将两个流量相同的双作用式单级叶片泵的转子、定子、叶片和配流盘等安装在同一根传动轴上一起转动，构成双级泵，第一级泵的出口接在第二级泵的入口，第一级泵升压后为 p_1，进入第二级泵进一步升压，输出压力为 p_2 的高压油，相当于两个单级泵的串联设计。该双级泵的额定压力可以达到14MPa以上。

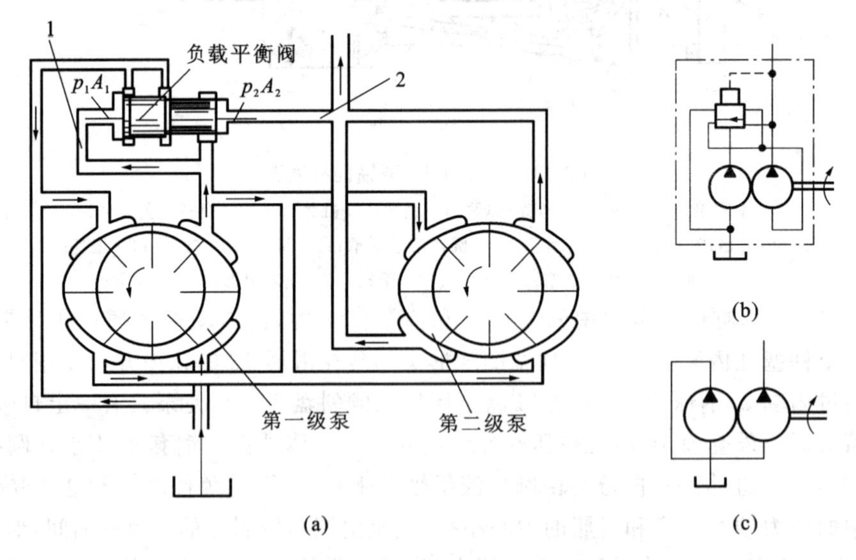

图3-14 双级叶片泵工作原理图

(a)工作原理图；(b)图形符号图；(c)图形符号简图

1、2—管路

两级泵的负载必须相等，否则会造成其中一级泵的负载过大而被破坏。第二级泵与第一级泵输出压力的关系应该是 $p_1=2p_2$。由于两个定子内表面不可能完全一样，排量也就不一样，为此在两泵出油口之间安装一负载平衡阀，由大、小滑阀组成，其面积比 $A_1/A_2=2$。当两个叶片泵流量相等时，负载平衡阀两边的阀口是关闭的，$p_1A_1=p_2A_2$，则 $p_1/p_2=1/2$。当第一级泵的流量大于第二级泵的流量时，p_1 增大，此时 $p_1A_1>p_2A_2$，平衡阀芯右移，第一级泵多余油液从管路 1 经左边阀口流回第一级泵的吸油口而达到平衡。若第一级泵的流量小于第二级泵的流量时，p_1 降低，$p_1A_1<p_2A_2$，平衡阀芯左移，第二级泵输出的多余油液从右边阀口流回第二级泵的进油口，使两泵负载平衡。同理，第二级泵压力发生变化时，同样也会使两泵负载平衡。负载平衡阀保证了两级泵之间的负载平衡，使较大负载均匀分配到两级泵中。

3.5.2 双联泵

如果说双级泵是两个泵的“串联”，那么双联泵就是两个泵的“并联”。双联泵是将两套液压泵装在一起，并联在油路中的组合泵。齿轮泵、叶片泵及柱塞泵都可以设计或连接成双联泵。

图 3-15 为双联叶片泵结构图。在同一个泵体内安装了两套双作用叶片泵的组件。用一根传动轴驱动两个转子，其用一个公共的吸油口，两个独立的压油口。两个泵的流量根据需要可选用等量，也可选用不等量。

一般情况下，为满足重载快、慢速场合，双联叶片泵是由一个低压大流量泵和一个高压小流量泵组成。例如在注塑机等大型设备中采用双联泵，若在轻载快速运动的工作进给时，两个泵同时供油，此时工作压力较低、两泵流量合用较大；在重载慢速运动的工作进给时，高压小流量泵单独供油，流量即可满足慢速的需要，这时让低压大流量泵卸荷即油液流回油箱。大型设备采用双联泵的优点是功率匹配，可降低功率损失，减小油液发热。

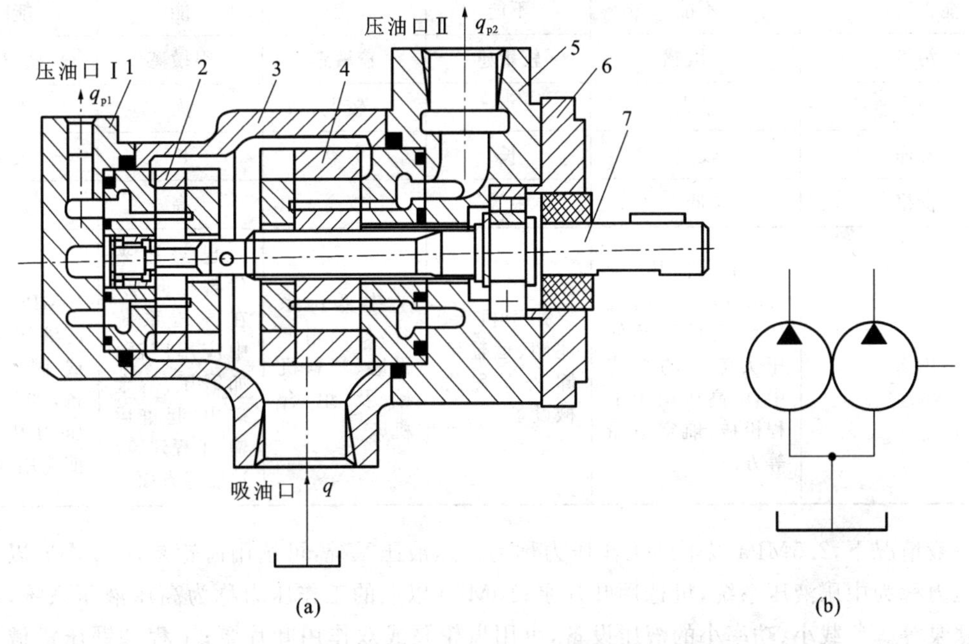

图 3-15 双联叶片泵结构图

1—后端盖；2—定子；3—泵体；4—转子；5—前泵体；6—压盖；7—传动轴

3.6 液压泵的选用

在使用液压设备的工程应用中，对液压泵的要求主要是适用与易于维护、维修。液压泵选用的不匹配、不适当，会造成液压传动系统工作效率的降低及使用和维护成本的增加。

对于工程上应用最广泛的齿轮泵、叶片泵和柱塞泵，在了解了它们的基本结构和工作原理后，通过表 3-1 对它们的主要性能指标有一个对比和了解，以便在具体液压设备中选用适合的液压泵。从使用性能上排列，优劣次序是柱塞泵、叶片泵和齿轮泵。从结构复杂程度、自吸能力、抗污染能力和价格方面比较，齿轮泵最好，柱塞泵最差。例如，从表 3-1 中可以看出，外啮合齿轮泵虽然效率不高，但对油液的污染不敏感，适合在较为恶劣的环境下工作，而且价格也低，所以在建筑工程类的液压机械中较为常用。

表 3-1 各类液压泵性能、规格及用途

类型 性能	齿轮泵（外啮合）	叶片泵		轴向柱塞泵（斜盘式）	径向柱塞泵（轴配流）
		双作用	单作用		
额定压力/MPa	2.5～17.5	6.3～21	6.3	10～40	10～20
排量/(mL/r)	0.25～630	0.63～450	1～315	0.25～560	20～710
转速/(r/min)	300～7000	600～4000	600～2000	600～6000	700～2000
容积效率	0.75～0.90	0.80～0.94	0.80～0.90	0.90～0.95	0.85～0.90
总效率	0.65～0.80	0.75～0.85	0.70～0.80	0.85～0.90	0.80～0.85
能否变量	不能	不能	能	能	能
污染	不敏感	较敏感	较敏感	很敏感	敏感
噪声	较大	小	较大	大	大
寿命	较短	长	中等	长	长
价格	低	中等	较高	高	高
用途	主要用于2.5MPa以下的机床液压系统及低压大流量的系统中，中高压用于工程机械、航空造船等方面	用于机床、注塑、运输装卸及工程机械设备	中低压系统，如高精度平磨、塑料机械及组合机床	已经用来代替径向泵，在高压系统中应用广泛，如锻压、冶金矿山、起重运输、工程建筑、造船等方面	主要用于10MPa以上的液压系统或固定设备，如拉床、压力机，目前应用较少

一般情况下，2.5MPa 以下的工作压力称为低压液压系统，可选用齿轮泵；6.3MPa 以下的工作压力称为中压液压系统，可选用叶片泵；10MPa 以上的工作压力称为高压液压系统，可选用柱塞泵等。负载小、功率小的液压设备，可用齿轮泵或双作用叶片泵；工程和锻压机械等负载大、功率大的液压设备，可采用柱塞泵。有快速和慢速工作行程的设备，可采用限压式变量叶片泵或双联叶片泵。对平稳性、脉动性及噪声要求不高的液压系统，可采用中高压齿轮泵。

送料、夹紧、润滑等辅助机械装置一般选用价格低的外啮合齿轮泵。

根据液压系统应用场合进行液压泵的结构类型选择后，就要根据负载和速度等具体工况来选择泵的流量、压力和电动机的规格等。

液压泵的输出流量(L/min)，应大于或等于液压系统中同时工作的各个执行元件所需的最大流量之和，即：

$$q \geqslant K_1 \left(\sum_{i=1} q_i \right)_{max} \tag{3-8}$$

式中 K_1——流量泄漏损失系数，一般取1.1～1.3。

液压泵出厂参数中，都标明了泵的额定流量(排量)的数值。此值是泵在额定压力和额定转速下的实际流量。根据系统中的流量选定液压泵时，应保证该泵额定流量对应的规定转速。

液压泵的工作压力大于或等于液压系统中执行机构所允许的最大工作压力，即：

$$p_B \geqslant K_2 p_{max} \tag{3-9}$$

式中 K_2——压力损失系数，取1.1～1.5。

液压泵出厂参数中，标注的是额定压力和最高允许工作压力。实际液压系统中，应根据最大负载计算出压力后，按额定压力来选液压泵。

液压泵拖动电动机功率 P 的计算公式为：

$$P = \frac{pq}{60\eta} \tag{3-10}$$

式中 p——泵实际工作压力(MPa)；

q——额定流量(实际输出流量)(L/min)；

η——液压泵总效率。

【例3-2】 已知某液压系统如图3-16所示，工作时活塞上所受的外载荷为 $F=9720\text{N}$，活塞有效工作面积 $A=0.008\text{m}^2$，活塞运动速度 $v=0.04\text{m/s}$，应选择额定压力和额定流量为多少的液压泵？驱动它的电机功率应为多少？

【解】 首先确定液压缸中最大工作压力 $p_缸$ 为：

$$p_缸 = \frac{F}{A} = \frac{9720}{0.008} = 1.215 \times 10^6 \text{Pa} = 1.215\text{MPa}$$

根据式(3-9)，选择 $K_2=1.3$，计算液压泵所需最大压力为：

$$p_泵 = 1.3 \times 1.215 = 1.58\text{MPa}$$

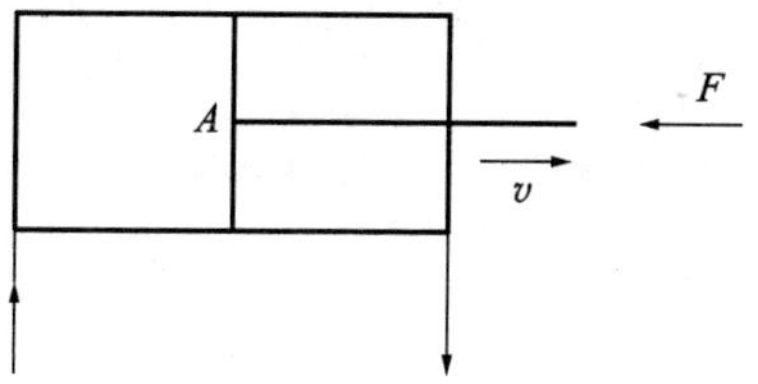

A F v

图3-16 例3-2示意图

再根据运动速度计算液压缸中所需的最大流量为：

$$q_缸 = vA = 0.04 \times 0.008 = 3.2 \times 10^{-4} \text{m}^3/\text{s}$$

根据式(3-8)，选取 $K_1=1.1$，计算泵所需的最大流量为：

$$q_泵 = 1.1 \times 3.2 \times 10^{-4} \text{m}^3/\text{s} = 21.12\text{L/min}$$

查液压泵的样本资料，选择CB-B25型齿轮泵。该泵的额定流量为25L/min(即 $4.17 \times 10^{-4}\text{m}^3/\text{s}$)，略大于泵所需的最大流量21.12L/min；该泵的额定压力为2.5MPa，大于泵所需要提供的最大压力1.58MPa。

选取齿轮泵的总效率 $\eta=0.7$，根据式(3-10)，驱动泵的电动机功率为：

$$P_M = \frac{p_泵 q_{泵,额定}}{60\eta} = \frac{1.58 \times 10^6 \times 4.17 \times 10^{-4}}{60 \times 0.7} = 15.7\text{W}$$

注意:在计算电机功率时用的是泵的额定流量 25 L/min(即 4.17×10^{-4} m^3/s),而没有用计算出来的泵的流量 21.12L/min,因为所选择的 CB-B25 型齿轮泵是定量泵。

习 题

3-1 何谓定量泵和变量泵?分别画出它们的图形符号。

3-2 何谓泵的工作压力、额定压力和最高允许工作压力?

3-3 液压泵分为哪三大类?各有何优、缺点?

3-4 齿轮泵产生困油现象和径向不平衡的原因是什么?

3-5 为什么齿轮泵通常只能作为低压泵使用?

3-6 已安装好的液压系统中,分别采用齿轮泵、双作用叶片泵和单作用叶片泵,此时发生电动机反转时各出现什么结果?

3-7 液压泵的输出压力为 10MPa,排量为 10mL/r,机械效率为 0.95,总效率为 0.855,当转速为 1400r/min 时,泵的输出功率和驱动泵的电动机功率各为多少?

4 液压缸与液压马达

液压缸和液压马达都是液压传动系统中的执行元件，是将液压能转换成机械能的能量转换装置。液压缸是用于驱动工作机构作直线往复运动的执行元件，液压马达是用于驱动工作机构作回转运动的执行元件。

4.1 活塞式液压缸

按结构形式的不同，液压缸可分为活塞式、柱塞式、摆动式、伸缩式等结构形式，其中活塞式液压缸应用最广泛。

活塞式液压缸主要有双出杆式、单出杆式两种。

4.1.1 双活塞杆式液压缸

活塞两端都带有活塞杆的液压缸，称为双活塞杆式液压缸，如图 4-1 所示。

在具体使用的过程中，它有两种不同的安装方式，即缸固定式和杆固定式。

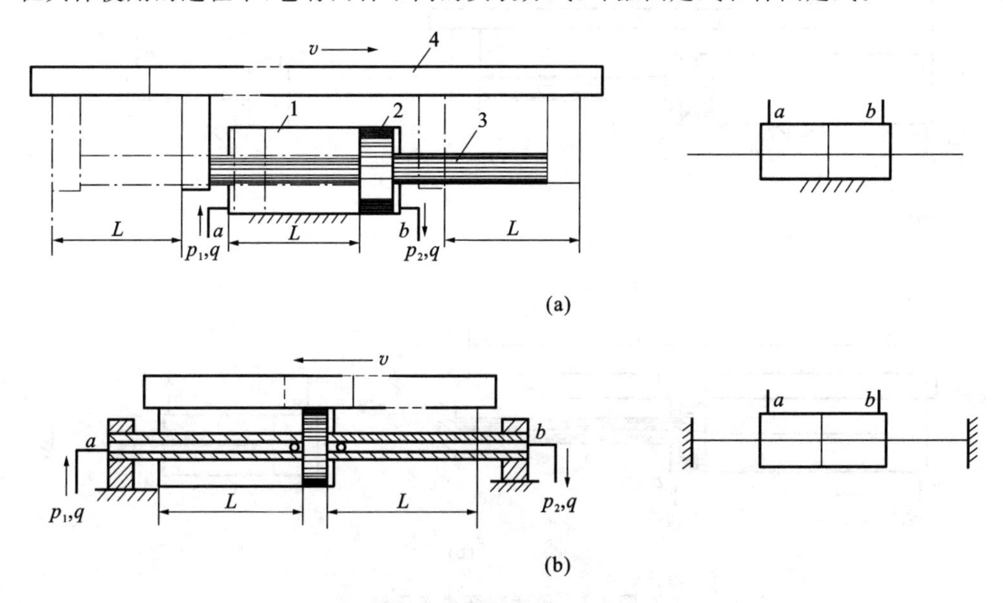

图 4-1 双活塞杆式液压缸

(a)缸筒固定；(b)活塞杆固定

1—缸筒；2—活塞；3—活塞杆；4—工作台

图 4-1(a)所示为缸固定式双活塞杆式液压缸的工作原理图，右侧为它对应的图形符号。缸筒 1 固定在机床床身上，工作台 4 与活塞杆 3 相连。缸筒 1 的两端设有进、出油口，动力由活塞杆传出。当油液从 a 口进入缸左腔时，推动活塞 2 带动工作台 4 向右运动，缸右腔中的油液从 b 口回油；反之，活塞杆带动工作台反向运动。由图示可以看出，这种安装方式下，机床工作台的移动范围约等于活塞有效行程 L 的三倍，占地面积较大，常用于中、小型设备。

图 4-1(b)所示为杆固定式双活塞杆式液压缸的工作原理图，右侧为它对应的图形符号。其活塞杆一般做成空心的，固定在机床床身的两个支架上，缸筒则与机床工作台相连。进、出油口可以做在活塞杆的两端，油液从空心的活塞杆中进出；进、出油口也可以做在缸筒两端，但要使用软管连接，以使缸筒往复运动时软管随之运动。液压缸的动力由缸筒传出。当油液从左腔进入时，缸筒带动工作台向左运动，右腔回油；反之，工作台则向右运动。在这种安装方式下，机床工作台的移动范围约等于缸筒有效行程 L 的两倍，占地面积小，常用于大中型设备。

双活塞杆式液压缸两腔的活塞杆直径 d 和活塞有效作用面积 A 通常是相等的。因此，当工作压力和输入流量相同时，两个方向的液压推力 F 和运动速度 v 大小相等。

4.1.2 单活塞杆式液压缸

只有一端带活塞杆的液压缸，称为单活塞杆式液压缸。图 4-2 左侧所示为单活塞杆式液压缸的工作原理图，右侧为它对应的图形符号。

单活塞杆式液压缸在安装时，也分为缸固定式和杆固定式两种，两种安装情况下的工作台移动范围相同，都是活塞或缸筒有效行程 L 的两倍。

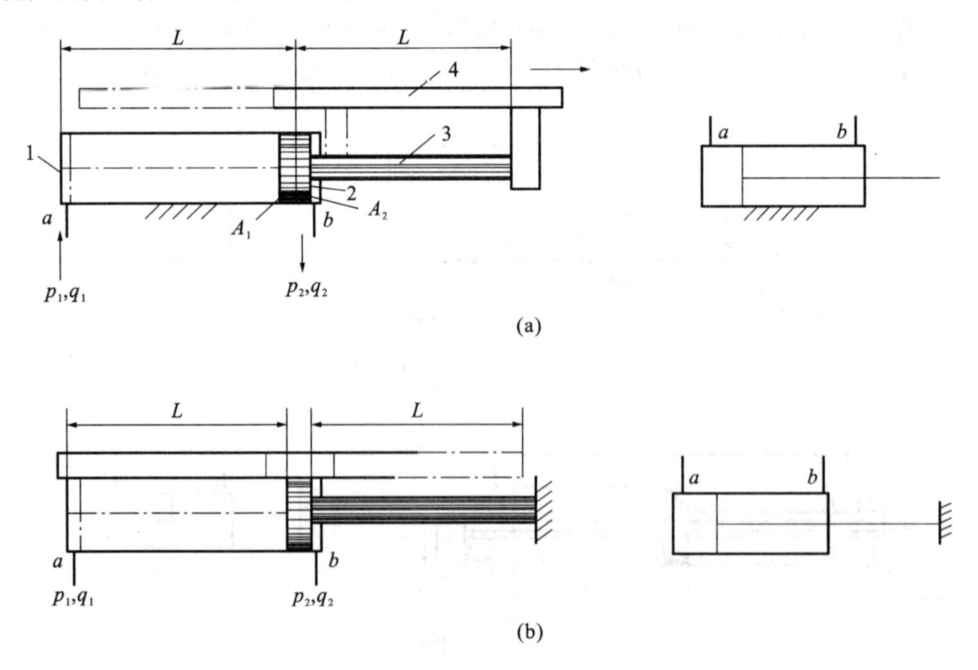

图 4-2 单活塞杆式液压缸

(a)缸筒固定；(b)活塞杆固定

1—缸筒；2—活塞；3—活塞杆；4—工作台

由于单活塞杆式液压缸只有一根活塞杆，所以活塞两端的有效作用面积 A_1 和 A_2 不相等。当供油压力 p_1 与回油压力 p_2 相同时，液压缸左、右两个运动方向的液压推力 F 和运动速度 v 不相等。

4.1.3 活塞式液压缸的推力和速度计算

4.1.3.1 双活塞杆式液压缸的推力和速度

无论从哪个腔进油或出油，当工作压力和输入流量相同时，两个方向的液压推力 F 和运动速度 v 相等，则有：

$$F = A(p_1 - p_2)\eta_{cm} = \frac{\pi}{4}(D^2 - d^2)(p_1 - p_2)\eta_{cm} \tag{4-1}$$

$$v = \frac{q_1 \eta_{cv}}{A} = \frac{4q_1 \eta_{cv}}{\pi(D^2 - d^2)} \tag{4-2}$$

式中 η_{cm}——液压缸的机械效率，主要是机械摩擦等因素引起的，一般取 $\eta_{cm}=0.9$；

η_{cv}——液压缸的容积效率，主要是进油腔通过活塞与缸体的密封间隙向出油腔泄漏引起的，一般取 $\eta_{cv}\approx 0.98$。

4.1.3.2 单活塞杆式液压缸的推力和速度

计算单活塞杆式液压缸的推力和速度要复杂一些，因为它的两腔工作面积不相等。我们将有活塞杆的一侧称为"有杆腔"，无活塞杆的一侧称为"无杆腔"，可以分为三种情况来计算，如图 4-3 所示。

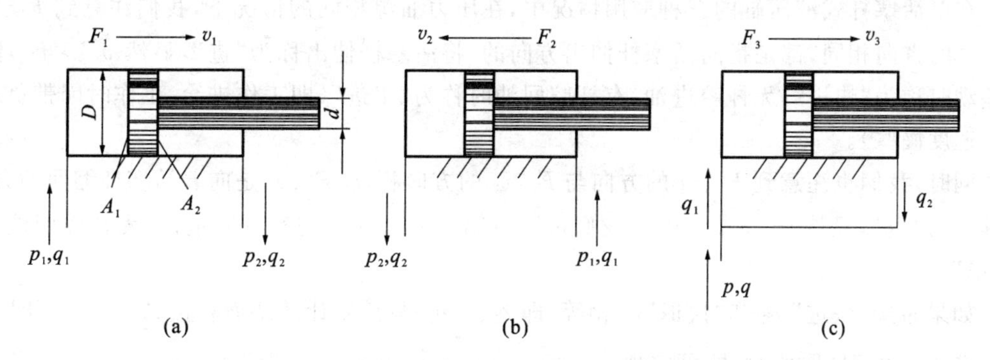

图 4-3 单活塞杆式液压缸三种进、出油示意图

(1)无杆腔进油、有杆腔回油[图 4-3(a)]

$$F_1 = (p_1 A_1 - p_2 A_2)\eta_{cm} = \left[p_1 \frac{\pi}{4}D^2 - p_2 \frac{\pi}{4}(D^2 - d^2)\right]\eta_{cm} \tag{4-3}$$

$$v_1 = \frac{q_1 \eta_{cv}}{A_1} = \frac{4q_1 \eta_{cv}}{\pi D^2} \tag{4-4}$$

注意，如果回油管直接接到油箱，则 $p_2=0$。

(2)有杆腔进油、无杆腔回油[图 4-3(b)]

$$F_2 = (p_1 A_2 - p_2 A_1)\eta_{cm} = \left[p_1 \frac{\pi}{4}(D^2 - d^2) - p_2 \frac{\pi}{4}D^2\right]\eta_{cm} \tag{4-5}$$

$$v_2 = \frac{q_1 \eta_{cv}}{A_2} = \frac{4q_1 \eta_{cv}}{\pi(D^2 - d^2)} \tag{4-6}$$

同样要注意,如果回油管直接接到油箱,则 $p_2=0$。

(3)差动连接[图 4-3(c)]

在液压缸的应用中,著名的“差动连接”就是特指单活塞杆式液压缸左、右两腔同时接通压力油的连接应用。注意,双活塞杆式液压缸不存在“差动连接”法。工程上常提到的“差动液压缸”并不是一种特殊的液压缸,而是单活塞杆式液压缸的一种特殊连接应用。

差动连接时,左、右两腔因连通而压力相同。但由于无杆腔的有效面积 A_1 大于有杆腔的面积 A_2,左腔的液压推力 F_1 大于右腔的液压推力 F_2,使活塞向右移动。因此,实际上是无杆腔为进油腔,有杆腔的油在流出,而且有杆腔流出的油也被送入无杆腔中,相当于增大了进入无杆腔中的实际流量。

此时液压缸的推力 F_3 为:

$$F_3 = p(A_1 - A_2)\eta_{cm} = \frac{\pi}{4}[D^2 - (D^2 - d^2)]p\eta_{cm} = \frac{\pi}{4}d^2 p\eta_{cm} \tag{4-7}$$

设差动连接时活塞向右移动的速度为 v_3,则从有杆腔中流出的流量为:

$$q_2 = A_2 v_3$$

有杆腔中流出的流量 q_2 和泵的流量 q 一起流入无杆腔,故实际流入无杆腔的总流量为:

$$q_1 = q + q_2 = q + A_2 v_3 = v_3 A_1$$

此时差动液压缸的运动速度 v_3 为:

$$v_3 = \frac{q\eta_{cv}}{A_1 - A_2} = \frac{q\eta_{cv}}{A_3} = \frac{4q}{\pi d^2}\eta_{cv} \tag{4-8}$$

在单活塞杆式液压缸的三种应用情况中,在压力油源相同的情况下,我们注意到 F_1、v_1、F_3、v_3 的方向相同,都是指向活塞杆伸出方向的,将活塞杆伸出称为“进”,显然 $v_3 > v_1$,因此将差动时称为“快进”,无杆腔进油、有杆腔回油时称为“工进”(即工作进给,工作时因带负载而要求速度慢些)。

同时,我们也注意到 F_1、v_1 的方向与 F_2、v_2 的方向相反,F_2、v_2 是向着活塞杆缩回的方向,将其称为“退”,显然 $v_2 > v_1$,因此我们可以将第二种情况下的有杆腔进油、无杆腔回油称为“快退”。

如果希望“快进”v_3 和“快退”v_2 相等,即 $v_3 = v_2$,只需要让活塞面积按 $A_1 = 2A_2$,即 $D = \sqrt{2}d$ 或 $d = 0.7D$ 取值时,即可实现。

4.2 其他种类液压缸

液压缸按压力油作用情况,还常被分为单作用式液压缸和双作用式液压缸。双作用式液压缸是指它的两个方向运动都是在压力油的作用下实现的,如图 4-4(a)所示。单作用式液压缸是指它的一个方向运动是用压力油的作用实现的,另一个方向运动是通过其他方式(如弹簧力或其他外力)实现的,如图 4-4(b)所示。

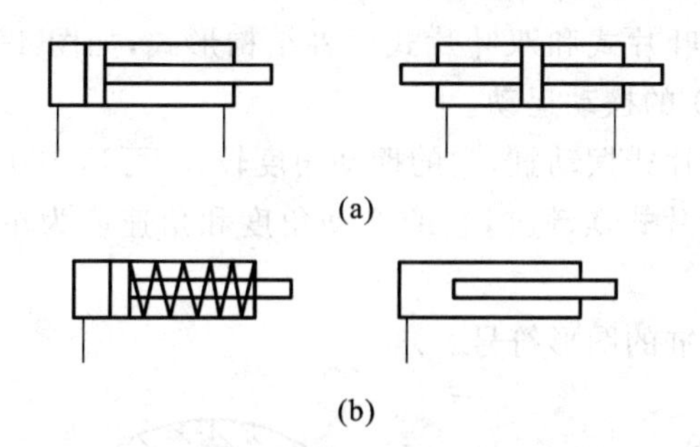

图 4-4 双作用式与单作用式液压缸的区别

4.2.1 柱塞式液压缸

柱塞式液压缸是单作用式液压缸。一般设备中较多地采用活塞式液压缸，但活塞式液压缸内孔的加工精度要求高，行程较长时缸筒加工较困难，制造成本较高。因此，对于长行程的场合，宜采用柱塞式液压缸。

图 4-5(a)是柱塞式液压缸的工作原理图。它由缸筒、柱塞、导向套和端盖等组成，也有缸固式和杆固式两种形式。图 4-5(b)是它的图形符号。

注意，柱塞式液压缸只有一个油管。工作时，压力油从左侧油管输入缸筒内，作用在柱塞的左端面上，使之向右移动，从而带动工作台运动。为了获得双向运动，柱塞式液压缸往往是两两成对地使用，各负责一个方向的运动，如图 4-5(c)所示。

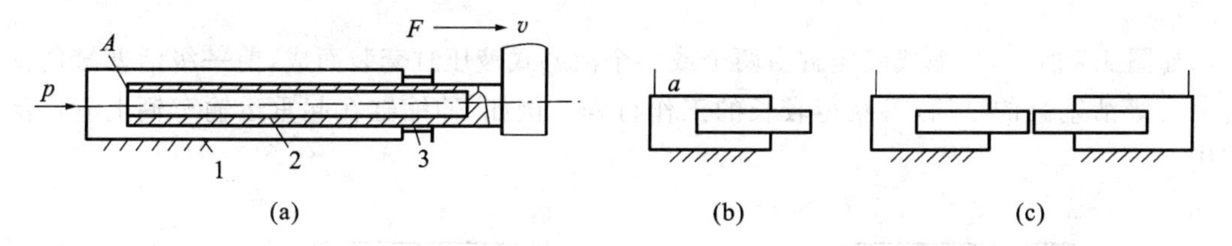

图 4-5 柱塞式液压缸

1—缸筒；2—柱塞；3—导向套和端盖

柱塞式液压缸的推力 F 和运动速度 v 为：

$$F = Ap\eta_{\mathrm{cm}} = \frac{\pi}{4}d^2 p\eta_{\mathrm{cm}} \tag{4-9}$$

$$v = \frac{q\eta_{\mathrm{cv}}}{A} = \frac{4q}{\pi d^2}\eta_{\mathrm{cv}} \tag{4-10}$$

由于柱塞和缸筒内壁不接触，柱塞(或缸筒)运动时靠端盖上的导向套来导向，因此缸筒内孔不需要精加工，工艺性好、结构简单、成本低，常用于行程很长的龙门刨床等大型设备的液压系统中。对于这种液压缸，在水平安装时，柱塞常制成空心状，以减轻柱塞重量。同时为防止柱塞自重下垂，通常要为伸出来的柱塞在它行程的方向设置辅助支承。

4.2.2 摆动式液压缸

摆动式液压缸也称摆动马达。摆动式液压缸是一种输出转矩和角速度，并实现往复摆动的液压执行元件。常有单叶片式和双叶片式两种结构形式，如图 4-6 所示。当它通入液压油时，它的主轴输出小于 300°的摆动运动。

图 4-6(a)所示为单叶片式摆动缸，它的摆动角度较大，可达 300°。

图 4-6(b)所示为双叶片式摆动缸，它的摆动角度和角速度为单叶片式的一半，而输出转矩是单叶片式的两倍。

图 4-6(c)所示为摆动缸的图形符号。

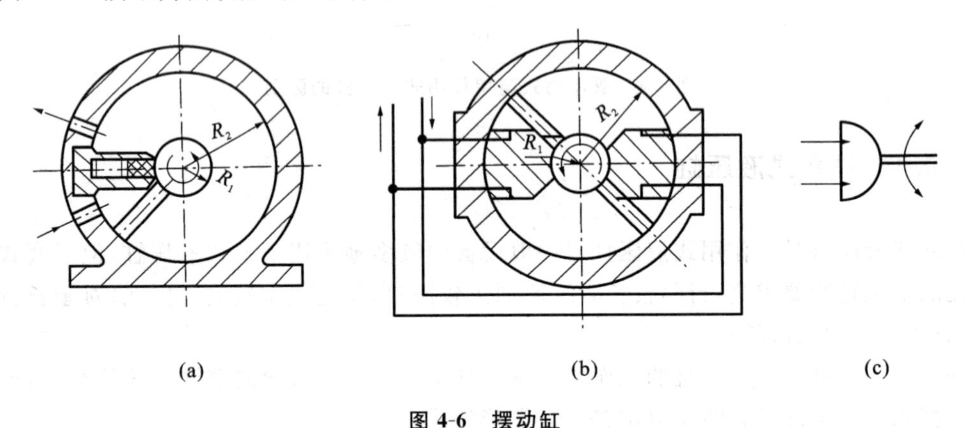

图 4-6 摆动缸

(a)单叶片式摆动缸；(b)双叶片式摆动缸；(c)图形符号

4.2.3 伸缩式液压缸

如图 4-7 所示，伸缩式液压缸由两个或多个活塞式液压缸套装而成，前一级活塞缸的活塞是后一级活塞缸的缸筒，可获得较长的工作行程。例如，伸缩缸在起重运输车辆上有广泛的应用。

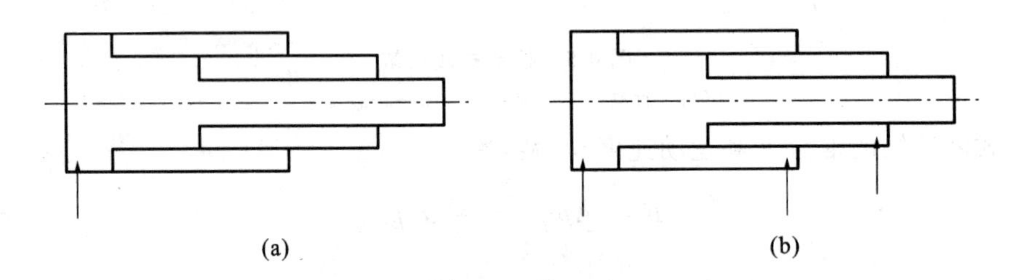

图 4-7 伸缩式液压缸

(a)单作用式伸缩缸；(b)双作用式伸缩缸

4.3 活塞式液压缸主要尺寸的确定

活塞式液压缸最为常用，在选用时，首先需要确定它的主要尺寸，即缸筒内径 D、活塞杆直径 d 和缸筒长度 L 等。根据液压缸的负载、运动速度、行程长度和选取的工作压力，即可将上述尺寸确定。应该注意的是，活塞式液压缸作为一个标准件选用时，必须在计算的基础上，根据国家标准或产品手册来选取标准系列中规定的尺寸，以便选购和使用。

在选择液压缸时，一般已知缸的最大负载 F，并根据系统工况和经验来选取一个适当的工作压力 p，根据具体情况，可以通过式(4-1)、式(4-3)或式(4-5)来确定缸筒内径和活塞杆直径。

在计算中，活塞杆直径 d 可以参考表 4-1 来确定，然后代入公式中计算。计算出缸筒内径和活塞杆直径后，均应按表 4-2、表 4-3 圆整成标准值，否则所设计出的液压缸将无法选购，或自制的液压缸将无法选用标准密封件。

表 4-1 活塞杆直径 d 的参考值

液压缸工作压力 p/MPa	<2	2～5	5～10
活塞杆直径 d	(0.2～0.3)D	0.5D	0.7D

表 4-2 缸筒内径尺寸系列 单位:mm

10	12	16	20	25	32	40	50	63	80	(90)	100
(100)	125	(140)	160	(180)	200	220	250	(280)	320	(360)	400

本表摘自《液压气动系统及元件 缸内径及活塞杆外径》(GB/T 2348—1993)。

表 4-3 活塞杆直径尺寸系列 单位:mm

4	5	6	8	10	12	14	16	18	20	22	25
28	32	36	40	45	50	56	63	80	90	100	110
125	140	160	180	200	220	250	280	320	360		

本表摘自《液压气动系统及元件 缸内径及活塞杆外径》(GB/T 2348—1993)。

液压缸的缸筒长度是根据所需的最大工作行程和结构上的需要而定的。通常缸筒长度为最大工作行程长度、活塞长度、活塞杆导向长度、活塞杆密封长度和特殊要求的其他长度之和。其中活塞长度(0.6～1)D；活塞杆导向长度(0.6～1.5)d；其他长度是指一些特殊装置所需长度，如液压缸两端的缓冲装置所需长度等。

4.4 液压缸的结构

以双活塞杆式液压缸的结构分析为例，了解液压缸的结构特点。图 4-8 所示为双活塞杆式双作用液压缸。它由缸筒、前后缸盖、前后压盖、前后导向套、活塞、活塞杆、两套 V 形密封圈及 O 形密封圈等组成。

该液压缸的空心活塞杆固定，缸筒移动。当压力油从 b、d 孔进入缸筒右腔时，使缸筒向右运动，左腔油液从 c、a 孔排出；反之则缸筒向左运动。由于孔 c、d 与活塞端面保持一定的距离，当缸移动到两头时，两孔通流口逐渐减小，能起到节流缓冲的作用。缸盖 3 上开设有排气孔(图中未示出)。

为了防止泄漏，该液压缸在活塞与缸筒接触处采用 O 形密封圈进行密封；在活塞杆和导向套的接触处安装了两套 V 形密封圈进行密封，这种密封圈接触面较大，密封性能较好，但摩擦力较大，装配时不能将压盖压得过紧，否则会增加摩擦阻力和加快密封圈的磨损而影响其使用寿命。

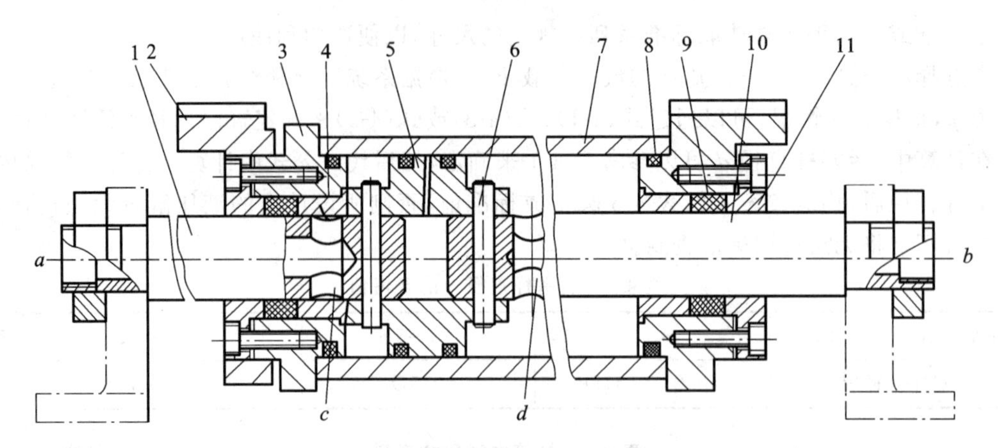

图 4-8　双活塞杆式双作用液压缸典型结构

1、10—活塞杆；2—托架；3—缸盖；4—导向套；5—活塞；

6—销；7—缸筒；8—O 形密封圈；9—V 形密封圈；11—压盖

由图 4-8 可见，在活塞式液压缸的结构中，除了缸体组件、活塞及活塞杆组件以外，还有密封装置、缓冲装置和排气装置等。这里主要介绍一下活塞式液压缸的密封装置、缓冲装置和排气装置。

4.4.1　液压缸的密封装置

密封装置在液压缸中的作用是防泄漏和防污染，对提高液压系统的使用寿命有很重要的影响。由于密封件的标准化和系列化对活塞的结构及尺寸也起着决定性的作用，所以密封件的选用是很关键的。

在液压缸中，活塞与缸筒间、端盖间，活塞杆与端盖间等都需要密封。常用的有以下几种密封形式：

(1)间隙密封

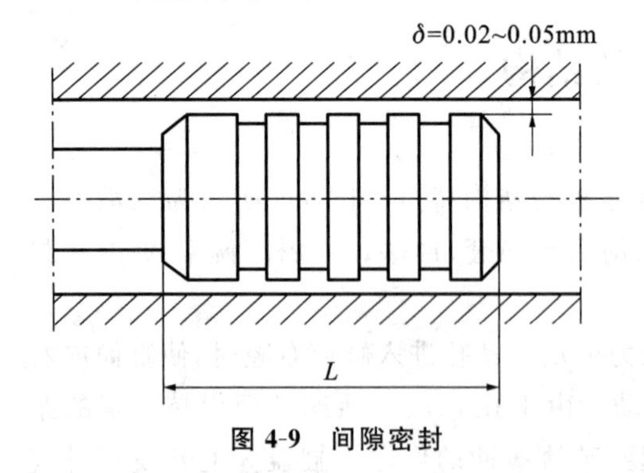

图 4-9　间隙密封

间隙密封是一种最简单的密封方法。如图 4-9所示，属于非接触式密封，是依靠相对运动的工件配合表面之间的微小间隙 δ 来防止泄漏的。

它结构简单、摩擦阻力小、使用寿命长，但对配合表面的加工精度和表面粗糙度要求较高，且不能完全消除泄漏，密封性能随着压力的增加而降低，因此，间隙密封方式只能应用于低压、小直径、快速液压缸的动密封中。

(2)O 形密封圈

O 形密封圈的截面形状为圆形，如图 4-10 所示。其内、外侧面和端面都能起密封作用。由于 O 形密封圈是依靠装配所产生的压缩变形来实现密封的，所以密封性能好，使用广泛。但在使用中 O 形密封圈的预压缩量过大或过小，都将对运动或密封产生不良的影响。同时在动密封中，当压力大于 10MPa 时，O 形密封圈可能被压力油挤入配合间隙中而损坏。

O 形密封圈结构简单、紧凑，摩擦阻力小、安装方便、成本低，但使用寿命较短，密封处要求精度高，用于动密封时产生的阻力较大。

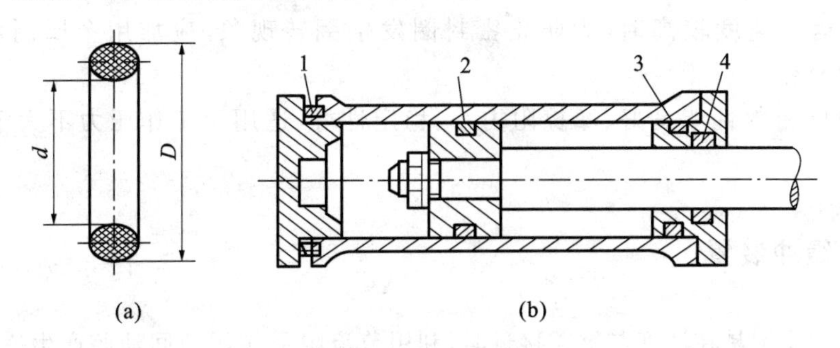

图 4-10　O 形密封圈

1、2、3、4—O 形密封圈

(3)V 形密封圈

V 形密封圈是组合式密封件，其结构形式如图 4-11 所示，由支承环、V 形密封环和压环三部分组成。

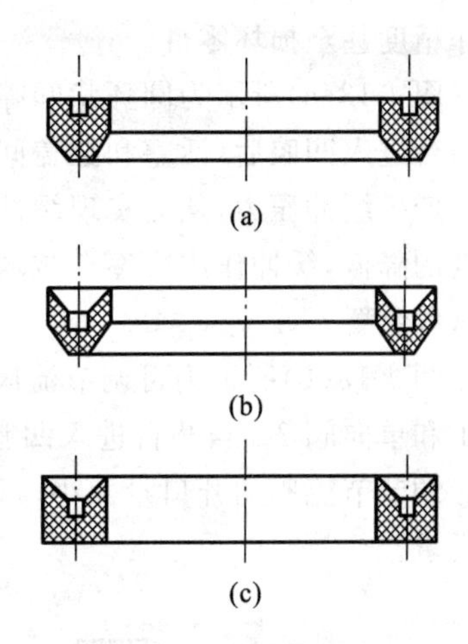

图 4-11　V 形密封圈

V 形密封圈是利用压环压紧密封环时，支承环使密封环变形而起密封作用的，所以使用时必须三个环组合使用。当工作压力高于 10MPa 时，可增加密封环的数量，以提高密封效果。

V 形密封圈密封可靠，承受压力可以高达 50MPa；但由于密封接触面大，体积较大，产生的摩擦阻力大。主要用于大直径、高压、高速柱塞或活塞和低速运动活塞杆的密封。

(4)Y 形密封圈

Y 形密封圈的截面形状为 Y 形，如图 4-12(a)所示，它是利用唇边对配合表面的过盈量来实现密封的。

工作时，在压力油作用下，两唇张开，在安装时必须注意让唇口端对着压力高的一侧，否则不能起到密封作用。张开的两唇分别紧贴被密封的表面，实现密封。此类密封圈的密封能力可随压力的增加而提高，在磨损后也有一定的自动补偿能力。

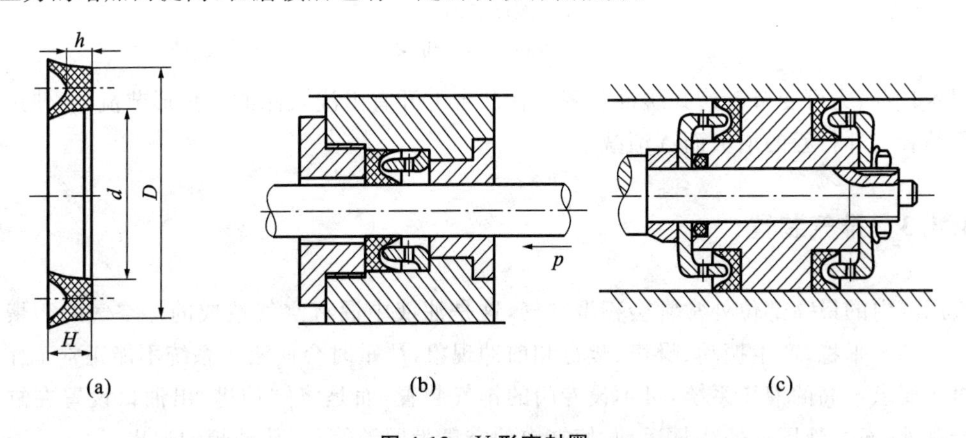

图 4-12　Y 形密封圈

Y形密封圈内、外唇对称，两个唇都能起密封作用，因此对孔和轴的密封都适用。但当压力变化较大，运动速度较高时，为防止密封圈发生翻转现象，应加用金属制成的支承环[图4-12(b)、(c)]。

Y形密封圈密封性能良好、摩擦阻力小、稳定性好，适用于工作压力不大于20MPa的场合。

4.4.2 缓冲装置

缓冲装置的作用是在活塞与缸盖接近时，利用节流阻尼作用使回油腔产生一定的缓冲压力(回油阻力)，而使活塞运动受阻减速，避免活塞与缸盖碰撞而产生冲击和噪声，影响设备的工作精度甚至损坏零件。

图4-13(a)所示为圆环状间隙式缓冲装置。它由活塞上的圆形凸台和缸盖上的凹腔组成。当凸台进入凹腔后，活塞和缸盖间形成缓冲油腔，油腔中的油液只能从环形间隙δ中排出(回油)，产生缓冲压力，从而实现缓冲。该结构在缓冲过程中，由于δ始终不变，所以随着活塞运动速度的降低，缓冲作用会逐渐减弱，缓冲效果较差。但其结构简单，便于制造，成品液压缸多采用这种装置。

图4-13(b)所示为可调节流阀式缓冲装置。它不但有凸台、凹腔，在缸盖上还有针形节流阀1和单向阀2。当凸台进入凹腔后，构成缓冲腔，其中的油液只能通过针形节流阀1才能排出。调节节流阀的开口量大小，可控制缓冲压力的大小，以适应液压缸不同负载和速度对缓冲的要求。

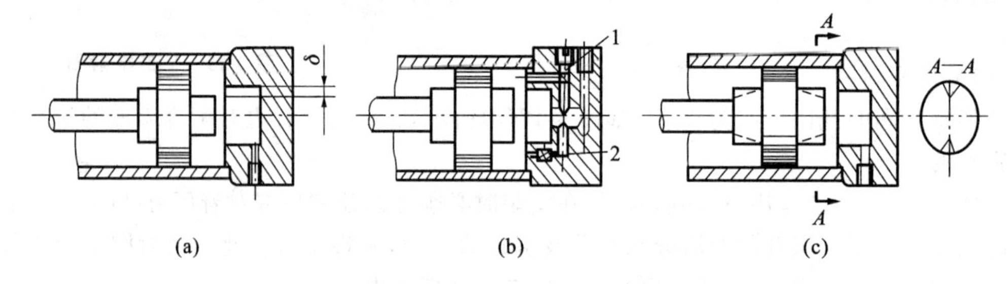

图4-13 液压缸的缓冲装置

1—针形节流阀；2—单向阀

图4-13(c)为可变节流槽式缓冲装置。在凸台上开有由浅入深的三角形节流槽，使过流断面面积随着缓冲行程的增大而逐渐减小。

4.4.3 排气装置

液压缸内的最高部位处常常会积聚空气，这是油液中混有空气造成的。空气的积聚会使液压缸运动不平稳，产生振动、噪声、爬行和前冲现象，严重时会使液压系统不能正常工作。

对于要求不高的液压系统，可不设专门的排气装置，而是将缸的进、出油口设置在缸筒两端的最高处，通过液压缸的往复运动，使缸内的空气带回油箱，再从油箱中逸出。

对于速度稳定性要求高的液压缸和流速慢的大型液压缸，则需在液压缸的最高部位设置专门的排气装置。

常用的排气装置有两种形式,如图 4-14 所示。一种是在液压缸的最高部位处开排气孔 2,用长管道通向远处的排气阀排气,机床上大多采用这种形式。另一种是在缸盖的最高部位处直接安装排气阀,如图 4-14(b)、(c)所示的排气阀结构。在液压系统正式工作前,打开排气阀,让液压缸全行程空载往复运动多次,以排出空气并关闭排气阀,液压缸便可正常工作了。

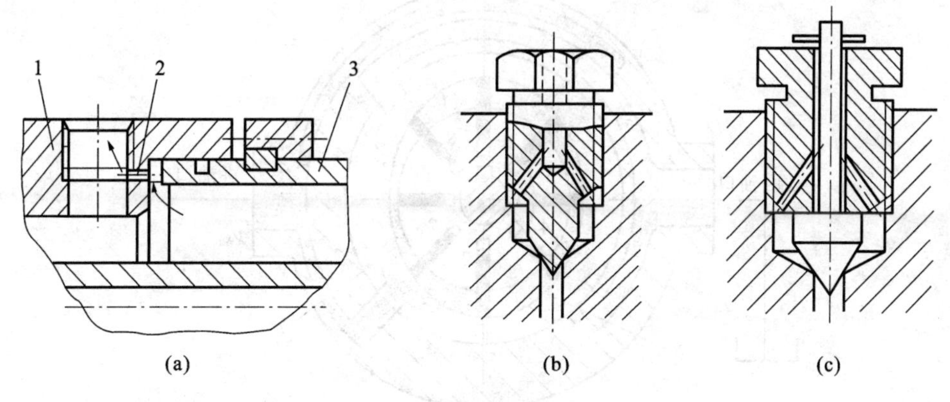

图 4-14 液压缸的排气装置

1—缸盖;2—排气孔;3—缸筒

4.5 液压马达

液压马达是利用液体的压力作回转运动的液压执行元件。液压马达与液压泵从工作原理上是可逆的,其内部构造与液压泵类似,但也存在一定的差别。液压泵的旋转是由电机带动的,且输出的是液压油;液压马达输入的是液压油,输出的是转矩和转速。

液压马达按其结构分为齿轮式、叶片式和柱塞式等,按其排量是否可调也可分为变量式液压马达和定量式液压马达。图 4-15 所示为液压马达的四种图形符号。

本节以叶片式和轴向柱塞式为例,来介绍液压马达的工作原理。

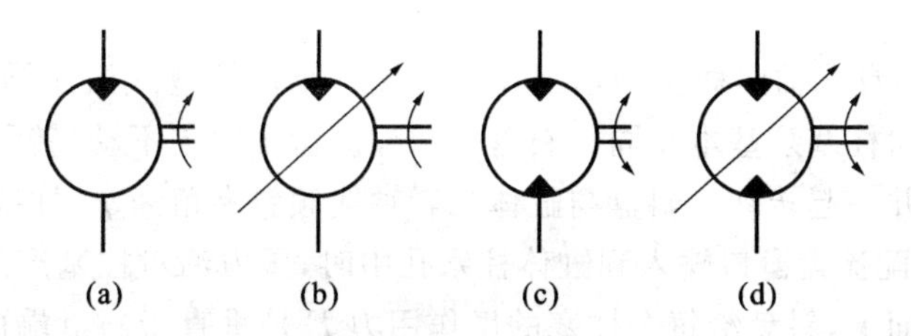

图 4-15 液压马达的图形符号

(a)单向定量式;(b)单向变量式;(c)双向定量式;(d)双向变量式

4.5.1 叶片式液压马达

图 4-16 所示为双作用叶片式液压马达工作原理。叶片式液压马达也是由定子、转子、叶片和配流盘等主要部件所构成。当压力油通过配油窗口进入油腔后,叶片 2、6 在进油腔,叶片

4、8 在回油腔，叶片两边所受作用力相等，不产生转矩，而叶片 3、7 和 1、5 处在封油区，一面为高压油作用，另一面为低压油作用，但叶片 3、7 的伸出量比叶片 1、5 的长，虽然压力一样，但因作用面积不同，作用于叶片 3、7 的总液压力比作用于叶片 1、5 的总液压力大，转子因而产生顺时针转动。输出转矩大小与排量和进、出口压差有关。

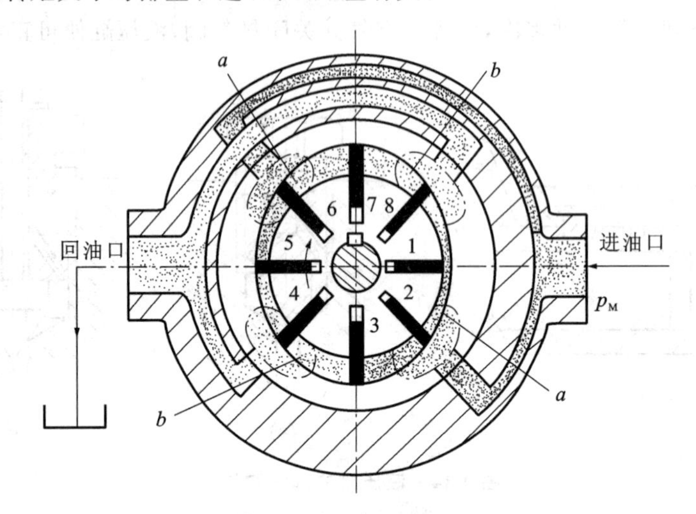

图 4-16 叶片式液压马达工作原理及图形符号

1、2、3、4、5、6、7、8—叶片

与叶片式液压泵相比，双作用叶片泵的叶片在转子上是“前倾”安装，单作用叶片泵的叶片在转子上是“后倾”安装，叶片式液压马达为了满足正、反转的要求，叶片在转子上沿“径向”安装。叶片根部必须与进油腔相通，使叶片与定子内表面接触良好。

叶片式液压马达的主要优点是体积小，转动惯量小，转速高，动作灵敏，易启动和制动，便于调速和换向；但缺点是启动转矩较低，泄漏量大，低速稳定性差。适用于换向频繁、高转速、小转矩和动作要求灵敏的场合。

4.5.2 轴向柱塞式液压马达

图 4-17 所示为斜盘式轴向柱塞马达工作原理图。轴向柱塞式液压马达在液压系统中应用较多，其结构和轴向柱塞泵基本相同。斜盘 1 和配流盘 4 固定不动，转子(缸体)2 和液压马达传动轴用键相连，并一起转动。斜盘与缸体二者轴线倾斜夹角为 γ，柱塞 3 轴向安装在缸体 2 内。当压力油通过配流盘窗口输入到缸体柱塞孔中时，压力油对柱塞产生作用力，将柱塞顶出，紧紧顶在斜盘端面上，斜盘给每个柱塞的反作用力 F 是垂直于斜盘端面的，压力分解为两个分力，即轴向分力 F_x 与柱塞上液压推力相平衡，另一个径向分力 F_y 与柱塞轴线垂直，且对缸体轴线产生转矩，从而驱动马达轴作逆时针转动，输出转矩和转速。

只需改变输油方向，该液压马达即作顺时针转动，实现双向转动；只需改变斜盘倾角就可改变排量，成为变量式液压马达。

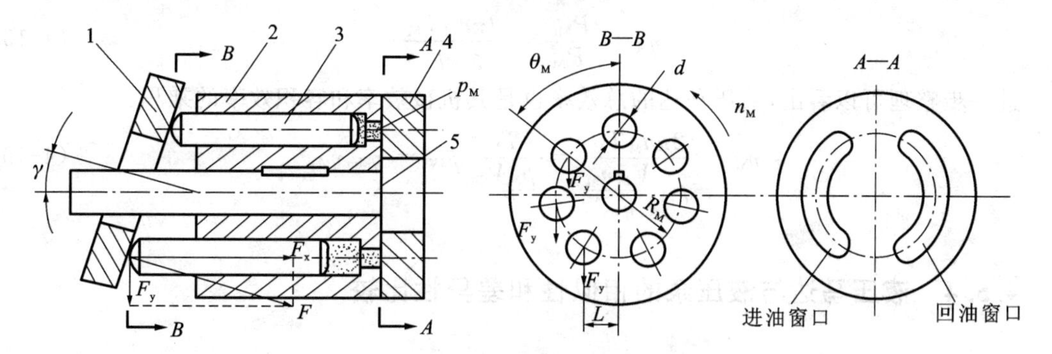

图 4-17 斜盘式轴向柱塞马达工作原理图

1—斜盘；2—缸体；3—柱塞；4—配流盘；5—轴

4.5.3 液压马达的主要性能参数

压力、排量、流量均是指液压马达进油口处的输入值，它们的定义与液压泵的相同。

与液压泵不同的是，液压马达中输入的实际流量因泄漏等损失要比理论流量大，所以容积效率和转速为：

$$\eta_{MV} = \frac{q_{Mt}}{q_M} = \frac{V_M n_M}{V_M n_M + \Delta q_M} \tag{4-11}$$

$$n_M = \frac{q_M}{V_M}\eta_{MV} \tag{4-12}$$

式中 q_{Mt}——液压马达理论流量；

q_M——液压马达实际流量；

V_M——液压马达排量。

当马达转速过低时，就保证不了均匀的速度，转动时产生时动时停的不稳定状态，即为爬行现象。一般要求高速马达最低转速为 10r/min 以下，低速马达最低转速为 3r/min 以下。

进入马达的流量通过传动轴输出转矩。但实际上因机械摩擦损失，使马达的实际输出转矩要比理论输出转矩小，所以，机械效率和输出转矩为：

$$\eta_{Mm} = \frac{T_M}{T_{Mt}} = \frac{2\pi T_M}{p_M V_M} \tag{4-13}$$

$$T_M = T_{Mt}\eta_{Mm} = \frac{p_M V_M}{2\pi}\eta_{Mm} \tag{4-14}$$

式中 T_M——马达实际输出转矩；

T_{Mt}——马达理论转矩；

p_M——马达输入工作压力。

液压马达输入功率为液压能，即：

$$P_M = p_M q_M$$

输出功率为机械能，即：

$$P_{MO} = \omega T_M = 2\pi n_M T_M$$

若不考虑能量损失，则输入功率和输出功率相等。但实际是有损失的，即总效率为：

$$\eta_M = \frac{P_{MO}}{P_M} = \frac{2\pi n_M T_M}{p_M q_M} \tag{4-15}$$

进一步整理可以看出，液压马达的总效率也是其机械效率和容积效率的乘积：

$$\eta_M = \frac{2\pi n_M T_M}{p_M \dfrac{V_M n_M}{\eta_{MV}}} = \frac{T_M}{\dfrac{p_M V_M}{2\pi}} \eta_{MV} = \eta_{Mm} \eta_{MV} \tag{4-16}$$

4.5.4 液压马达与液压泵的相似性和差异性比较

液压马达与液压泵一个是执行装置，一个是动力装置，作用完全不同，但工作原理是可逆的，结构上也有相似性。在了解液压泵的结构和工作原理后，比较一下液压马达和液压泵的相似性和差异性，有助于更好地理解液压马达。

(1)液压马达与液压泵的相似性

液压马达和液压泵都必须满足两个工作条件，即必须有密封且可周期性变化的容积空间，必须有配流机构。

困油现象和径向力不平衡现象，液压冲击、流量脉动和泄漏等现象，几乎存在于所有的液压泵和液压马达中。

作为机械能和压力能互相转换的装置，在能量转换过程中都有能量损失，所以液压马达和液压泵都有容积效率、机械效率和总效率。三者效率之间关系也相同。

在进行效率计算时，最容易出现的问题是对输入量与输出量关系理解错误。例如，液压泵的流量是输出量，而液压马达的流量是输入量。

(2)液压马达与液压泵的差异性

液压马达是靠输入液体压力来启动工作的，而液压泵是由电动机等其他动力装置直接带动的。液压马达有正、反转要求，所以配流盘一般是对称设计的，进、出油口孔径相等；液压泵一般是由电动机带动着单向旋转，配流盘及其卸荷槽可以不对称。

在自吸性要求上，液压马达是依靠输入压力油来工作，不需要有自吸能力，而液压泵必须有自吸能力。

在防止泄漏方面，液压泵常采用内泄漏形式，内部泄漏口直接与液压泵吸油口相通；而液压马达一般是双向运转，高、低压油口随时可能互相变换，当用出油口节流调速时，产生回油压力，使内泄漏孔压力增高，很容易因压力冲击而损坏密封圈。

液压马达启动转矩大，为了使启动转矩与工作状态尽量接近，要求液压马达的转矩脉动要小，内部摩擦要小，因此液压马达的齿数或叶片数或柱塞数一般都比对应类型液压泵的多。

因此，液压马达和液压泵作为两种不同类型的装置，一般不能直接互换通用。

习　题

4-1　何谓差动液压缸？一般应用在什么场合？

4-2　液压缸不密封会出现哪些问题？哪些部位需要密封？

4-3　使用密封圈时应注意哪些问题？

4-4　单活塞杆式液压缸差动连接时，有杆腔与无杆腔相比哪个的压力高？为什么？

4-5　要使差动连接的单活塞杆式液压缸快进速度是快退速度的 2 倍，则活塞与活塞杆直径之比应为多少？

4-6 某一差动液压缸，分别求出在(1) $v_{快进}=v_{快退}$，(2) $v_{快进}=2v_{快退}$ 两种条件下活塞面积 A_1 与活塞杆面积 A_2 之比。

4-7 设计一差动连接液压缸。已知泵的公称流量为25L/min，额定压力为6.3MPa，工作台快进、快退速度为5m/min。试确定液压缸内径 D 和活塞杆直径 d。当快进外负载为 25×10^3 N时，液压缸的压力为多少？

4-8 某液压马达的排量为250mL/min，入口压力为10.5MPa，出口压力为1.0MPa，其总效率为0.9，容积效率为0.92，当输入流量为22L/min时，试求：(1)液压马达的实际转速；(2)液压马达的输出转矩。

4-9 通过拆装实物来比较液压泵和液压马达在结构上的异同。

5 常用液压元件

在液压传动系统中，除了作为动力装置的液压泵和作为执行装置的液压缸与液压马达以外，还需要相关的液压元件。液压元件主要是液压控制阀和辅助装置，本章主要介绍液压传动系统中常用的液压控制阀和辅助装置的工作原理、结构和作用。

液压控制阀按其控制作用不同，主要分为方向控制阀、压力控制阀和流量控制阀三大类，我们将分别介绍这三大类控制阀。从液压元件在液压系统中使用时的连接形式来看，管螺纹式接口在低压系统中较为常用，中高压系统中主要采用板式连接，高压大流量液压元件也有用法兰连接。液压辅助装置品种和规格比较多，我们主要介绍最常见的滤油器、蓄能器、油箱及油管接头等。

5.1 方向控制阀

方向控制阀是通过控制油液的流动方向，从而实现对执行装置的方向控制，例如实现对液压缸的前进、后退与停止的控制，对液压马达的正、反转与停止的控制。

方向控制阀包括单向阀和换向阀两类。单向阀主要有普通单向阀和液控单向阀两种，结构、原理和应用都比较简单；换向阀的类型较为复杂，应用最为广泛，是理解液压传动系统原理的难点所在。

5.1.1 单向阀

单向阀的作用是使油液只能从一个方向通过，不允许反向流动。

普通单向阀由阀体 1、阀芯 2、弹簧 3 等零件组成，如图 5-1 所示。它的作用就是让油液从 P_1 流向 P_2，但绝不允许油液从 P_2 流向 P_1。

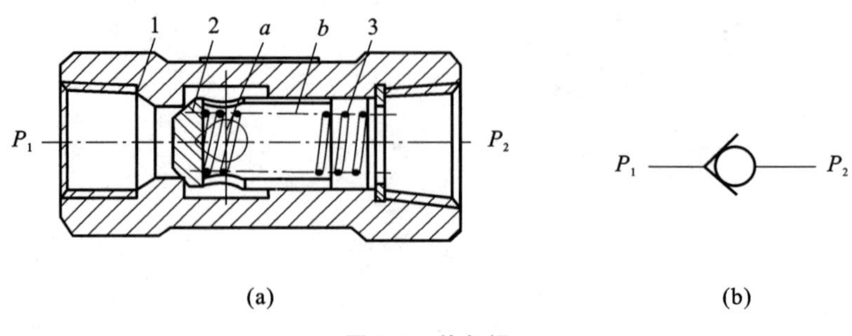

图 5-1 单向阀

(a)单向阀结构；(b)图形符号

1—阀体；2—阀芯；3—弹簧

如图 5-2 所示，液压泵出口安装的普通单向阀，它的作用一是不影响液压泵的出油，二是在液压泵停止工作后防止油液倒流。

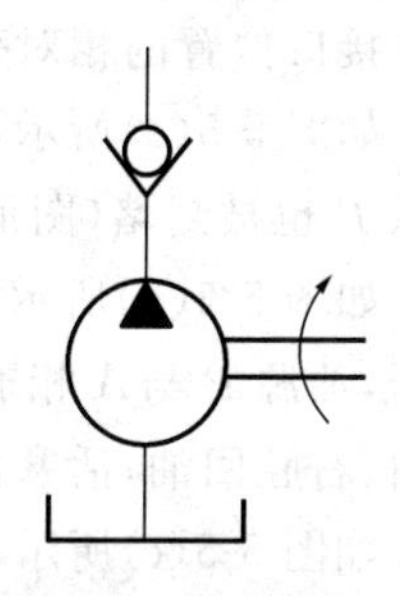
图 5-2 单向阀应用

普通单向阀的反向绝对不允许通过。如果单向阀大多数时间不允许反向通过，但有时需要反向通过时，可以使用液控单向阀。图 5-3 为液控单向阀的结构和图形符号。

当油液需要从反向通过时，只要用一个机构将阀芯强行顶开，油液即可通过。从图 5-3(a)可以看到，液控单向阀在结构上增加了控制油腔 K 及控制活塞 1。外泄油口 L 与油箱接通，以保证泄漏到 a 腔的油液不会影响控制活塞的移动。当控制油口无压力油通入时，其功能与普通单向阀完全相同。当控制油口通入压力油时，活塞 1 推动锥阀芯 2 右移，使阀芯保持开启状态，油液即可反向通过。

这种用来控制液压阀工作的油液称为控制油液，在液压传动系统原理图中一般用虚线表示控制油路。控制油路(虚线)一般是从主油路(实线)上引出的。

液控单向阀单向密封性好，常用于执行元件需要长时间保压、锁紧的系统，也常用于防止立式液压缸停止运动时因自重而下滑的回路中。图 5-4 所示回路中，当液压缸上升过程中突然断电，或要求重物在任意位置停留较长时间时，液控单向阀可以保证液压缸活塞不自行下滑；但当液压缸活塞需要下行运动时，液控单向阀的反向必须通过。图中黑三角是液压传动系统原理图中“压力油源”的一种习惯表达方法。

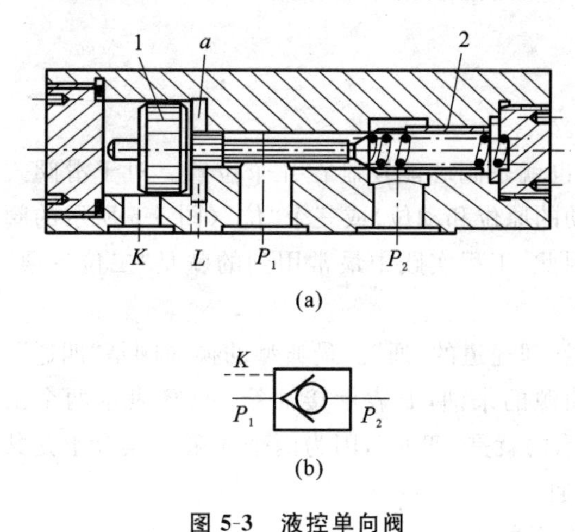

图 5-3 液控单向阀

(a)液控单向阀结构；(b)图形符号

1—活塞；2—锥阀芯

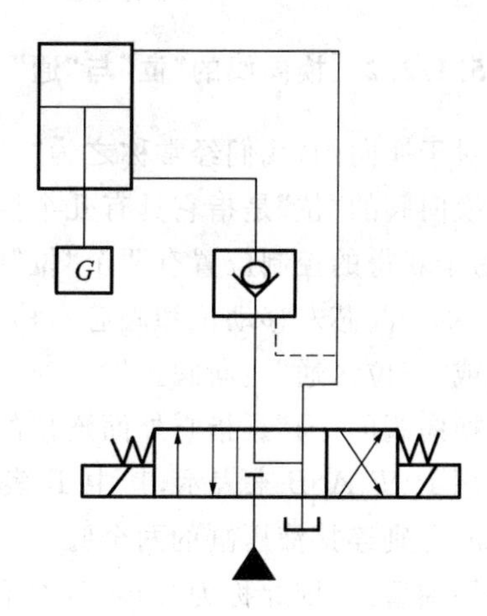

图 5-4 液控单向阀的应用

5.1.2 换向阀

换向阀是利用阀芯对阀体的相对位置改变，来控制油路接通、截断或改变油液流动方向的元件。理解液压传动系统原理的前提是必须了解油液的流通情况，因此，必须熟悉换向阀的结构和图形符号，它是阅读液压传动系统原理图的基础。

5.1.2.1 换向阀的工作原理

在液压传动系统中广泛采用的是滑阀式换向阀，即阀芯在阀体内滑动，依靠阀芯台阶与阀体上接口位置的相对变化，来控制油路的通断。图 5-5 所示为滑阀式换向阀的工作原理图。

如图 5-5(a)所示，滑阀芯位于中间位置不动，两个台阶正好封堵住 A、B 接口，来自于泵的油源 P 也被封堵(图形符号中将用“⊥”表示)，液压缸无进出油液，缸原位停止。

如图 5-5(b)所示，滑阀芯在外力作用下在阀体内向左滑动，两个台阶位置从接口 A、B 处移开，油源 P 与 A 相通，B 与油箱 T 相通（图形符号中将用“↑”或“↓”表示相通)，液压缸左腔进油、右腔回油，活塞向右伸出。

如图 5-5(c)所示，滑阀芯在外力作用下在阀体内向右滑动，两个台阶位置移到接口 A、B 的右侧，使 P 与 B 相通，A 与油箱 T 相通，液压缸右腔进油、左腔回油，活塞向左缩回。

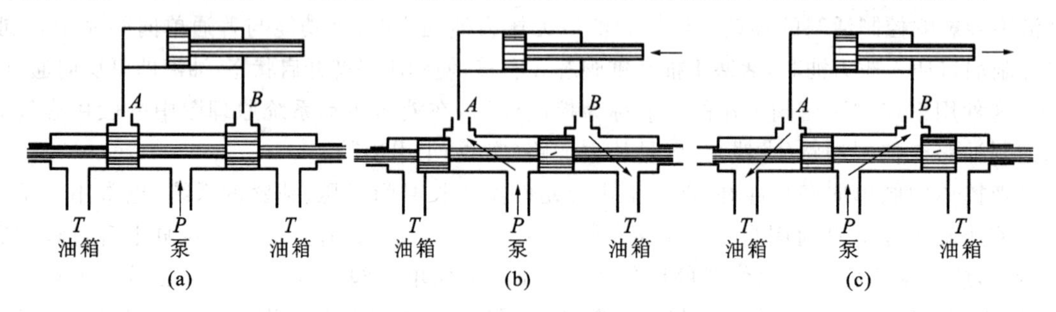

(a) (b) (c)

图 5-5 滑阀式换向阀的工作原理图

(a)阀芯原位不动时；(b)阀芯向左移动后；(c)阀芯向右移动后

5.1.2.2 换向阀的“位”与“通”

对于换向阀，我们经常称之为“×位×通”。

换向阀的“位”是指它具有几个控制状态，也就是阀芯能控制在几个位置。对于滑阀式阀芯，易于获得的控制位置有两个“位”(阀芯不动的原位和动位)或三个“位”(图 5-5 所示的阀芯原位不动、阀芯左移动位和阀芯右移动位)。因此，工程实践中最常用到的就是“二位×通”换向阀或“三位×通”换向阀。

换向阀的“通”是指它外面连接的管道数量，即通道的“通”。最典型的换向阀是“四通”，习惯上用 P、T、A、B 来表示，其中 P 表示压力油源的来油，T 表示接油箱，A、B 表示两个出口(例如，分别连接液压缸的两个腔)。图 5-5 所示的就是“四通”，因为两个油箱 T 实际上是共用一个回油管道，因此称为“四通”，而不称为“五通”。

由此可见，图 5-5 所示的换向阀就是“三位四通”换向阀。

5.1.2.3 换向阀的控制方式

按滑阀式阀芯移动的外力操作方式，有手动、机动、液动、电磁动等，如图 5-6 所示。阀上如装有弹簧，则当无外力作用或外力消失时，阀芯会回复到原位。

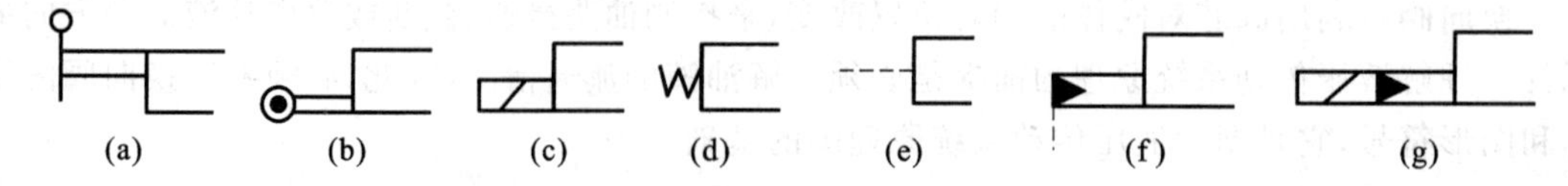

(a) (b) (c) (d) (e) (f) (g)

图 5-6 换向阀控制方式图形符号

(a)手动；(b)机动；(c)电磁动；(d)弹簧复位；(e)液动；(f)液动外控；(g)电液动

5.1.2.4 换向阀的图形符号

换向阀的图形符号是本节的学习重点，也是难点。必须适应液压传动中关于换向阀图形符号画法的规定，才能理解各种组合变化的换向阀的工作原理，才能正确绘制和阅读液压传动系统原理图。表 5-1 用结构原理图与图形符号对应的方法，列出了常用的换向阀主体结构。

表 5-1 常用滑阀式换向阀的结构原理示意图和图形符号

位和通	结构原理图	图形符号
二位二通	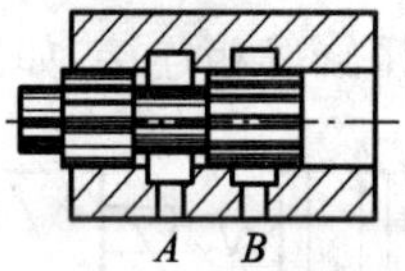 A B	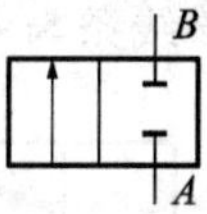 B A
二位三通	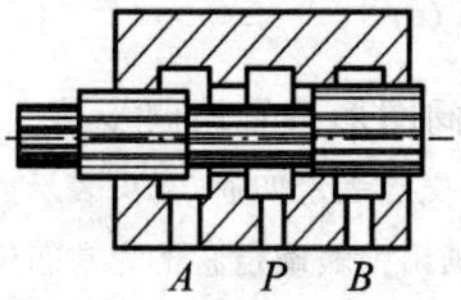 A P B	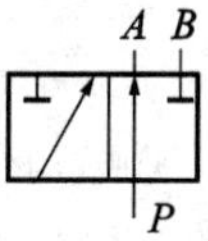 A B P
二位四通	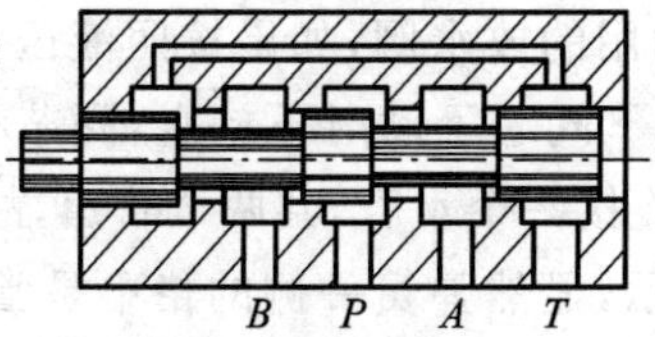 B P A T	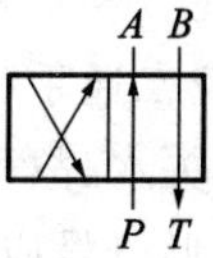 A B P T
三位四通	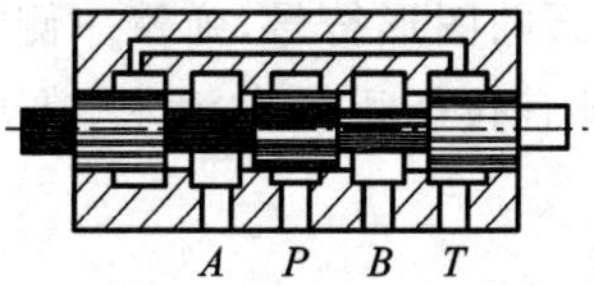 A P B T	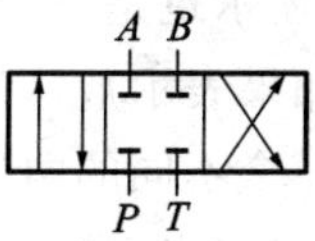 A B P T
二位五通	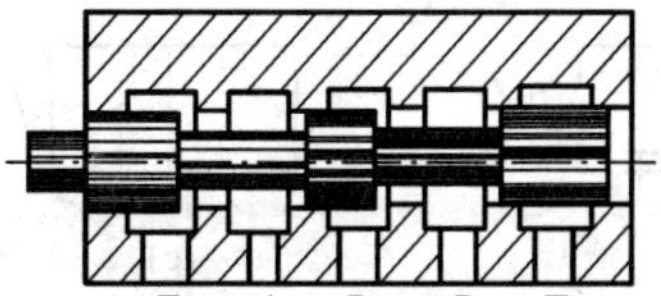 T_1 A P B T_2	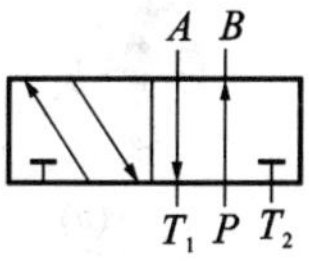 A B T_1 P T_2
三位五通	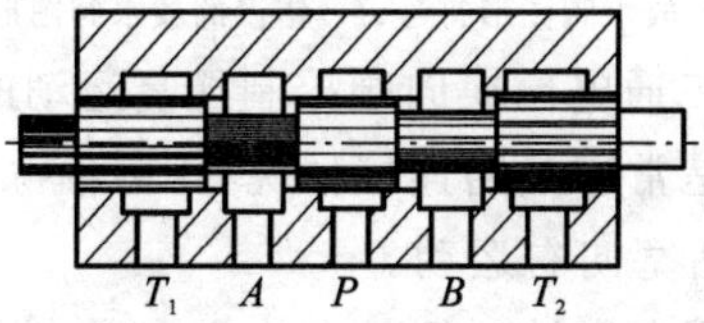 T_1 A P B T_2	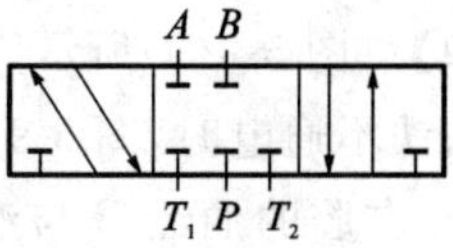 A B T_1 P T_2

换向阀的图形符号画法有以下几点规则：

(1)位数用方格表示。几个方格就表示阀芯有几个工作位置。如图 5-7(a)所示，先画出两个方格，表示二位换向阀。

(2)通道与方格的交点数为外接管道的数量。每个格表示的是同一个阀在不同阀芯位置下的连通情况,因此,每个格内的通道数必须相等。用“↑”或“↓”表示两个油口连通,但不表示流向;用“⊥”表示该油口被封堵。如图5-7(b)所示,在每个格内都画出对应的四个油口两两相通,表示二位四通换向阀。

(3)换向阀的控制方式和复位弹簧的符号画在方格的两端。如图5-7(c)所示,表示带弹簧复位的二位四通电磁换向阀。

(4)常态位就是阀芯在静止的原始状态下的连通状况。对于三位换向阀,统一规定中间一格为常态位;对于二位换向阀,规定画有弹簧的一侧方格为常态位。只能在常态位外画外接管道的线条,通过该线条与液压系统中的泵、油箱、液压缸等相连接,如图5-7(d)所示。

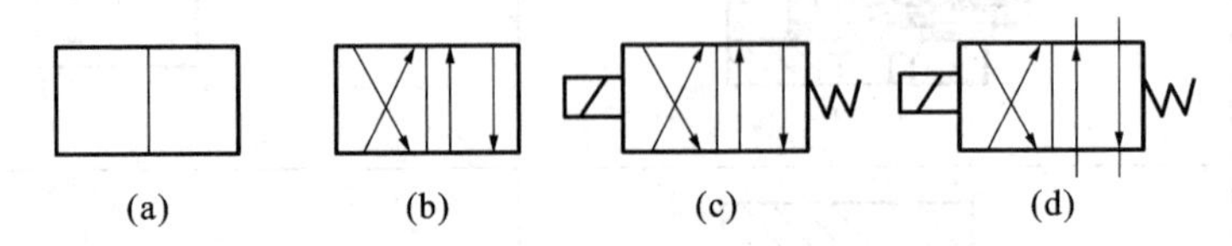

图5-7 二位四通电磁换向阀图形符号绘制步骤

(a)画两个方格表示二位;(b)每个方格四个交点表示四通,箭头表示连通情况;
(c)画出电磁铁符号表示电磁控制,画出弹簧确定右格为常态位;
(d)只能在弹簧一侧的常态位外画外接管道的线条

【例5-1】 图5-8(a)所示为一个卫生间常用的放水阀,如果按照液压传动系统的习惯,它可以被称为“二位二通手(脚)动换向阀”:常态下阀芯不动时不放水,阀芯移动时开始放水,松开后自动复位并关水,故称为“二位”;上下各连接一个水管,共两个管道,故称为“二通”。

它正确的图形符号应该是如图5-8(b)所示,显然弹簧一侧的格中是常态,为断开状态,表示常态下不流水(常断),这与它的使用情况是一致的。

图5-8(c)所示也是一个二位二通手动换向阀的图形符号,弹簧一侧方格的常态位表示为连通的状态,如果表示放水阀,就代表该阀在没有按压手柄时流水(常开),因此,它与图5-8(b)表达的是完全不同的两种二位二通阀。

从此例可以看出,常态格的确定是必要的。

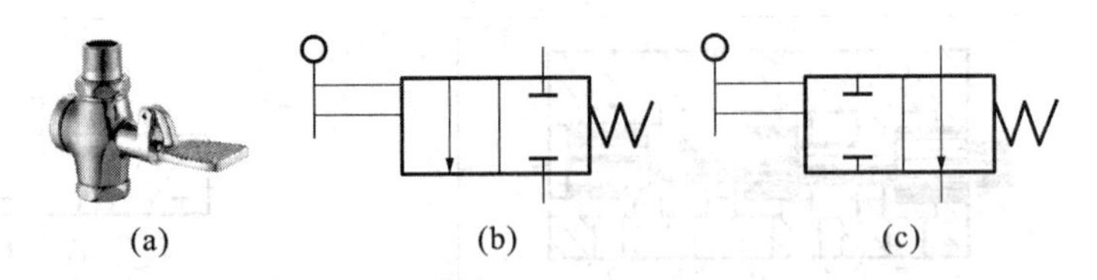

图5-8 二位二通换向阀图形符号中常态的表示意义

(a)放水阀产品外观图片示例;(b)正确的放水阀图形符号;(c)错误的放水阀图形符号

【例5-2】 图5-9(a)所示为一个用二位二通电磁换向阀控制往复运动的液压缸。

当电磁铁不通电时,图5-9(a)所示的就是常态油路连接情况,压力油源 P 与 A 接通,液压缸左腔进油,右腔的油经 B 与油箱 T 接通,活塞向右运动。

当电磁铁通电时,换向阀的连通状态是用电磁铁一侧的左格内图形表示的。读图时,可想象将换向阀的左格移到管路上,如图5-9(b)所示,它的格点与常态格是一一对应的,因此,可以看出,压力油源 P 与 B 接通,液压缸右腔进油,左腔的油经 A 与油箱 T 接通,活塞向左运动。这也是读换向阀图形符号的实用方法。

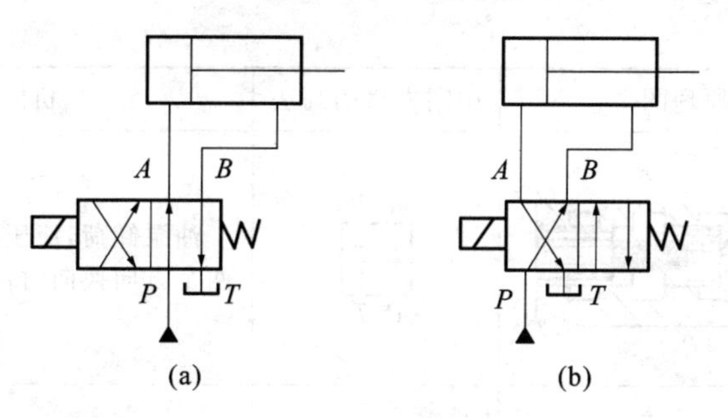

图 5-9 二位二通换向阀图形符号中常态的表示意义

(a)正常绘制的液压油路图;(b)读换向阀图形符号时的想象图

5.1.2.5 三位换向阀的中位机能

对于二位换向阀,有阀芯不动的常态位和阀芯移动后这两个位置,图形符号中用两个方格表示,不存在中位。如图 5-9 所示,使用二位四通换向阀对液压缸进行控制时,可以实现让液压缸向左或向右运动,但不能让它在任意位置停止动作。

当要求液压缸在任意位置能够停止时,就必须使用三位换向阀。三位换向阀有左、中、右三个方格,左右两个方格的连接状态与二位换向阀一样,中间方格就可以实现液压缸停止的动作。三位换向阀阀芯两端都装有弹簧,如无外来的推力,阀芯将停在中间位置,此位置被称为中间位置,简称中位,因此,三位换向阀的中间方格为常态位,外接的管道线条是画在中间方格外的。

三位换向阀中间位置各接口的连通方式称为中位机能,也称为滑阀机能。各种中位机能如表 5-2 所示。

表 5-2 三位四通换向阀的中位机能

机能代号	结构原理图	中间方格的画法	机能特点和作用
O 型	A B T P	A B P T	各油口全部封闭,缸两腔封闭,系统不卸荷。液压缸充满油,从静止到启动平稳;制动时运动惯性引起液压冲击较大;换向位置精度高
H 型	A B T P	A B P T	各油口全部连通,系统卸荷,缸呈浮动状态。液压缸两腔接油箱,从静止到启动有冲击;制动时油口互通,故制动较 O 型的平稳;但换向位置变动大
P 型	A B T P	A B P T	压力油 P 与缸两腔连通,可形成差动回路,回油口封闭。从静止到启动较平稳;制动时缸两腔均通压力油,故制动平稳;换向位置变动比 H 型的小,应用广泛
Y 型	A B T P	A B P T	油泵不卸荷,缸两腔接回油,缸呈浮动状态。由于缸两腔接油箱,从静止到启动有冲击,制动性能介于 O 型与 H 型之间

续表 5-2

机能代号	结构原理图	中间方格的画法	机能特点和作用
K 型	A B T P	A B P T	油泵卸荷，液压缸一腔封闭一腔接回油。两个方向换向时性能不同
M 型	A B T P	A B P T	油泵卸荷，缸两腔封闭。从静止到启动较平稳；制动性能与 O 型的相同；可用于油泵卸荷液压缸锁紧的液压回路中

三位换向阀不同的中位机能可以满足液压系统的不同要求，由表 5-2 可以看出中位机能是通过改变阀芯的形状和尺寸得到的。中位机能的名字是用与其中间方格画法相似的英文大写字母表示的，如 H、P、K、Y 型等机能，它的中间格画出来都与该字母形状相似。

在理解中位机能的特点和作用时，如表 5-2 所列，将 P 口理解为压力油源，T 口理解为接油箱，A、B 口分别理解为连接液压缸左、右腔，就很容易掌握。

【例 5-3】 如图 5-10 所示，选用中位机能为 O 型的三位四通换向阀，P 口被堵塞时，油液需从溢流阀流回油箱，泵的出口压力得到保持，从而增大了功率消耗，但是液压泵能用于多缸系统。

【例 5-4】 如图 5-11 所示，选用中位机能为 M 型的三位四通换向阀。当三位换向阀处于中位时，P、T 口相通，即泵输出的油液直接流回油箱，因此泵的输出压力近似为零，此时泵的输出功率也近似为零。在液压缸或马达暂停运动时，让泵出口直接接油箱，系统即可减少功率损失，这就是工程上经常提到的泵的卸荷回路。

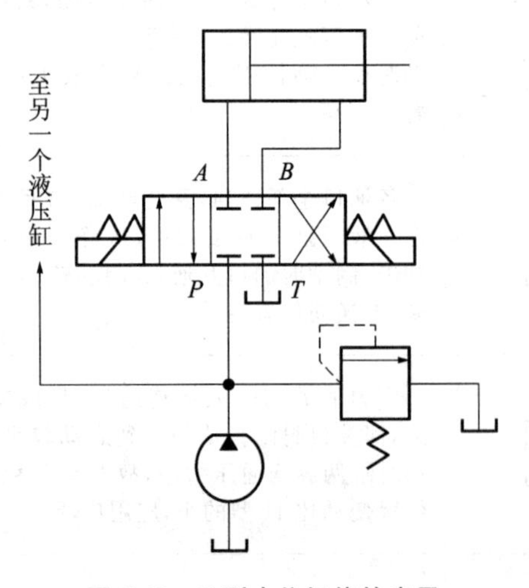

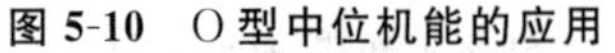
图 5-10 O 型中位机能的应用

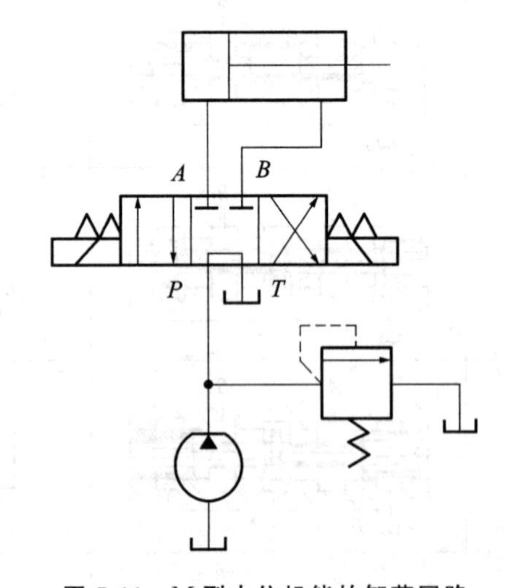

图 5-11 M 型中位机能的卸荷回路

从例 5-3、例 5-4 的应用中可以看出，三位四通换向阀图形符号的左格和右格状态是相同的，因为它们是分别满足液压缸左、右运动要求的。在选择三位四通换向阀时，必须根据液压缸停止动作时的具体应用要求，决定中位机能的形式。

5.1.2.6 换向阀的结构

(1)机动换向阀

机动换向阀也称为行程阀,依靠设备中的运动部件对阀芯进行按压移动,从而实现换向。图 5-12 所示为二位二通机动换向阀结构图。工作时,阀体固定,阀芯由装在运动件上的挡铁按压而改变工作位置,实现油路换向。挡铁释放后,由弹簧复位。

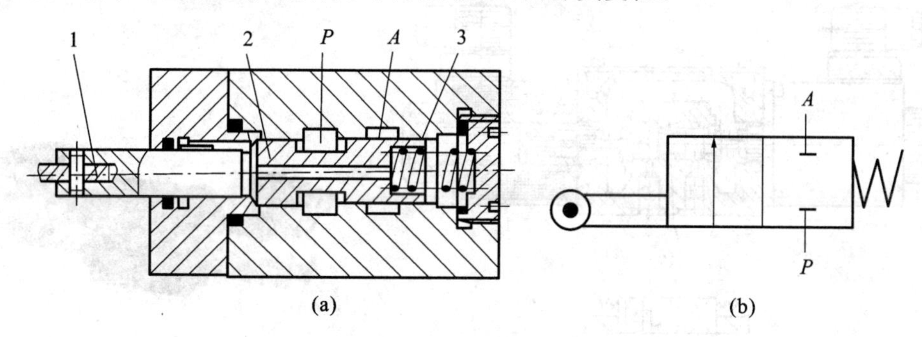

图 5-12 机动换向阀

(a)结构图;(b)图形符号

1—滚轮;2—阀芯;3—弹簧

机动换向阀具有换向平稳、可靠的特点,常用于控制行程,或实现快、慢速转换。在使用时,必须安装在被控运动件附近,有特殊的安装位置和空间要求,不易与其他液压元件进行集成化。

(2)电磁换向阀

电磁换向阀利用电磁铁的吸力来使阀芯改变工作位置,实现换向,具有操作方便、换向时间短、易于实现 PLC 和程序控制等特点,应用最为广泛,当然也有换向时间不可调整、因换向时间短而引起较大的液压冲击等问题。

图 5-13(a)所示为二位三通交流电磁换向阀。在电磁铁不通电的常态位置时,油口 P 与 A 连通;当电磁铁通电时,衔铁 1 右移,通过推杆 2 使阀芯 3 右移,使油口 P 与 B 连通,同时 P 与 A 断开。

图 5-13(c)所示为三位四通直流电磁换向阀,阀左、右各有一个电磁铁。不通电时,阀芯在弹簧作用下处于中位。当右端电磁铁通电时,右衔铁 1 通过推杆 2 将阀芯 3 推至左端,阀右位工作,使其油口 P 通 A,B 通 T;当左端电磁铁通电时,阀左位工作,其阀芯移至右端,油口 P 通 B,A 通 T。

电磁换向阀包括换向滑阀和电磁铁两部分。电磁铁因其所用电源不同而分为交流电磁铁和直流电磁铁。交流电磁铁常用电压为 220V 或 380V,其换向时间为 0.01～0.03s,换向冲击大,发热多,换向频率为 30 次/min 左右,寿命较低。直流电磁铁的工作电压一般为 24V,其换向平稳,工作可靠,发热少,换向频率可达 120 次/min,寿命长。其换向时间为 0.05～0.08s,且需要专门的直流电源,成本较高。

(3)液动换向阀

液动换向阀利用控制油液的液压作用力,推动阀芯来改变工作位置,实现换向。具有换向时间可以调节、适于大流量回路的特点。

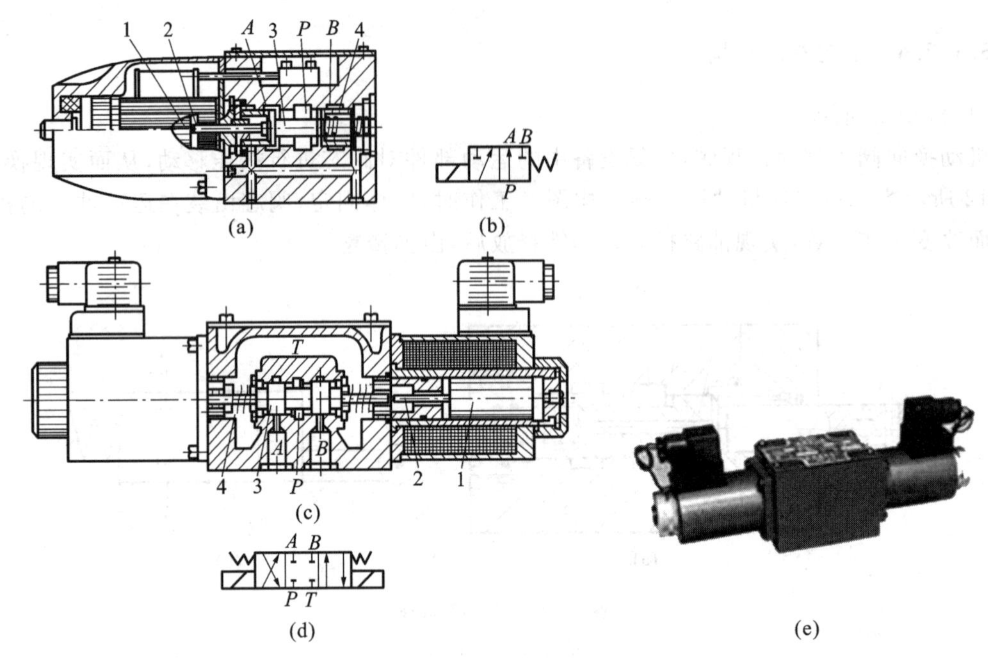

图 5-13 电磁换向阀

(a)、(b)二位三通电磁换向阀及其图形符号；(c)、(d)三位四通电磁换向阀及其图形符号；

(e)三位四通电磁换向阀产品外观图片示例

1—衔铁；2—推杆；3—阀芯；4—弹簧

图 5-14 所示为三位四通液动换向阀结构原理图。当控制油口 K_1 和 K_2 均不通入控制压力油时，阀芯在复位弹簧的作用下处于中位；当 K_1 通压力油，K_2 通油箱时，阀芯右移，使 P 通 A，B 通 T；反之，K_2 通压力油，K_1 接油箱时，阀芯左移，使 P 通 B，A 通 T。

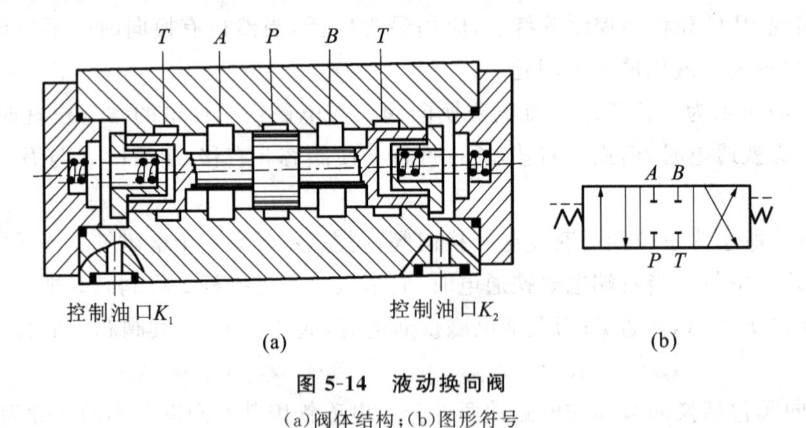

图 5-14 液动换向阀

(a)阀体结构；(b)图形符号

液动换向阀的控制油路上装有可调节流孔用来调节换向时间，从而当通过的流量较大时，延缓换向时间，以减小换向时的液压冲击。

注意它的图形符号中，两端的控制油路是用虚线表示的，在液压传动系统原理图中，通过适当的元件和油路对油液进行控制，从而使液动换向阀实现换向。

(4)电液换向阀

电液换向阀实际上是一个组合阀，它是由一个电磁换向阀与一个液动换向阀组合而成。

注意两个阀的作用：液动换向阀是主阀，用来切换系统主油路，即主油路的进、出油管是由液动换向阀来控制的，通过的流量较大；电磁换向阀作先导阀，用来切换液动换向阀阀芯两端的控制油，通过的流量很小；先导阀无动作，则主阀就不会动作。

这样组合的目的就是利用反应灵敏、易于控制的小流量电磁阀，来控制大流量的液动换向阀，从而实现用电信号控制大流量系统的换向。既解决了控制方便的问题，也解决了大流量时换向时间可调、减小换向时液压冲击的问题，将电磁与液动两种换向阀的优势结合在一起，当然，电流换向阀的结构较为复杂，成本也相对较高。

图 5-15 所示为三位四通电液换向阀。当上边的电磁阀(先导阀)阀芯处于中位时，下边的液动换向阀(主阀)阀芯在弹簧作用下也处于中位，主阀上的 A、B、P、T 油口均被封堵。当电磁阀左端电磁铁通电时，控制油液经电磁阀和左端单向阀进入主阀左端油腔，推动主阀芯右移。此时主阀芯右端油腔的回油经右端的节流口及电磁阀回油箱，使 P 通 A，B 通 T；反之，当右端电磁铁通电时，主阀芯左移，使 P 通 B，A 通 T。调整节流阀开口大小，可以改变主阀芯移动速度，从而调整主阀换向时间。图 5-15(b)为电液换向阀详细的图形符号，也可以使用图 5-15(c)的简化图形符号。

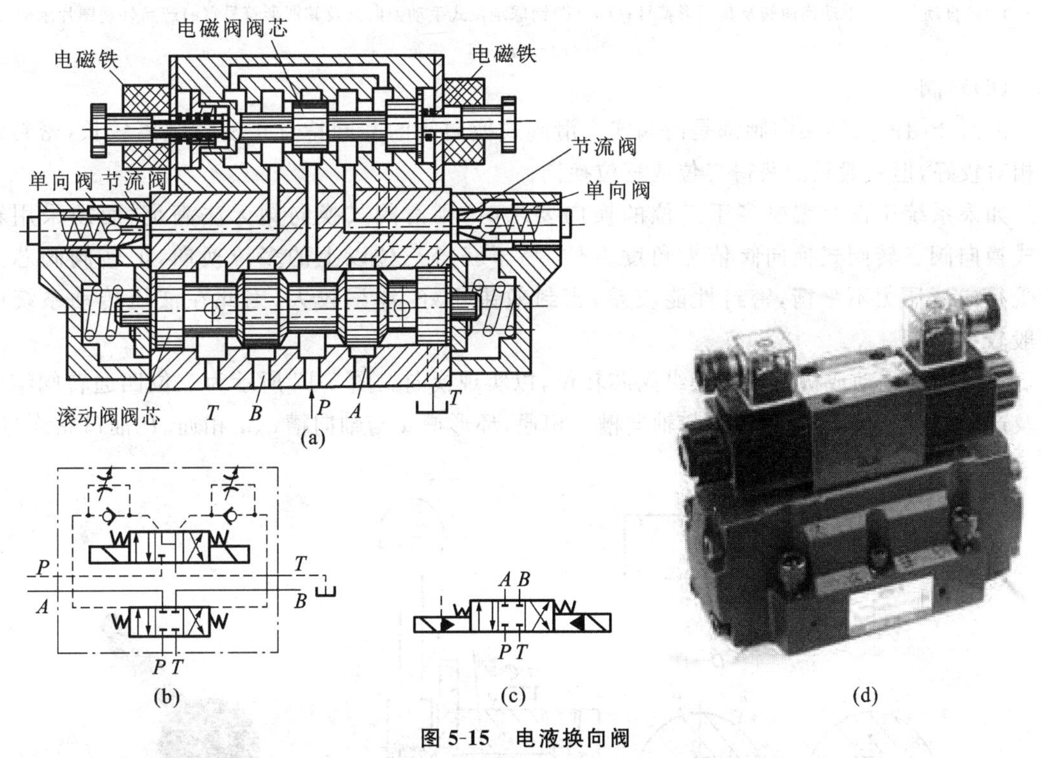

图 5-15 电液换向阀

(a)阀体结构；(b)、(c)图形符号；(d)产品外观图片示例

(5)手动换向阀

手动换向阀通过手柄经人工操纵来改变阀芯工作位置，以实现换向。

图 5-16(a)所示为自动复位式手动换向阀。推动手柄可使阀芯在左位或右位工作，并需要保持人工操纵，当松开手柄后，阀芯便在弹簧力作用下自动回到中位，所以它的图形符号中画有弹簧符号。自动复位式手动换向阀适合于工作持续时间短、变换频繁的场合。

图 5-16(b)所示为钢球定位式手动换向阀。其阀芯端部设有钢球定位装置，无弹簧复位功能，用手柄将阀芯推拉到某一位置后，阀芯将固定在该位置，直至再次推拉手柄才换位，可使阀芯

分别在左、中、右三个不同的位置定位工作。它的图形符号一端的锯齿状符号代表定位装置。

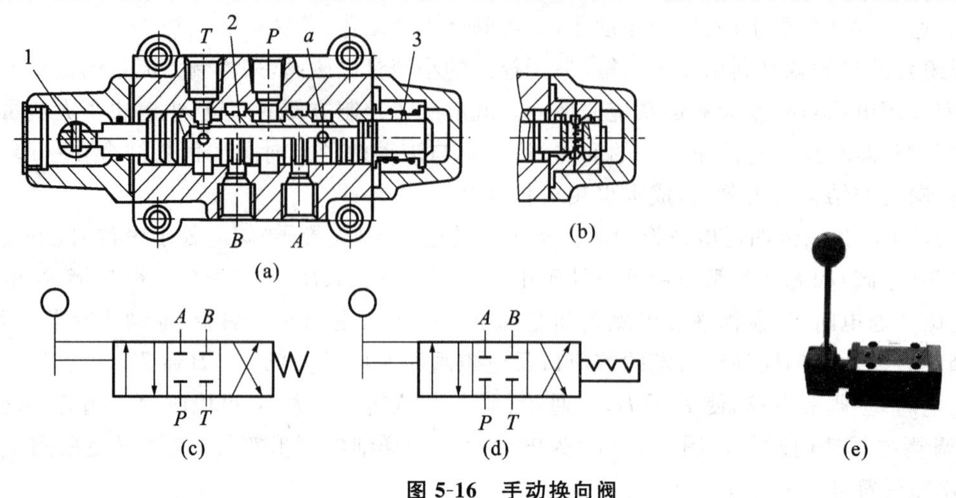

图 5-16　手动换向阀

(a)、(c)自动复位式手动换向阀及其图形符号；(b)、(d)钢球定位式手动换向阀及其图形符号；(e)产品外观图片示例

1—手柄；2—阀芯；3—弹簧

(6)转阀

前面介绍的几种换向阀都是滑阀式。滑阀式换向阀的共同特点是密封距离较长，密封效果相对较好，但一般只能获得二位或三位换向。

如果系统工作时需要多于三位的换向要求时，则滑阀式换向阀无法满足，而须采用转阀式换向阀。转阀式换向阀依靠角度方位，易于获得三位以上的多位换向，但转阀阀芯上所受径向液压力不平衡，密封性能较差，密封效果不好，泄漏较大，因此在液压传动系统中一般较少使用。

一般使用手动或机动方式操纵阀芯转位，以实现换向。图 5-17 所示为三位四通转阀结构图及产品图片，阀芯上环形槽 c 与轴向槽 b 相通，环形槽 a 与轴向槽 e、d 相通。P 油口始终与 c

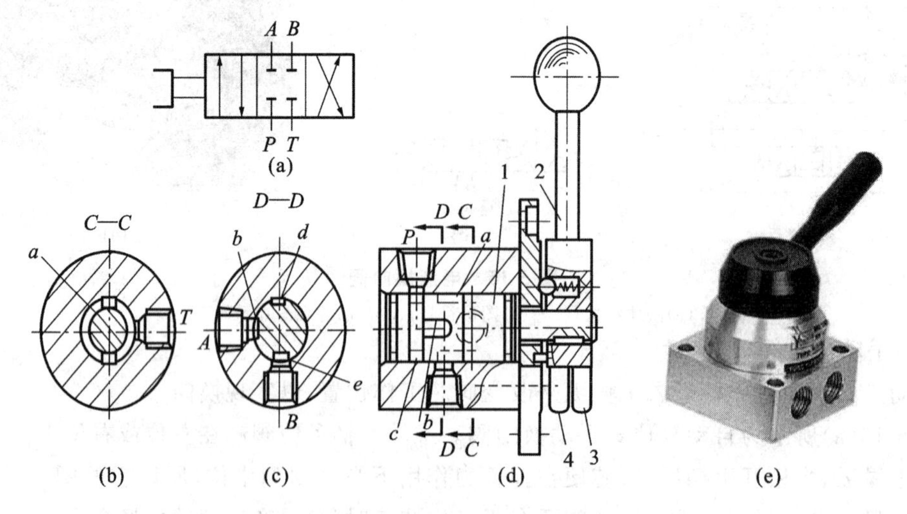

图 5-17　三位四通转阀及产品外观图片示例

(a)图形符号；(b)、(c)、(d)结构示意图；(e)产品外观图片

1—阀芯；2—手柄；3、4—手柄座叉形拨杆

通，T 油口始终与 a 通。在图示位置，P 经 c、b 与 A 接通；B 经 e、a 与 T 接通。当阀芯左转 45°时，各油口均被封堵。阀芯继续左转 45°，则油路变为 P 经 c、b 与 B 接通，A 经 d、a 与 T 接通。手柄下部有叉形拨杆 3、4，用来实现机动换向。

5.2　压力控制阀及其应用

在液压传动系统中，压力控制阀包括两类，一类是用来控制液压油工作压力的阀，例如溢流阀和减压阀；另一类是利用液压油压力信号来控制动作的阀，例如顺序阀和压力继电器。压力控制阀共同的工作原理是，都有一个可移动的阀芯，阀芯一端有弹簧，另一端引入压力油，利用阀芯上的液压作用力与弹簧力相平衡来控制阀芯的移动，从而控制阀口的开度，调节和稳定压力或产生动作。

5.2.1　溢流阀及其应用

在液压传动系统中，液压缸或液压马达的速度是用节流阀调节进油的流量来控制的，液压泵输出的流量必然大于实际进入液压缸或液压马达的流量，使节流阀前的油压升高，因此必须在液压泵出口与节流阀之间安装一个溢流阀，才能使多余的油自动地“溢”出去，溢流阀也正是因此而被命名的。此时的溢流阀也被称为“调压阀”。

当液压缸或液压马达短时停止动作时，液压泵在电动机的带动下仍然在正常工作，此时必须为泵排出的压力油提供一个出路，否则泵出口的压力会持续增高，直至液压系统被破坏并导致液压油四溅，或造成电动机烧毁。因此，绝大多数的液压泵出口几乎无一例外地都要安装一个溢流阀，在液压缸或液压马达因预定动作而停止、因过载而意外停止等情况下，保护液压系统。此时，溢流阀也被称为“安全阀”。

(1)直动式溢流阀的工作原理与结构

图 5-18(a)所示为直动式溢流阀的工作原理简图，其结构如图 5-19(a)所示。阀芯 3 的一端装有弹簧，另一端的压力油由进油口 P 引入，引入压力油时经过被称为阻尼孔的小孔 a，阻尼孔 a 的作用是减小油压的脉动对阀芯动作的影响幅度，提高工作的平稳性。

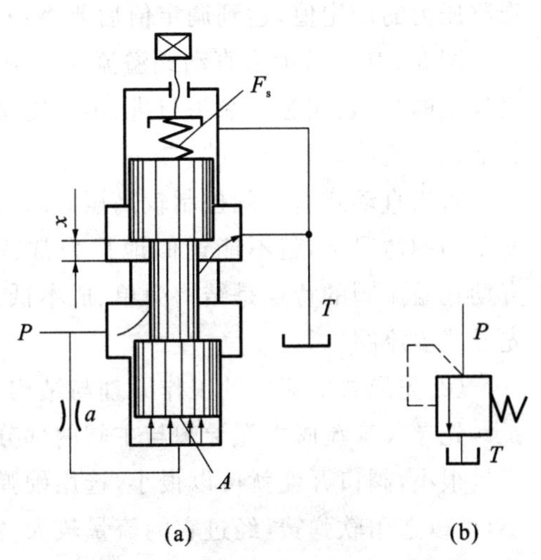

图 5-18　直动式溢流阀工作原理图

(a)工作原理简图；(b)图形符号

设阀芯 3 下端的有效面积为 A，压力油作用于阀芯底部的力为 pA，调压弹簧 2 的作用力为 F_s，若忽略阀芯自重和摩擦力，在图示位置无加速度时阀芯轴向受力平衡方程为：

$$pA=F_s$$

当进口压力 p 较小时，阀口关闭，阀口间隙 $x=0$，此时无溢流发生，表明无多余的油。

随着负载增加，系统压力升高。当进口压力为

F_s/A 时，调压弹簧 2 被压缩，阀芯上升，阀口打开，开始溢流。一旦开始溢流，进口压力 p 又开始降低，阀口开度减小；阀口开度减小又导致进口压力 p 升高，使阀口开度再增大，如此反复。

因此，溢流阀在工作时，阀芯处于动态平衡状态。由于阀口开度 x 值变化很小，弹簧力 F_s 可近似地视为常数，故溢流阀进口处的系统压力能被控制在调定值并保持不变。

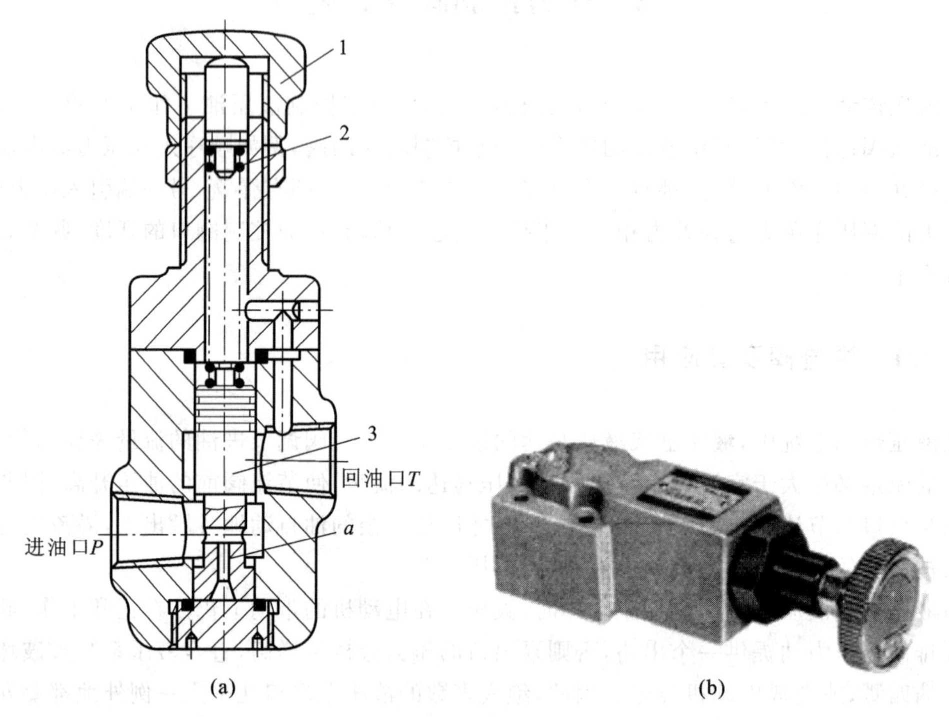

图 5-19 直动式溢流阀结构图与产品外观

1—调压手柄；2—调压弹簧；3—阀芯

调定值是通过调压手柄 1 调整调压弹簧 2 的预压缩量来调整的，通过系统中的压力表来观测压力的调定值，达到调定值后要将锁紧螺母锁紧。

图 5-18(b)所示为直动式溢流阀的图形符号。注意在图形符号中反映出溢流阀的出口是接油箱的，代表阀芯的箭头与进、出油管错位表示阀口在常态下是关闭的，虚线表示的阀芯控制油是从进油口处引入的。

若用直动式溢流阀控制较高压力时，因需用刚度较大的弹簧，弹簧力 F_s 在阀芯打开的开度不同的情况下，就不能近似地视为常数，因此，进油口的压力 p 波动较大，稳压效果很差。直动式溢流阀的特点是结构简单、成本低，一般只用于低压系统中。在中高压系统中必须使用先导式溢流阀。

(2)先导式溢流阀的工作原理与结构

先导式溢流阀由先导阀与主阀两部分组成。先导阀相当于一个直动式溢流阀，经过它的流量很小，阀口开度就可以很小，选用硬弹簧也可以稳定较高的压力；主阀上下两端的压差较小，可以选用软弹簧，经过它的流量较大，需要的主阀口开度也较大，因为弹簧较软而对压力稳定性的影响很小。因此，先导阀与主阀配合，可以在高压大溢流量时，通过分工合作来提高压力的稳定性。

图 5-20(a)、(b)所示为先导式溢流阀的结构图和工作原理简图。压力油经进油口 P 进入，并经孔 g 进入阀芯下腔；同时经阻尼孔 e 进入阀芯上腔；主阀芯上腔压力由直动式锥阀芯溢流阀来调整并控制。当进口压力低于调定值时，锥阀芯关闭，经孔 e 的油液不流动，孔 e 前后压力相同，因主阀芯上下端有效作用面积相同，所以主阀芯在主阀弹簧 4 的复位作用下，使主阀口关闭，无溢流。

当进口压力达到调定值时，直动式锥阀芯先打开，所以称之为“先导”，先导阀保持 p_1 不变。经孔 e 的油液因流动产生压降，当主阀芯上下腔压差作用力大于主阀弹簧 4 的作用力 F_{s2} 时，主阀芯抬起，实现溢流并稳定压力。

注意，先导阀打开的目的是让主阀芯中孔 e 形成流动，从而形成主阀芯上下腔的压差。经过先导阀的溢流量很少，绝大部分溢流量是在主阀芯打开后流出的。

图 5-20(c)所示为先导式溢流阀的图形符号，从图形符号中能够区分出直动式和先导式溢流阀。

调压手柄 1 可以调节溢流阀的控制压力。在先导式溢流阀的主阀芯上腔有一个开口 k，k 口不用时被堵住，这时主阀芯上腔的油液压力只能由自身的先导阀 3 来控制。但当用油管将 k 口与其他压力控制阀相连接时，主阀芯上腔的油压就可以由设在远处的另一个压力阀控制，从而实现溢流阀的远程控制，因此 k 口被称为“远程控制口”。

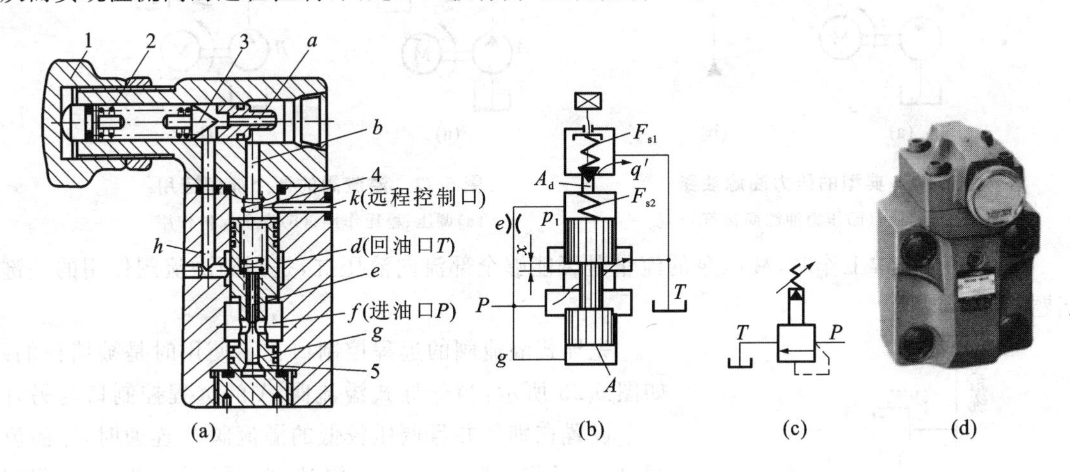

图 5-20　先导式溢流阀

(a)结构图；(b)工作原理简图；(c)图形符号；(d)产品外观图片示例

1—调压手柄；2—调压弹簧；3—锥阀(先导阀)；4—主阀弹簧；5—主阀芯

(3)溢流阀的应用

溢流阀是液压系统中最常用到的元件之一。除极少数具有自我保护的液压泵(如限压式变量叶片泵)以外，几乎所有的液压泵出口都必须安装一个溢流阀，图 5-21 所示是一个典型的压力油源组合油路。有时为了简化液压系统图，将压力油源(电动机＋液压泵＋溢流阀)用图 5-21(b)所示的一个黑三角形的简化符号来表示。

溢流阀在液压传动系统中的两个最典型的应用，一是起调压稳压作用，二是起安全保护作用，图 5-22 所示是溢流阀的两个典型应用的油路图。如图 5-22(a)和 5-22(b)所示，压力油源部分相同，换向阀和液压缸也相同，因此，仅从压力油源部分是判断不出溢流阀究竟起什么作用的。

将两个油路图相比，图 5-22(a)有一个调节流量的节流阀，液压泵 A 的流量不能全部进入液压缸，在液压缸工作的过程中，溢流阀 A 始终处于阀芯打开的溢流状态，液压泵 A 出口的压力始终被稳定在溢流阀的调定值，液压缸停止运动时，液压泵 A 的出口压力仍然等于溢流阀的调定值，溢流阀 A 起着稳压作用；图 5-22(b)无溢流阀，液压泵 B 的流量全部能够到达液压缸，在液压缸工作过程中，溢流阀 B 是处于阀芯关闭的不溢流状态，液压泵 B 出口的压力由液压缸的负载决定(一定小于溢流阀的调定值)，只有当液压缸停止运动后，液压泵 B 的流量无处可去，压力升高至溢流阀 B 的调定值，溢流阀 B 才开始溢流，对液压泵和油路起到安全保护的作用。

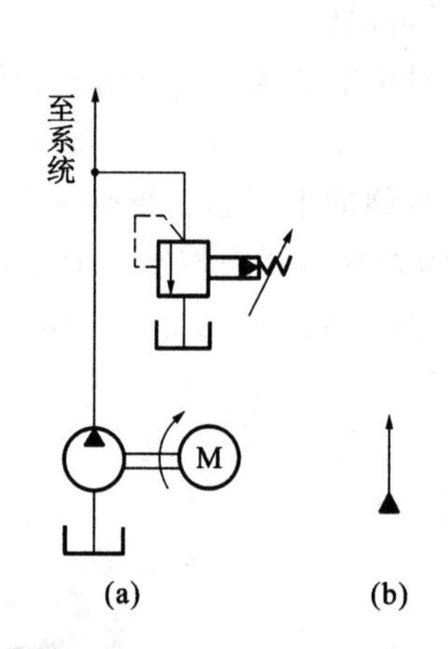

图 5-21 典型的压力油源油路

(a)油路图；(b)压力油源简化符号

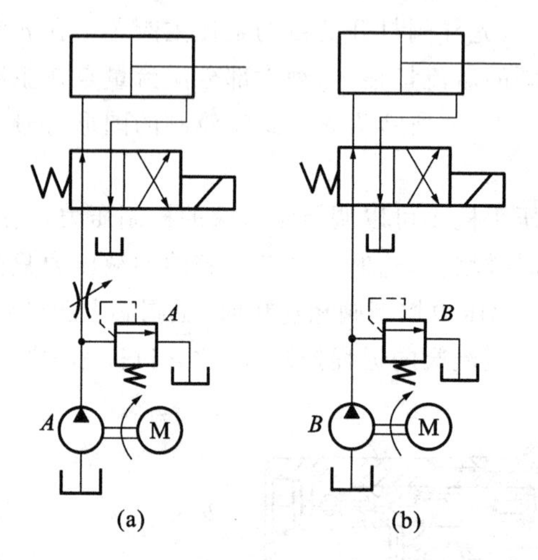

图 5-22 溢流阀的两个典型应用

(a)调压、稳压作用；(b)安全保护作用

液压缸在正常工作时，液压泵的流量是否能够全部流向液压缸，是判断溢流阀作用的关键问题。

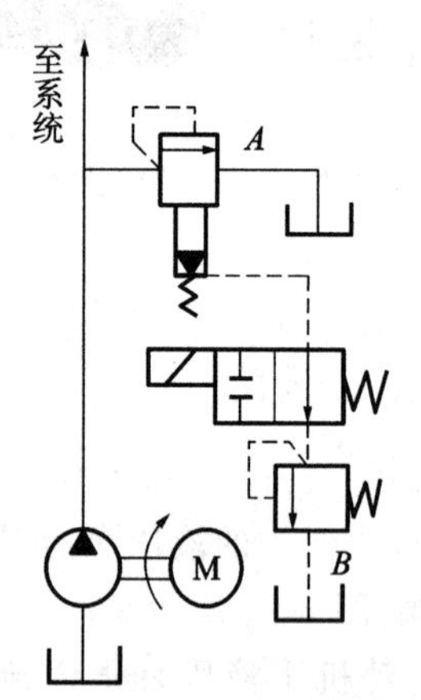

图 5-23 先导式溢流阀的远程调压

先导式溢流阀的远程控制口在不使用时是被堵住的。如图 5-23 所示，当先导式溢流阀 A 的远程控制口与另外一个设置在别处并且调压较低的溢流阀 B 连通时，主溢流阀 A 的阀芯上腔的油压只要达到远控溢流阀 B 的调定值，主溢流阀 A 的阀芯即可抬起溢流，实现远程调压，这时主溢流阀 A 自身的先导阀不再起调压作用。当二位二通电磁换向阀通电时，远程控制口被堵住，主溢流阀 A 由其自身的先导阀调压，实现另一较高压力控制。

例如，主溢流阀 A 的调定值为 5MPa，远控溢流阀 B 的调定值为 2MPa，则二位二通电磁换向阀不通电时，系统压力为 2MPa，通电后，系统压力为 5MPa。但是，如果主溢流阀 A 的调定值为 2MPa，远控溢流阀 B 的调定值为 5MPa 时，二位二通电磁换向阀通电和不通电时，系统压力都为 2MPa，因为远控溢流阀 B 的调定值高于主溢流阀 A 的调定值，则远控溢流阀 B 不可能起到作用。

5.2.2 减压阀及其应用

(1)减压阀的工作原理与结构

减压阀的作用是在中高压液压系统中，通过降低压力并保持稳定值，提供一个低压分支油路。

减压阀也分为直动式和先导式两种，一般常用先导式减压阀。图 5-24 所示为先导式减压阀的结构和工作原理简图。

当高压油由阀的进油口 P_1 进入 d 腔，经阀口 h 减压后，从 f 腔引出，接减压油路。压力变为 p_2 的油液同时经孔 g 进入主阀芯下腔，经阻尼孔 e 进入主阀芯上腔，并通过孔 b、a 作用于先导锥阀 1。

当出口压力 p_2 低于调定值时，先导锥阀关闭，主阀芯上下腔油压相等，主阀弹簧 3 使主阀芯处于最下端，阀口全开，不起减压作用，这是分析减压阀应用时最重要的一点。

当阀的出口压力达到调整的压力值时，锥阀打开。经阻尼孔 e 的油液流动，产生压降，并经孔 b、a 和泄油孔 L，单独回油箱。当主阀芯上、下腔的压差作用力大于主阀弹簧 3 的作用力 F_{s2} 时，阀芯上移，阀口关小到 x_1，控制出口压力为调定值。这时如负载变化，造成出口 f 压力升高，则主阀芯上、下腔压差增大，使主阀芯上移，阀口开度减小，压力损失增大，致使出口压力下降。反之，则使出口压力回升。这样就能够通过自动调节阀口开度，来保持出口压力稳定在调定值。由于进、出油口均接压力油，所以泄油口要单独接油箱。调节先导阀弹簧压紧力 F_{s1}，就可以调节减压阀控制压力。通过远控口 k 来控制主阀芯上腔压力，可实现远程调压与多级减压。

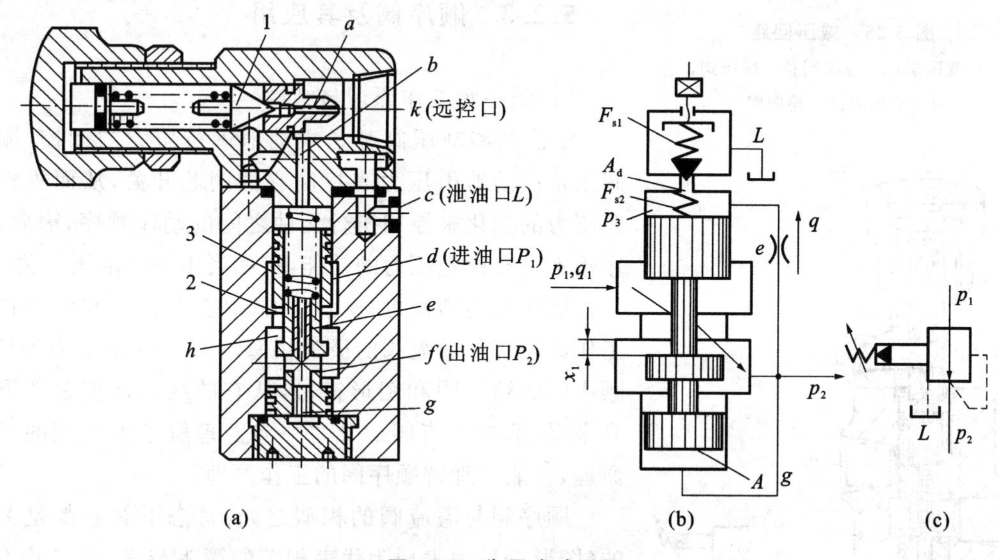

图 5-24 先导式减压阀

(a)结构图；(b)工作原理；(c)图形符号

1—先导锥阀；2—主阀芯；3—主阀弹簧

图 5-24(c)所示为减压阀的图形符号，注意它与溢流阀的区别。在减压阀图形符号中，代表阀芯的箭头与进、出油管在一条线上，表示阀芯常开；主阀芯一侧的压力油虚线是引自于出口的。

如果说溢流阀是调节并稳定其进口压力的，那么，减压阀就是调节并稳定其出口压力的。

(2)减压阀的应用

在液压传动系统中,一个液压泵常常需要向若干个执行元件供油。当各执行元件所需的工作压力不相同时,就要分别控制。液压泵的供油压力是通过溢流阀调定的,必须满足最高压力的执行元件的需要。若某个执行元件所需的供油压力较液压泵供油压力低时,可在此分支油路中串联一个减压阀,所需压力由减压阀来调节控制,如控制油路、夹紧油路、润滑油路就常采用减压回路。

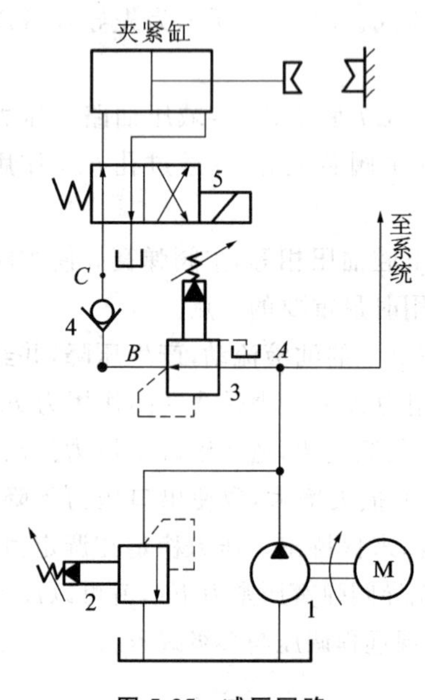

图 5-25 减压回路

1—液压泵;2—溢流阀;3—减压阀;4—单向阀;5—换向阀

图 5-25 所示是驱动夹紧机构的减压回路。主系统需要的压力较高,而高压油如果直接供给夹紧缸,会造成夹紧力过大而导致工件夹紧变形或破坏,因此需要减压后向夹紧缸供油。液压泵 1 供给主系统的油压由溢流阀 2 来控制。同时经减压阀 3,单向阀 4,换向阀 5 向夹紧缸供油。夹紧缸的压力由减压阀调节,并稳定在调定值上。

一般减压阀调整的最高值,至少要比系统中控制主回路压力的溢流阀低 0.5~1MPa。

特别需要注意的是:减压阀有时是不工作的。图 5-25 中的夹紧缸在运动期间尚未夹紧工件的过程中,减压阀 3 出口压力低于它的调定值,减压阀不工作。只有当夹紧缸夹紧工件以后,夹紧缸的工作压力才开始升高,升至减压阀的调定值时,减压阀开始工作并稳定在该压力。

5.2.3 顺序阀及其应用

(1)顺序阀工作原理与结构

溢流阀和减压阀都是主动地进行压力的调控,顺序阀则是被动地由压力来控制它的阀芯开关,从而根据油路压力的变化来控制执行元件之间的动作顺序,因此,顺序阀不具有稳定压力的功能,仅相当于一个液压开关。

顺序阀的结构也分为直动式和先导式。它的结构和工作原理都与溢流阀的极为相似。图 5-26 所示为先导式顺序阀的结构图和图形符号,从它的结构甚至是图形符号来看,都与溢流阀的几乎一致。理解了溢流阀的工作原理,就能够理解顺序阀的工作原理。

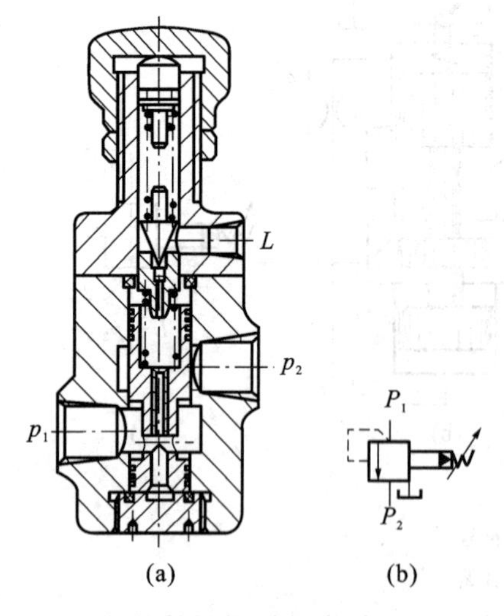

图 5-26 先导式顺序阀

(a)结构图;(b)图形符号

顺序阀与溢流阀的相似之处:常态下阀芯都是关闭的(图形符号中表现为代表阀芯的箭头与进、出口管不在一条直线上);阀芯一侧的控制油都是来自于进油口(职能符号中表现为虚线引自于 P_1 进油口)。

由于顺序阀的出油口要连接油路,不能直接接油箱,所以它的先导阀的出油口要单独接油箱。但是,假如让顺序阀的出油口接上油箱,可以看出,先导式顺序阀和先导式溢流阀就“没有区别”了。

顺序阀与溢流阀能否互换通用呢？严格地说不能互换，否则就不会增加一个阀的品种了。溢流阀有稳压的功能，它在工作时要求阀芯更加灵敏；顺序阀无稳压的要求，它在工作时并不要求阀芯很灵敏。因此，高精度的溢流阀理论上完全可以当顺序阀使用，但低精度的顺序阀不能胜任溢流阀的工作。

所以，顺序阀和溢流阀的不同之处在于：顺序阀阀口的封油长度大于溢流阀，所以在进油口压力 p_1 低于调定值时，顺序阀的阀口完全关闭；当进油口压力 p_1 达到调定值时阀口开启，进出油口接通，顺序阀出油口的压力油使后续元件动作。

图 5-26 所示的先导式顺序阀也称为内控式或自控式顺序阀，即它的阀芯开启与否，是由它自己的进油口压力决定的。

图 5-27 所示的液控顺序阀，也称为外控式顺序阀，即它的阀芯开启与否，与它自己的进油口压力大小无关，而是由引自于液压系统中某处的控制油压力决定。

(2)顺序阀的应用

如图 5-28 所示，用顺序阀实现两个液压缸的顺序动作。对于一个液压夹具上的两个液压缸，必须先完成“定位”，然后才能开始对工件进行“夹紧”。油液经二位四通电磁换向阀进入定位缸 A 下腔，实现定位动作。在定位缸运动过程中，负载较小，压力较低而未达到顺序阀的调定值，顺序阀关闭，夹紧缸 B 下腔不进油，故夹紧缸不动作。定位缸定位完成并停止动作后，压力升高，达到顺序阀调定值时，顺序阀开启，油液经顺序阀进入夹紧缸，进行夹紧。顺序阀在这里起到了先定位后夹紧的顺序动作控制。图中双点画线框内是单向阀与顺序阀的组合阀，当夹紧缸松开时，夹紧缸 B 下腔的油必须通过单向阀流回油箱，因为顺序阀反向不能通流。为保证可靠工作，顺序阀调定压力值应大于定位缸工作压力(0.5～0.8MPa)，以免在定位缸运动过程中顺序阀出现误动作。

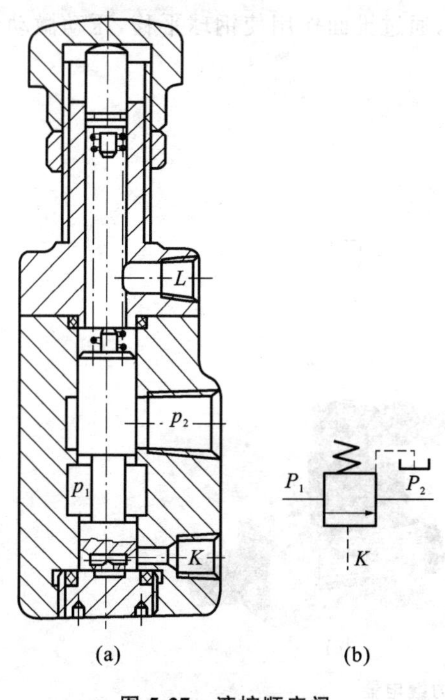

图 5-27 液控顺序阀

(a)结构图；(b)图形符号

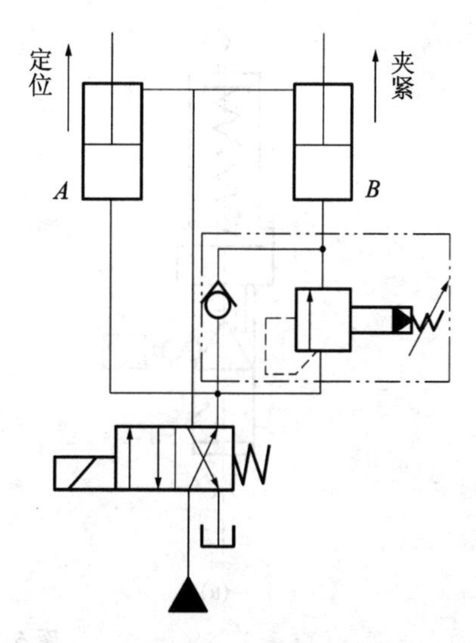

图 5-28 顺序阀实现的顺序动作回路

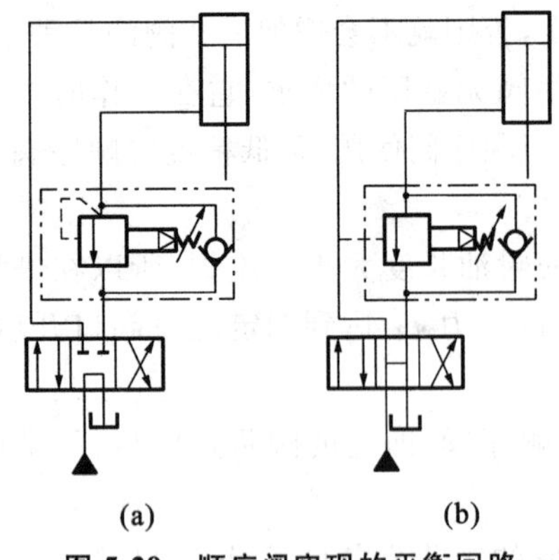

图 5-29　顺序阀实现的平衡回路

(a)自控式顺序阀；(b)液控式顺序阀

图 5-29 所示为两种用顺序阀实现的平衡回路。平衡回路的作用是对于竖直安装的液压缸在下行时，使下行液压缸的回油腔形成一定的压力，以平衡下行时的负载，避免下行时产生超速现象。图 5-29(a)所示采用的是单向顺序阀，液压缸上行时经单向阀进油，下行时必须经过顺序阀回油，顺序阀的调整压力要略大于因重物自身重量产生的油液压力，这样才能起到平衡作用，保证活塞不自行下滑。该平衡回路适合于液压缸负载的重物质量基本不变的情况，否则，重物质量增加较多而顺序阀调整压力不变时，就可能起不到平衡作用了。

图 5-29(b)所示采用的是单向液控顺序阀，当换向阀在 H 型中位时，液控顺序阀的控制油压力丧失，无论活塞上的重物质量如何增大，液控顺序阀不会打开，液压缸能在任意位置停留并被锁住。当换向阀左位工作使活塞下行，液压缸上腔压力升高到液控顺序阀的调整压力时，才能打开液控顺序阀。该平衡回路适合液压缸负载的重物质量不确定的情况，可以减少功率损耗。

5.2.4　压力继电器及其应用

(1)压力继电器工作原理与结构

压力继电器是一种将液压压力信号转换成电信号的元件。图 5-30 所示为其工作原理简图和图形符号，压力油经控制口(职能符号中以虚线表示)进入柱塞 A 的底部，当压力达到压力继电器的调定值(由手柄调整)时，柱塞 A 上移，通过锥面作用使钢球平移，压动微动电气开关，发出电信号，从而控制相应的电器元件动作。

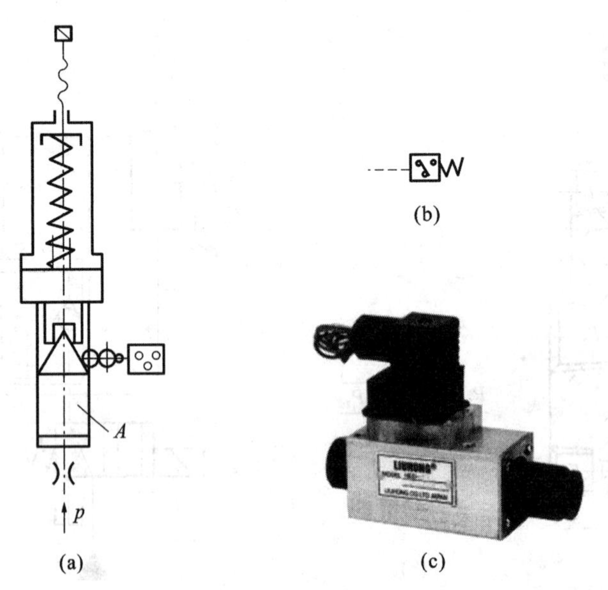

图 5-30　压力继电器

(a)工作原理简图；(b)图形符号；(c)产品外观图片示例

(2)压力继电器的应用

用压力继电器发出的电信号可以控制电磁铁、继电器等元件,实现电液结合的程序控制和安全保护功能。

如图 5-31(a)所示,电磁铁 1YA、2YA 通电时,液压缸 5 左腔进油、右腔回油,活塞右移实现"快进"。电磁铁 1YA 继续通电、2YA 断电后,液压油必须经过节流阀 3 进入液压缸左腔,流量必然减小,缸的运动速度减小,称为"工进"。当"工进"至液压缸的终点"停止"时,负载增大,压力升高达到压力继电器 4 的调整值时,压力继电器发出信号使 1YA 断电、2YA 通电(液压油路图中并不显示出该控制关系),缸右腔进油、左腔经二位二通换向阀 2 快速回油,活塞左移,实现"快退"。压力继电器利用了缸"停止"后的压力变化,实现了由"停止"向"快退"的程序控制。

要注意的是,压力继电器必须安装在压力有显著变化的油路中。图 5-31(b)所示的位置,在液压泵与节流阀之间安装了压力继电器,在液压缸"工进"过程中和"停止"后,溢流阀始终是起稳压作用的,压力继电器所连接的控制油压力无变化,无法实现由"停止"向"快退"的程序控制。

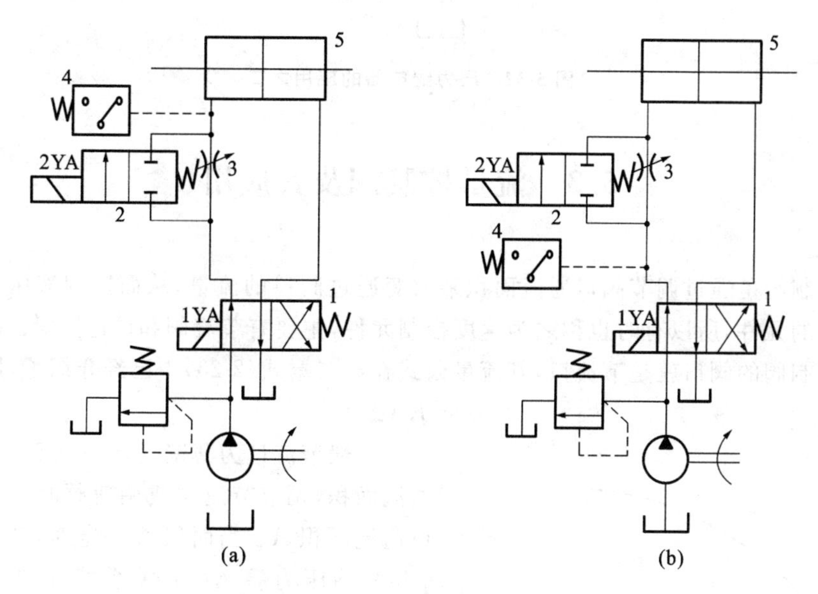

图 5-31 压力继电器的应用之一

(a)正确;(b)错误

1—二位四通换向阀;2—二位二通换向阀;3—节流阀;4—压力继电器;5—液压缸

图 5-32 所示为利用压力继电器实现了保压后的卸荷。当电磁铁 1YA 通电(2YA 断电)时,活塞右移,当夹具接触工件后油压开始升高,此时液压泵同时向蓄能器充油(蓄能器的结构和作用将在本章后续部分中介绍)。当压力达到夹紧力要求的压力值时,蓄能器也充满了压力油,压力继电器发出电信号,使二位二通换向阀的电磁铁 3YA 通电,则先导式溢流阀的远程控制口接油箱,溢流阀丧失压力并打开主阀芯,使泵卸荷。如果夹紧液压缸有泄漏,则蓄能器可向缸中补充压力油,使液压缸保持夹紧状态,称之为保压。

当夹紧缸的压力因泄漏而降低到一定值时,压力继电器复位,使 3YA 断电,泵再次向液压缸和蓄能器充油,这样就可长时间保压,并有效节能。图 5-32 中的单向阀是必要的,否则在液压泵卸荷时,液压缸和蓄能器都将丧失压力。

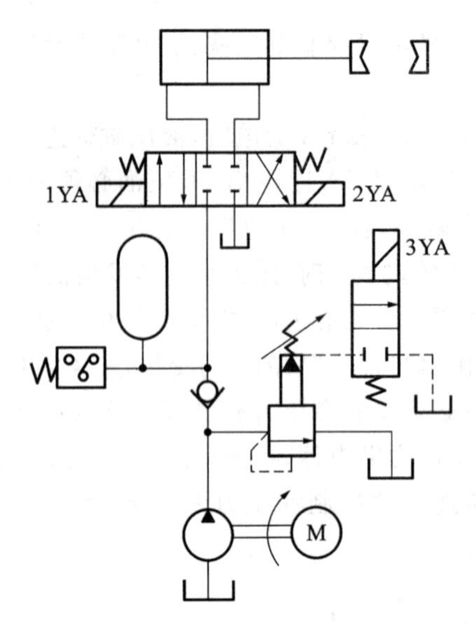

图 5-32 压力继电器的应用之二

5.3 流量控制阀及其应用

流量控制阀是通过调节阀口通流面积来改变通过阀口的流量，从而控制液压缸及液压马达运动速度的元件，所以有时也称之为速度控制元件，主要有节流阀和调速阀等。

流量控制阀的阀口就是节流口，其流量公式在第二章式(2-23)中已经介绍了，即：

$$q = KA\Delta p^{m}$$

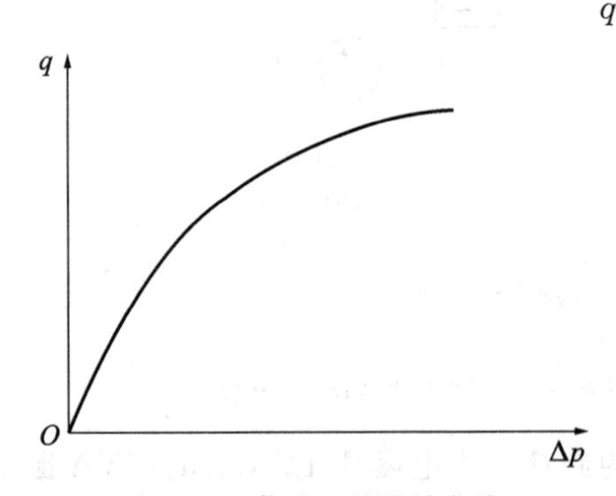

图 5-33 节流口的特性曲线

一般节流口为薄壁孔，$m=0.5$。A 为节流口通流面积，调节节流阀或调速阀时就是在调节阀口通流面积 A。当面积 A 一定时，节流口的流量 q 和两端压力差 Δp 的关系特性曲线如图 5-33 所示。

对于节流口，我们希望调定 A 值后，能保持稳定不变，这样才能得到稳定的速度。但是，通过上述公式和特性曲线表明，A 调定后，Δp 的变化也将对流量 q 产生显著的影响。只要负载变化，Δp 就会变化。因此，必须采取措施提高流量控制的稳定性。

5.3.1 节流阀

生活中习以为常的水龙头，就是一个简易的节流阀。因此，节流阀的工作原理并不复杂，结构简单、成本低。

图 5-34 所示为节流阀结构图，压力油从进油口 P_1 进入阀体，经阀芯 1 左端的节流口从出

油口 P_2 流出。调节手柄 3 可以通过推杆 2 调节阀芯 1 的轴向位置，改变通流面积，从而控制流量。

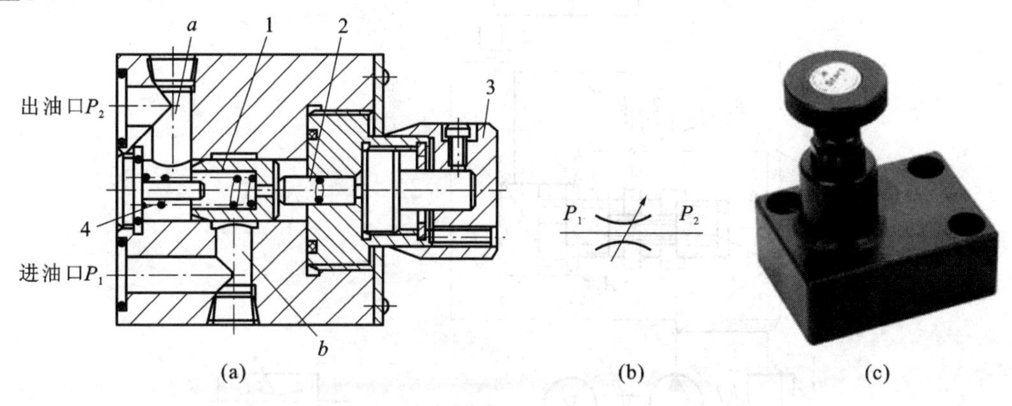

图 5-34 节流阀

(a)节流阀结构；(b)节流阀图形符号；(c)节流阀产品外观示例

1—阀芯；2—推杆；3—调节手柄；4—复位弹簧

节流阀没有解决负载变化带来的 Δp 变化对流量的影响问题。如图 5-35 所示，泵出油口的压力 p_p 在溢流阀作用下被稳定为一定值，p_1 就是液压缸的工作压力，随负载 R 变化而变化，$\Delta p = p_p - p_1$，Δp 必然随负载 R 的变化而变化，从而使节流阀的流量 q 也随负载 R 的变化而不稳定。

因此，节流阀仅适用于速度稳定性要求不高的液压系统，或者是负载变化不大的液压系统。

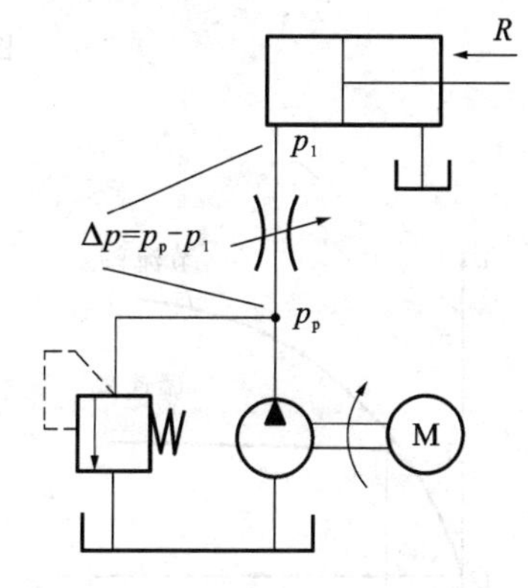

图 5-35 节流阀的流量受负载影响分析

5.3.2 调速阀

调速阀就是在节流阀的基础上改造的，它解决了流量受负载变化影响的问题。

使节流阀前后的压差不随负载发生变化，使通过节流阀的调定流量不随负载变化而改变，就可以有效提高流量稳定性。而节流阀前后压差为：

$$\Delta p = p_2 - p_3$$

如图 5-36 所示，调速阀是采用一个定差减压阀 1 与节流阀 2 串联组合而成。压力油的压力 p_1 经减压阀 1 的阀口后变为 p_2，压力为 p_2 的油液同时进入减压阀 1 的阀芯大端左腔 b 和小端左腔 a，经过节流阀后压力变为负载压力 p_3，并将压力为 p_3 的油液引入减压阀 1 的阀芯大端右腔 c。因为 a、b、c 各腔有效作用面积有如下关系：

$$A = A_1 + A_2$$

当阀芯在某一位置平衡时，有：

$$p_2A_1 + p_2A_2 = p_3A + F_s$$

即

$$\Delta p = p_2 - p_3 = \frac{F_s}{A}$$

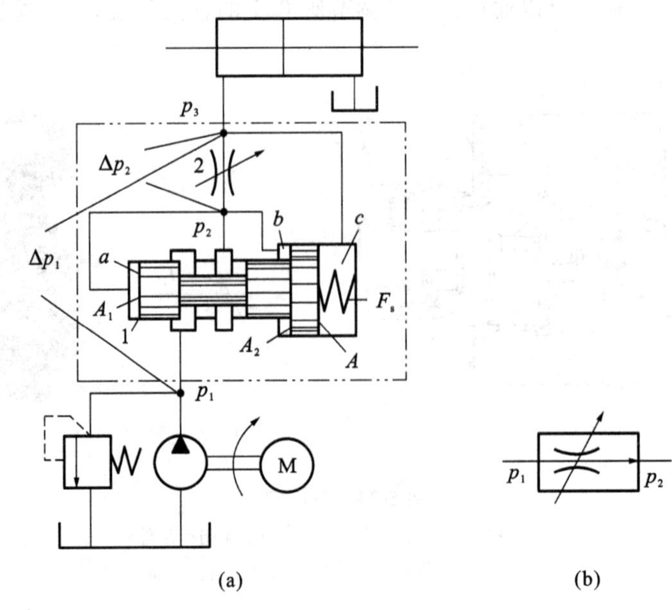

图 5-36　调速阀的工作原理

(a)工作原理图；(b)图形符号

1—减压阀；2—节流阀

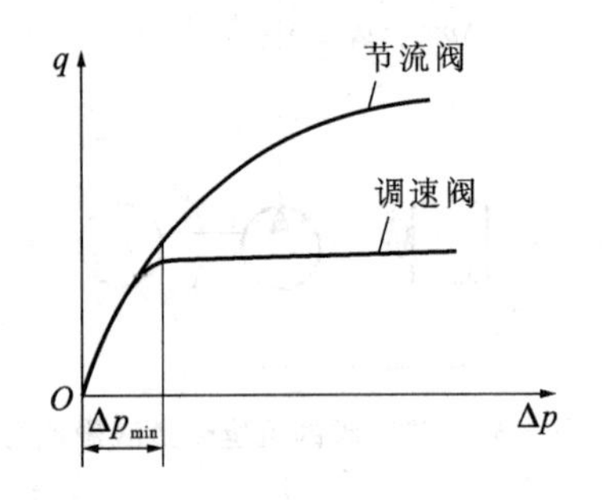

图 5-37　调速阀与节流阀的特性曲线比较

由于减压阀阀芯移动量不大，且弹簧刚度很小，所以 F_s 基本不变，这就保证了 Δp 基本不变。

注意，如图 5-36(a)所示，调速阀中的节流阀两端压差 $\Delta p_2 = p_2 - p_3 = \Delta p$，因此能实现流量不受负载变化的影响而保持稳定。整个调速阀两端的压差 $\Delta p_1 = p_1 - p_3$，仍然随负载的变化而变化，但 Δp_1 并不影响流量。

图 5-37 所示为调速阀和节流阀的流量压差特性曲线的比较，注意，图中横坐标的 Δp 对应调速阀两端的压差 Δp_1。从曲线中可以看出，当调速阀两端的压差小于 Δp_{min}(0.5～1MPa)时，减压阀芯被弹簧压向左端，阀口全开，不起减压作用，所以调速阀曲线在此段与节流阀重合，此时的调速阀与普通节流阀没有区别。因此，在设计系统与使用调速阀时，要确保调速阀两端最小压差大于 0.5～1MPa，q 基本保持定值，调速阀才能保证正常工作，这就是调速阀的工作条件。

5.3.3　流量控制阀的应用

节流阀和调速阀的主要作用就是调节流量、控制速度。根据节流阀或调速阀安装位置的不同，可以分为进油节流调速、回油节流调速、旁路节流调速这三种节流调速方案。图 5-38 所示分别是将节流阀安装在进油路上、回油路上、旁油路上组成的三种调速方案。图 5-38 所示的节流阀也可以换为调速阀。

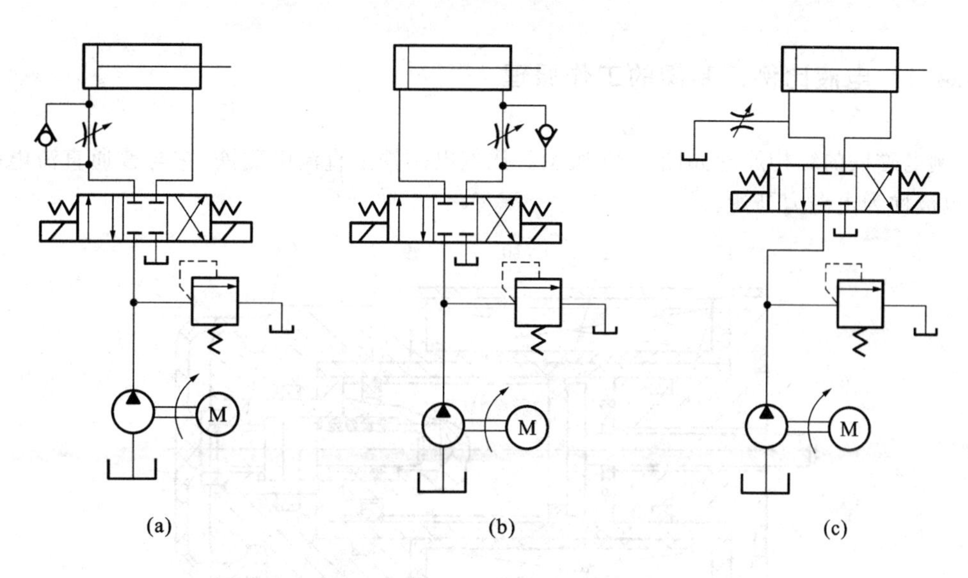

图 5-38 用节流阀的三种节流调速方案

(a)进油节流调速；(b)回油节流调速；(c)旁油节流调速

如图 5-38(a)所示，节流阀安装在进油路上，调节进入液压缸的流量，液压泵多余的流量经溢流阀溢流；如图 5-38(b)所示，节流阀安装在回油路上，控制液压缸流出的流量，同样，液压泵的流量并不能全部进入液压缸，多余的流量经溢流阀溢流。因此，进油节流调速和回油节流调速中的溢流阀都是起稳压作用的，有溢流损失，系统效率相对较低。

如图 5-38(c)所示，节流阀安装在旁油路上，液压泵的流量除了经过节流阀流掉的部分之外，全部进入液压缸，间接地控制了进入液压缸的流量，因此，旁油节流调速中的溢流阀起安全作用，无溢流损失，系统效率较进、回油节流调速的效率要高，但速度稳定性较差。液压缸的工作压力基本上等于泵的输出压力，其大小取决于负载，该回路中的溢流阀只有在过载时或液压缸停止后才被打开。

5.4 电液比例控制阀及其应用

前两节分别介绍的压力控制阀和流量控制阀，都是通过调节手柄的方式，预调液压油的压力、流量来进行定值控制，称为普通液压阀。预调时，需要借助压力表或流量计等仪器仪表来进行。

当液压系统在工作过程中要求对压力、流量参数进行频繁调节或连续控制时，例如，按一定精度模拟某个最佳控制曲线实现压力控制等，单个的普通液压阀就无法实现了。这时可以用电液比例控制阀来实现。

电液比例控制阀就是用比例电磁铁取代普通液压阀的手动调节装置，与普通液压阀的功能是相同的，完全可以互换。由于电液比例控制阀的制造成本并不会增加很多，而且将压力、流量等参数控制转变为电信号的控制，更易于实现模拟控制、检测和比较，使设备自动化控制水平大为提高，因此，在液压系统中获得了越来越广泛的应用。

5.4.1 电液比例控制阀的工作原理

比例电磁铁的结构原理如图 5-39 所示。比例电磁铁是直流电磁铁,它与普通直流电磁铁不同,也被称为电磁力马达。

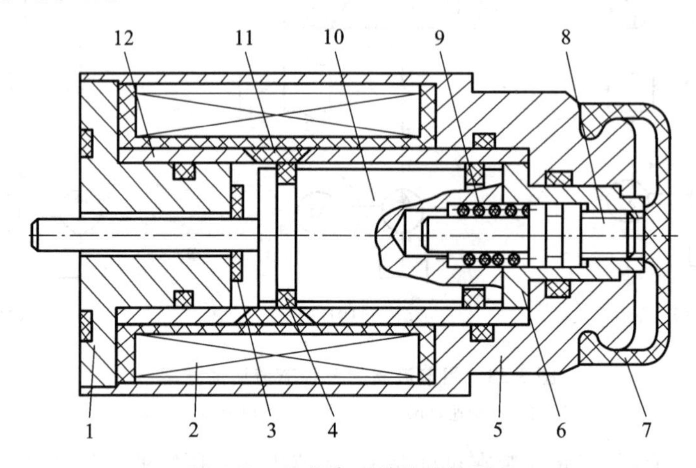

图 5-39 比例电磁铁的结构原理

1—极靴;2—线圈;3—限位环;4—隔磁环;5—壳体;
6—内盖;7—盖;8—调节螺丝;9—弹簧;10—衔铁;11—支承环;12—导向管

比例电磁铁要求吸力或位移与给定电流成比例,并在衔铁的全部工作行程上、磁路中保持一定的气隙。其结构主要由极靴、线圈、壳体和衔铁等组成。线圈 2 通电后产生磁场,因隔磁环 4 的存在,使磁力线主要部分通过衔铁 10、气隙和极靴 1 形成回路。极靴对衔铁产生吸力。在线圈中电流一定时,吸力的大小因极靴与衔铁间的距离不同而变化。但衔铁在气隙适中的一段行程中,吸力随位置的改变发生的变化很小。设计时就使比例电磁铁的衔铁在这段行程中工作。因此,改变线圈中的电流,即可在衔铁上得到与其成正比的吸力。用比例电磁铁代替螺旋手柄来调整液压阀,就能使输出压力或流量与输入电流对应成比例地发生变化。

5.4.2 电液比例压力阀及其应用

以溢流阀为例,用比例电磁铁代替溢流阀的调压手柄,构成电液比例溢流阀。

图 5-40(a)所示为先导式比例溢流阀。其下部为主溢流阀,上部为比例先导阀。比例电磁铁的衔铁 4,通过顶杆 6 控制先导锥阀 2,从而控制溢流阀芯上腔压力,使控制压力与比例电磁铁输入电流成比例。其中手动调整的先导阀 9 用来限制比例压力阀的最高压力。

图 5-40(b)、(c)所示为电液比例溢流阀的图形符号和产品外观图片示例。用同样的方式也可以组成比例顺序阀和比例减压阀。

图 5-41 为应用电液比例溢流阀的多级调压回路。改变输入电流 I,即可控制系统的工作压力。用它可以替代普通多级调压回路中的若干个压力阀,且能对系统压力进行连续控制。

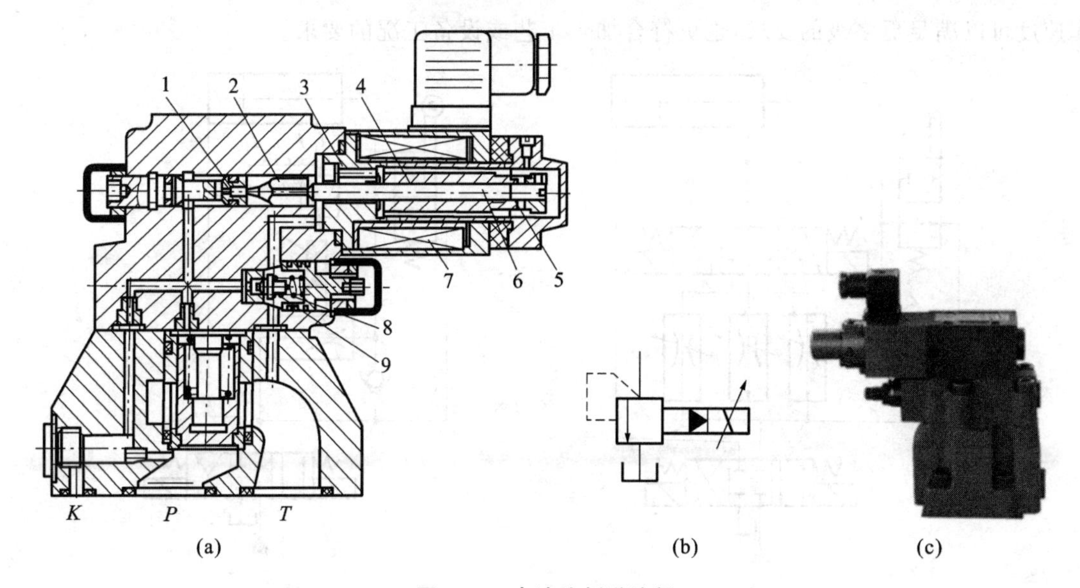

图 5-40 电液比例溢流阀

(a)结构图;(b)图形符号;(c)产品外观图片示例

1—先导阀座;2—先导锥阀;3—极靴;4—衔铁;5、8—弹簧;6—顶杆;7—线圈;9—手调先导阀

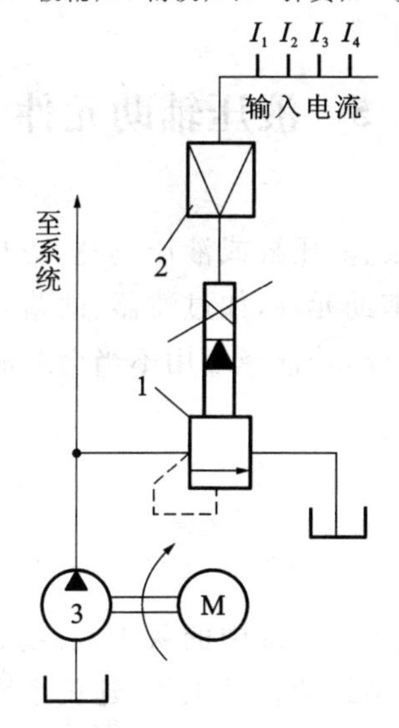

图 5-41 应用电液比例溢流阀的多级调压回路

1—电液比例溢流阀;2—电子放大器;3—液压泵

5.4.3 电液比例流量阀及其应用

把节流阀或调速阀的手动调节部分换成比例电磁铁,就成为电液比例节流阀或电液比例调速阀。电液比例调速阀主要用于各类液压系统的连续变速与多速控制。如果使用普通手动调速阀,如图 5-42(a)所示,使用 3 个调速阀,事先预调好各自的流量,通过频繁换接才能使液压缸获得 3 个工作速度。如果使用电液比例调速阀,如图 5-42(b)所示,只需要一个元件,通过控制输入电流的大小即可迅速、准确地调速,不但减少了控制元件的数量,而且使液压缸工

作速度可以满足更多级的要求，也更符合加工工艺或设备工况的要求。

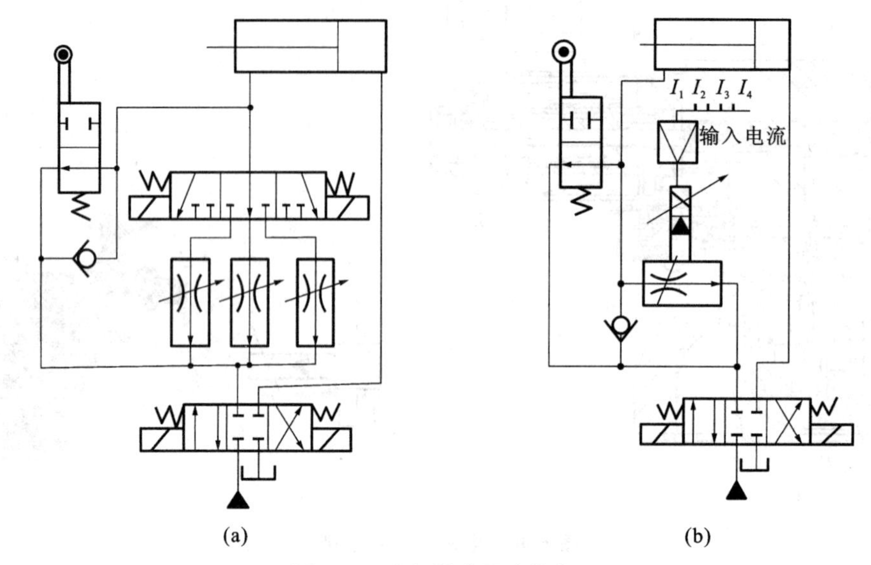

图 5-42 多级调速回路的应用

(a)用普通调速阀调速；(b)用电液比例调速阀调速

5.5 液压辅助元件

在液压系统的组成中，除液压泵、液压缸或液压马达、方向控制阀、压力控制阀、流量控制阀等主要组成元件之外，还有各种辅助元件，如过滤器、油箱、管件、蓄能器、压力表等。辅助元件是液压系统中不可缺少的组成部分，若选择使用不当会对液压系统的性能产生严重影响，甚至使液压系统不能正常工作。

5.5.1 过滤器

过滤器的主要作用是过滤掉混入液压油中的灰尘、脏物、油液析出物、金属颗粒等机械类杂质，降低油液的污染程度，以保证系统的正常工作，延长系统的使用寿命。

过滤器要求具有较好的过滤能力，即能滤出一定尺寸以上的机械杂质；同时要求其通过性能好，油液通过过滤器时不致引起过大的压力损失；要有足够的机械强度和足够的耐腐蚀性，便于清洗和更换滤芯。

(1)过滤精度

过滤器的过滤精度是指过滤器对各种不同尺寸机械杂质的滤除能力。常用绝对过滤精度来表达过滤器的过滤精度。

绝对过滤精度是指通过滤芯的最大坚硬球状颗粒的尺寸，以 μm 为单位。按数值的不同，过滤器可分为粗过滤器、普通过滤器、精过滤器和特精过滤器四种，它们分别能滤去大于 100μm、10～100μm、5～10μm、1～5μm 的杂质。一般来说，工作压力越高，要求绝对过滤精度越高，其推荐值参见表 5-3。

表 5-3 绝对过滤精度推荐值

系统类型	润滑系统	传动系统			伺服系统
压力/MPa	0～2.5	≤14	14<p≤21	>21	>21
绝对过滤精度/μm	100	25～50	25	10	5

(2)过滤器的结构类型

按滤芯材料和结构形式的不同，常用的过滤器有网式、线隙式、烧结式、纸芯式和磁性过滤器等。

网式过滤器如图 5-43 所示，这种过滤器的过滤精度与金属丝网的网孔大小和层数有关，绝对过滤精度一般为 80～400μm，压力损失不大于 4×10^4 Pa。网式过滤器的优点是结构简单、通流能力大、压力损失小、清洗方便，但过滤精度低，主要用在液压泵的吸油口。

线隙式过滤器如图 5-44 所示，是用金属线(一般是铜丝和铝丝)绕在筒形芯架的外部，利用线间的缝隙过滤油液。这种过滤器的绝对过滤精度一般为 100～200μm，额定流量的压力损失为$(3\sim6)\times10^4$ Pa。其特点是结构简单，通流能力大，过滤精度高，但滤芯材料强度低，不易清洗，一般用于泵的吸油口和低压系统中。当用在吸油口时，只允许通过额定流量的 1/3～2/3。图 5-44 所示的发讯装置 1 是过滤器的安全保护装置。当滤芯堵塞、污染较为严重时，过滤器的发讯装置会发出信号，提示维修人员需立即更换滤芯或进行清洗。

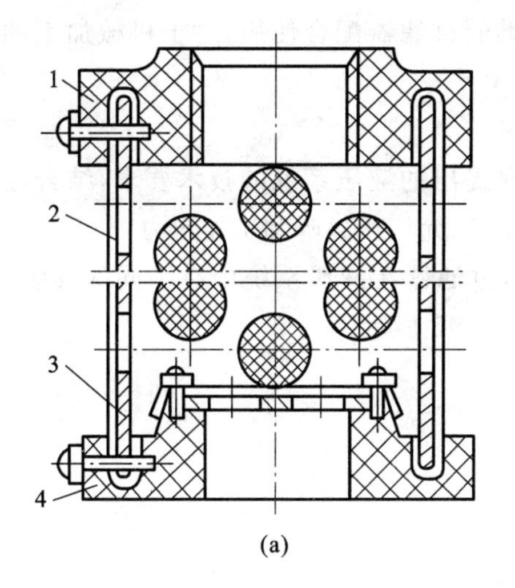

(a)

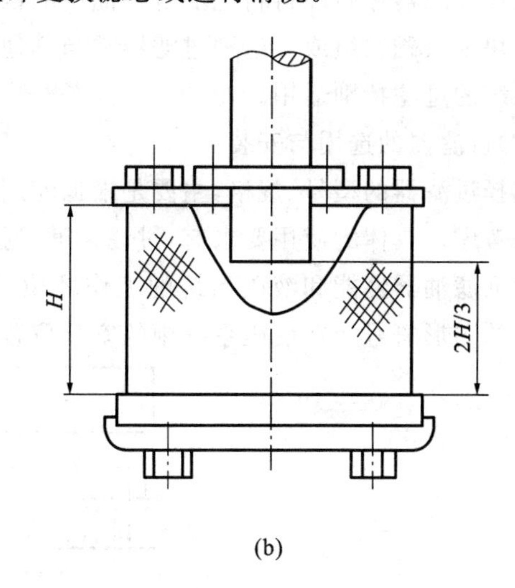

(b)

图 5-43 网式过滤器

1—上盖；2—铜丝网；3—骨架；4—下盖

金属烧结式过滤器的滤芯一般是由颗粒状锡青铜粉压制后烧结而成的，具有杯状、管状、碟状和板状等多种形状。它利用铜粉颗粒之间的微孔滤去油液中的杂质。选择不同粒度的粉末能得到不同的过滤精度，目前常用的绝对过滤精度一般为 10～100μm，压力损失一般为$(3\sim20)\times10^4$ Pa。其特点是强度高、抗腐蚀性好、制造简单、过滤精度高，适用于精过滤。其缺点是易堵塞、清洗困难，金属颗粒易脱落，最好与其他过滤器配合使用。

纸质过滤器的滤芯以处理过的滤纸作为过滤材料，绝对过滤精度为 5～30 μm，压降为$(1\sim4)\times10^4$ Pa。它的过滤精度高，但通流能力小、易堵塞、无法清洗，需要经常更换滤芯，过滤元件强度低，适用于低压小流量的精密过滤。

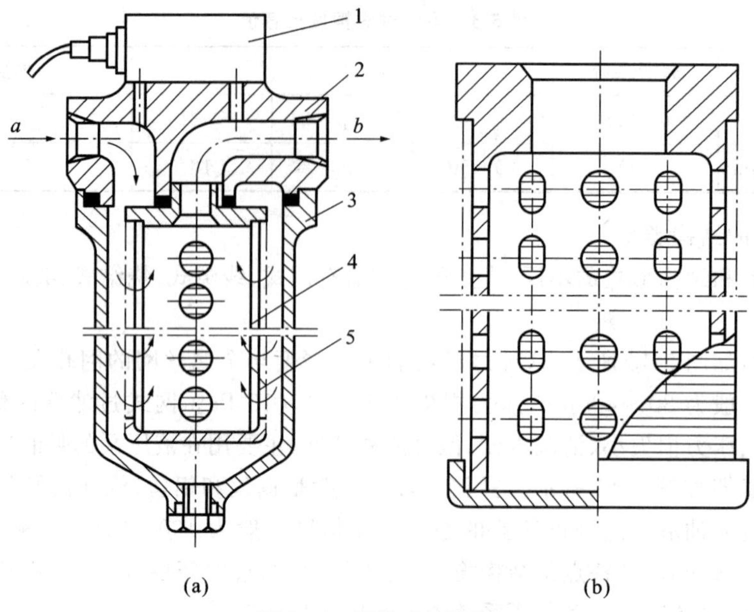

图 5-44 线隙式过滤器

1—发讯装置;2—端盖;3—壳体;4—骨架;5—铜丝

磁性过滤器靠磁性材料把混合在油中的铁屑或带磁性的磨料吸住。简单的磁性过滤器可以由几块永久磁铁组成。这种过滤器常与其他种类的过滤器配合使用,对于机械加工的机床液压系统的过滤特别适用。

(3)过滤器的选用与安装

选择过滤器的型号、规格,主要是根据使用情况提出的液压系统的技术要求,结合经济性一起来考虑。具体的使用要求有:过滤精度、通过流量、允许压力降和工作压力等。

根据滤油器性能和液压系统的工作环境不同,过滤器在液压系统中有不同的安装位置。过滤器的图形符号及在液压系统中的安装位置如图 5-45 所示。

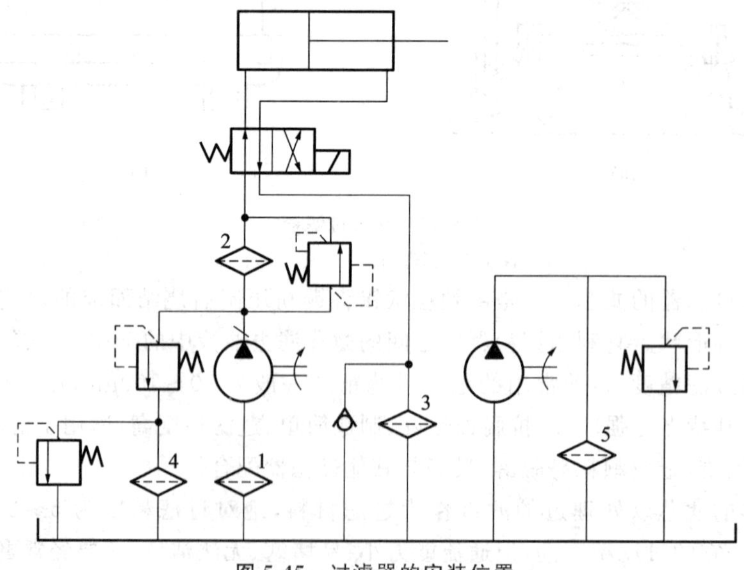

图 5-45 过滤器的安装位置

1、2、3、4、5—过滤器

在液压泵吸油路上安装过滤器(图 5-45 所示的过滤器 1)可使系统中所有元件都得到保护。但要求滤油器有较大的通油能力和较小的阻力(不大于 10^4 Pa),否则将造成液压泵吸油不畅,或出现空穴现象,所以一般都采用过滤精度较低的网式过滤器。而且液压泵磨损产生的颗粒仍将进入系统,所以这种安装方式实际上主要起保护液压泵的作用。

将过滤器安装在泵出口的高压油路上(图 5-45 所示的过滤器 2),可以保护除液压泵以外的其他液压元件。由于过滤器在高压下工作,滤芯及壳体应能承受系统的工作压力和冲击压力,压力降应不超过 3.5×10^4 Pa。为了防止过滤器堵塞而使液压泵过载或引起滤芯破裂,过滤器应安装在溢流阀的分支油路之后,或与滤油器并联一个顺序阀。

安装在回油路上的过滤器(图 5-45 所示的过滤器 3),可采用强度较低的过滤器,而且允许过滤器有较大的压力损失。它对系统中的液压元件起间接保护作用,防止液压系统内部的锈蚀剥落物等进入油箱。为防备过滤器堵塞,也要并联安全阀。

还可以在溢流阀的旁油路上安装过滤器(图 5-45 所示的过滤器 4),此时也需要有一个安全阀与之并联,以防止堵塞。这时过滤器通过的只是系统的部分流量,可降低过滤器的容量。这种安装方式还不会在主油路上造成压力损失,过滤器也不承受系统的工作压力,但不能保证杂质不进入系统。

可以用一个液压泵和过滤器组成一个独立于液压系统之外的过滤回路(图 5-45 所示的过滤器 5)。它与主系统互不干扰,可以不断地清除系统中的杂质。它需要增加单独的液压泵,以适用于大型机械的液压系统。

在液压系统中,为了获得好的过滤效果,可以选中上述的一种或几种位置来安装过滤器。对于一些重要元件(如调速阀等),一般在它们之前安装一个精过滤器来保证它们正常工作。

5.5.2 蓄能器

蓄能器是把压力油的压力能储存在耐压容器中,在需要时再将其释放出来的一种装置。也就是在蓄能器中能够储存一定体积的压力油。

(1)蓄能器的作用

蓄能器可以作为短时压力油源使用。图 5-46(a)所示为蓄能器的图形符号,图 5-46(b)所示的液压系统在溢流阀入口处并联安装一个蓄能器。当液压缸不工作时,液压泵的压力油进入蓄能器被储存起来,当液压缸工作时,蓄能器和液压泵将同时供油,可使液压缸获得短时快速运动。

蓄能器常在液压系统的保压回路中实现保压。在实现保压时,液压泵卸荷,由蓄能器把原来储存的压力油不断释放出来,补偿系统泄漏,以维持系统压力。图 5-46(c)所示是蓄能器用于夹紧油路的情况,图中单向阀用来防止液压泵卸荷时蓄能器的压力油回流溢流阀。由于泄漏,当蓄能器压力降低时,溢流阀复位,液压泵重新向蓄能器供油。

蓄能器也常用于吸收液压冲击,以减小振动,避免冲击压力过高时造成元件的损坏。对于一些要求液压泵供油压力恒定的液压系统,可在液压泵的出口处安装蓄能器,以吸收液压泵的压力脉动,如图 5-46(d)所示。用来吸收冲击压力的蓄能器应尽可能设计安装在靠近冲击源的地方。

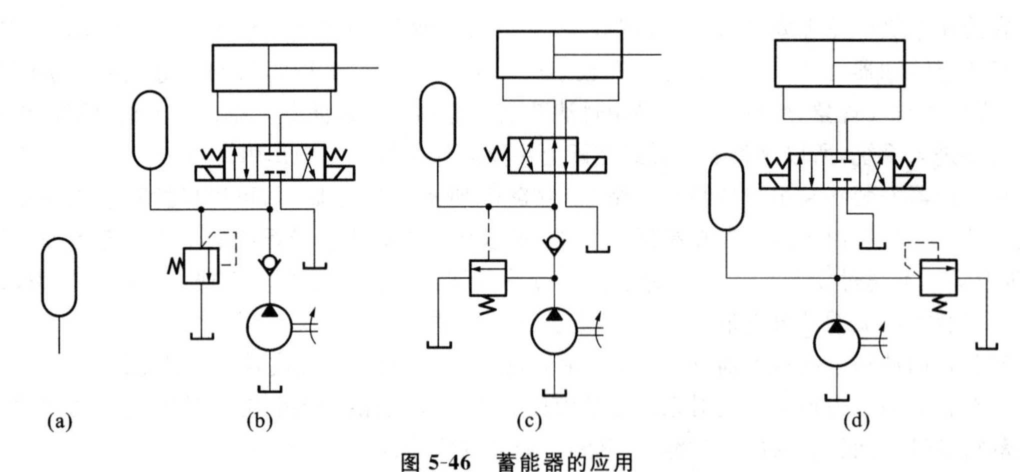

图 5-46 蓄能器的应用

(a)图形符号；(b)、(c)、(d)工作原理图

(2)蓄能器的种类

目前在液压系统中被广泛使用的是充气式蓄能器，特别是气囊式蓄能器。充气式蓄能器是利用压缩气体储存能量。为了安全起见，所充气体常采用惰性气体(一般为氮气)。

较常用的蓄能器有活塞式蓄能器和气囊式蓄能器。

图 5-47 所示为活塞式蓄能器。它利用活塞使气体与油液隔离，以阻止气体进入油液，活塞随着油压的增减在缸筒内上下移动。这种蓄能器的特点是结构简单，气、油隔离，油液不易氧化，工作可靠，安装维护方便，寿命长。但缸筒和活塞制造精度高，而且活塞惯性大，与缸筒有摩擦，故反应不灵敏，容量小。

图 5-48 所示为气囊式蓄能器。壳体 2 是两端呈球形的圆柱体。壳体上部装有一个充气阀 1，充气阀的下端与固定于壳体顶部完全封闭的气囊 3 相连。气囊由具有伸缩性的耐油橡胶制成。蓄能器工作前，充气阀打开，向气囊充气。蓄能器工作时，充气阀则始终关闭。

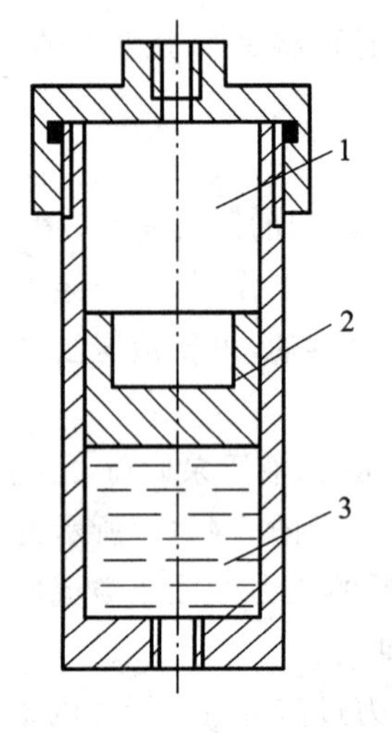

图 5-47 活塞式蓄能器

1—气体；2—活塞；3—液压油

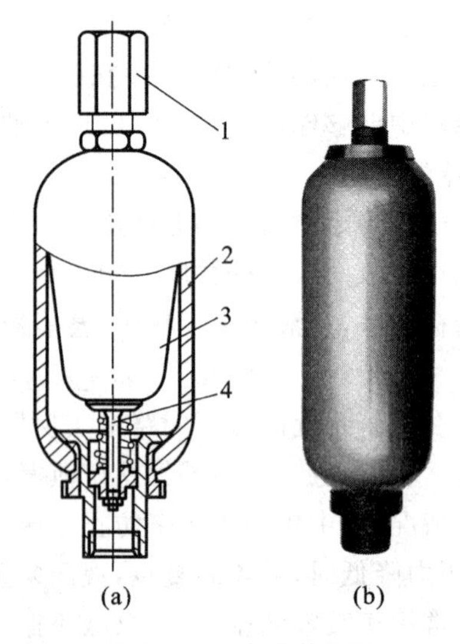

图 5-48 气囊式蓄能器

(a)结构图；(b)外观示例图片

1—充气阀；2—壳体；3—气囊；4—菌形提升阀

壳体下部有一个受弹簧作用的菌形提升阀4，其作用是防止油液全部排出时，气囊受气压的作用而被挤出壳体之外。这种蓄能器的特点是气体与油液完全隔离，不存在漏气问题，而且气囊的惯性小，因此反应灵敏、容易维护、重量轻、尺寸小、工作可靠、容易安装，是目前使用最为广泛的一种蓄能器。它的缺点是气囊和壳体制造困难。气囊有折合型和波纹型两种。前者容量较大，适用于蓄能，后者则适合于吸收冲击压力。

5.5.3 油箱及其附件

油箱的主要功用是保证供给系统充足的工作油液，此外还起着稳定油液温度（在环境温度较高时散发油液中的热量，在环境温度较低时保持油液中的热量），逸出油中的气体，沉淀油液中的污物等作用。

液压系统中的油箱有整体式和分离式两种。整体式油箱是利用主机机身的内腔作为油箱，这种油箱结构紧凑，不占空间，漏油易于回收，但增加了机身结构的复杂性，维护不便，散热不良，由于温度升高可能引起主机热变形。农业机械特别是在拖拉机上常常利用变速箱或齿轮箱作为液压系统的油箱，这种油箱就是整体式油箱。分离式油箱是设置一个与主机分开的单独油箱，这样可以减少温升和振动对主机工作精度的影响，精密机床一般采用这种类型。

图5-49所示为分离式油箱的结构简图。隔板7是阻挡沉淀物进入吸油管，隔板9是阻挡泡沫进入吸油管。滤油网2兼起过滤空气的作用。

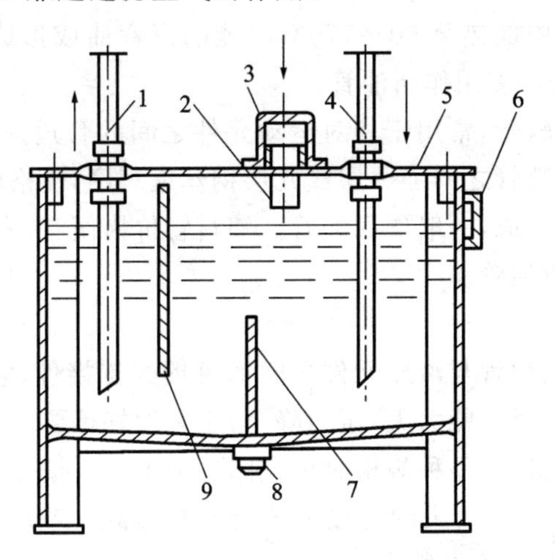

图5-49 分离式油箱结构简图

1—吸油管；2—加油和通气滤网；3—注油口盖；4—回油管；
5—油箱上盖；6—油面指示器；7、9—隔板；8—放污口

在设计油箱时，要保证油箱有足够的容量。油箱的有效容积 V 一般可以按液压泵的额定流量估计出来，在低压系统中 V 取液压泵额定流量的2～4倍，在中压系统中取5～7倍，在高压系统中取6～12倍。具体计算方法可参阅有关手册。

油箱的吸油管和回油管的设计和安装应尽量相距远些，两管之间最好用隔板隔开，使油液有充足的时间分离气泡，沉淀杂质，散发热量。隔板的高度约为油面高度的3/4。

吸油管入口处要装粗过滤器，过滤器进油口油管必须始终浸没在油中，以免吸入空气和气泡，但也不能距箱底和箱壁太近，以便油流畅通。回油管也应插入油面下，以避免将空气带入

油中，管口应切成45°角，以增大排油面积，降低流速，减小冲击和振动。切口应面向箱壁，以利于散热。若回油管流量很大，可将回油管出口置于斜槽上，以降低流速。泄油管不应插入油中，以免增加泄油处的背压。

油箱内壁应涂上耐油的防锈材料，或进行表面防锈处理，以延长寿命和减少油液污染。油箱应便于清洗和维护。为便于排放污油，油箱底应适当倾斜，并与地面保持一定距离。在箱底最低处安装放油阀或放油塞，油箱结构还应考虑能方便地拆装过滤器和清洗内部。油箱侧壁应安装观察油面高低的油面指示器。

5.5.4 油管与管接头

(1)油管

液压系统中使用的油管有钢管、紫铜管、尼龙管等多种，应根据连接元件的相对位置、使用环境和工作压力来正确选用。

钢管、紫铜管、尼龙管属于硬管，用于连接相对位置不变的固定元件。

钢管能承受高压，价格便宜，耐油、抗腐蚀性和刚性都很好。但装配中不易弯曲，适用于易于装配的压力管道。

紫铜管刚度小，易于弯曲，在装配时可有少量变形，故便于装配。其缺点是承压能力低(一般不超过6.5～10MPa)，价格较贵，抗震能力差，又易使油液氧化，应尽量少用。

尼龙管的特点是在油中加热至60～170℃时能随意弯曲或形成扩口，冷却后形状固定不变，耐压能力为2.5～8MPa，多用作回油管。

橡胶管和塑料管属于软管，常用于相对运动元件之间的管道连接。橡胶管分高压和低压两种。高压橡胶管是在橡胶管之间加一层或几层钢丝编制网，价格较高，用于高压系统。低压橡胶管由耐油橡胶夹帆布制成，一般作回油管。塑料管价格便宜，安装方便，但承载能力低、易老化，只适用于回油管或泄油管。

(2)管接头

管接头是油管与油管、油管与液压元件之间的可拆式连接件，它应符合拆装方便，连接牢固，密封可靠，外形尺寸小，通油能力大，压力降小，工艺性好等要求。

管接头的种类很多，在选用品种规格时可查阅有关手册。按接头的通路分，有直通、角通、三通、四通等形式；按油管与管接头的连接方式分有焊接式、卡套式、扩口式、快换式等形式。表5-4列出了常用管接头的类型及特点。

表5-4 管接头的类型和特点

类型	结构图	特 点
扩口式管接头	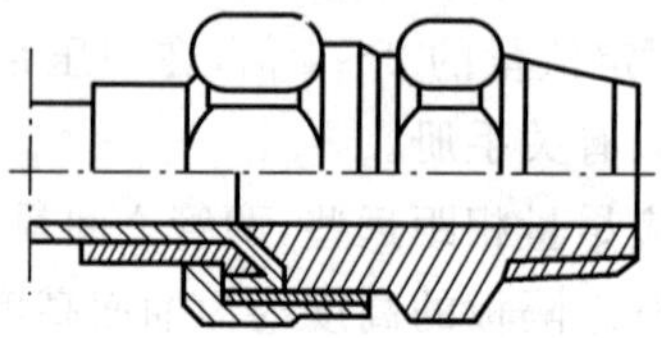	利用管子端部扩口进行密封，不需其他密封件。适用于薄壁管件和压力较低的场合

续表 5-4

类型	结构图	特　点
焊接式管接头		把接头与钢管焊接在一起，端面用O形密封圈密封，对管子尺寸精度要求不高。工作压力可达31.5MPa
卡套式管接头		利用卡套的变形卡住管子并进行密封。轴向尺寸控制不严格，易于安装。工作压力可达31.5MPa。但对管子外径及卡套制作精度要求较高
球形管接头		利用球面进行密封，不需要其他密封件，但对球面和锥面加工精度有一定要求
扣压式管接头（软管）		管接头由接头外套和接头芯组成，软管装好后再用模具扣压，使软管得到一定的压缩量。此种结构具有较好的抗拔脱和密封性能
可拆式管接头（软管）		将外套和接头芯做成六角形，便于经常拆装软管；适用于维修和小批量生产。这种结构装配比较费力，只用于小管径连接
伸缩管接头		接头由内管和外管组成，内管可在外管内自由滑动，并用密封圈密封。内管外径必须进行精密加工。适用于连接两元件有相对直线运动时的管道

习　题

5-1　单向阀和液控单向阀在液压系统中有哪些应用？

5-2　何谓换向阀的“位”与“通”？画出三位四通电磁换向阀、二位三通机动换向阀及三位五通电液换向阀的图形符号。

5-3　什么是中位机能？能使液压泵卸荷的中位机能有哪几个？分析三位四通换向阀P型中位机能的作用与特点。

5-4　先导式溢流阀主阀芯上的阻尼小孔被堵塞，会出现什么现象？先导锥阀小孔被堵塞，又会出现什么现象？

5-5 先导式溢流阀、减压阀和顺序阀在外观上无法区别的情况下，它们的铭牌已无法辨别，如何不拆阀而判断出溢流阀、减压阀与顺序阀？

5-6 在图 5-50 所示两个液压系统中，各溢流阀的调整压力分别为 $p_A=4\text{MPa}$，$p_B=3\text{MPa}$，$p_C=2\text{MPa}$，若系统的外负载趋于无限大时，泵出口的压力各为多少？

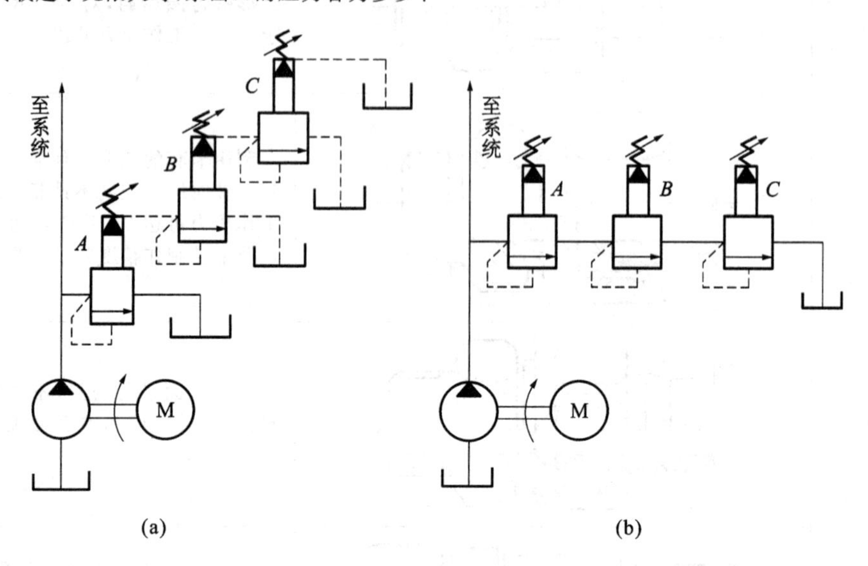

图 5-50 习题 5-6 示意图

5-7 在图 5-25 所示的减压回路中，溢流阀 2 的调整压力为 5MPa，减压阀 3 的调整压力为 2.5MPa。试分析下列各种情况，并说明减压阀的阀口处于什么状态：

(1)夹紧缸在夹紧工件前作空载运动时，不计摩擦阻力和压力损失，A、B、C 三点的压力各为多少？

(2)夹紧缸夹紧工件后，主油路截止时 A、B、C 三点的压力各为多少？

(3)工件夹紧后，当主系统工作缸快进时，主油路压力降到 1.5MPa，这时 A、B、C 三点的压力各为多少？

5-8 图 5-51 所示的液压系统，两液压缸的活塞面积 $A_1=A_2=100\times10^{-4}\text{m}^2$，缸Ⅰ的负载 $F_1=3.5\times10^4\text{N}$，缸Ⅱ运动时负载为零(计算时不计摩擦阻力、惯性力和管路损失)。溢流阀、顺序阀和减压阀的调整压力分别为 4.0MPa，3.0MPa 和 2.0MPa。求下列三种情况下 A、B、C 三点的压力：

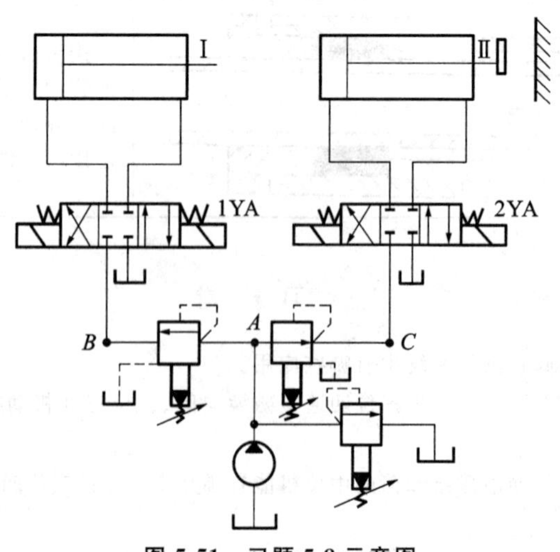

图 5-51 习题 5-8 示意图

(1)液压泵启动后，两换向阀处于中位；

(2)电磁铁 1YA 通电，液压缸Ⅰ的活塞移动时及活塞运动到终点时；

(3)电磁铁 1YA 断电、2YA 通电，液压缸Ⅱ的活塞移动时及活塞杆碰到固定挡铁时。

5-9 说明调速阀的工作原理及其工作条件。

5-10 试分析图 5-52 所示液压系统的工作情况，并说明其中 A、B、C、D、E、F 各元件分别起什么作用？

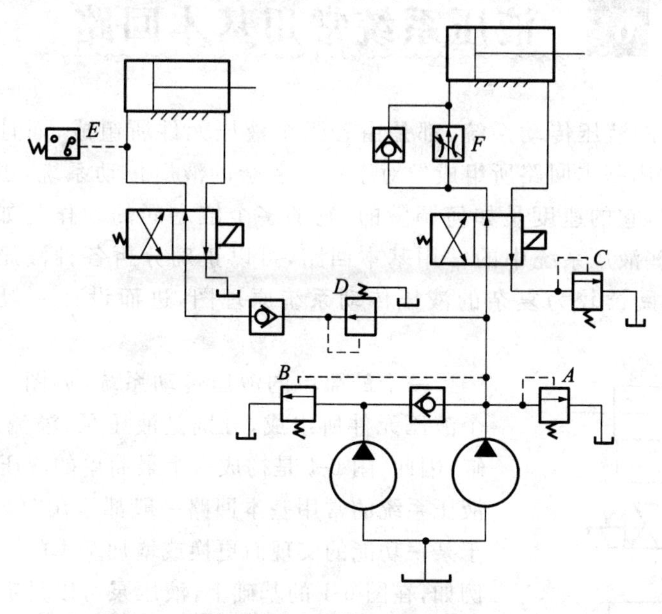

图 5-52 习题 5-10 示意图

5-11 过滤器有哪几种类型？一般的安装位置有哪些？

5-12 蓄能器的主要作用有哪些？

6 液压系统常用基本回路

任何一个具体的液压传动系统，都是由若干个液压元件所组成，而且也总是由一些能完成一定功能的常用基本回路所组成。对于一个复杂的液压传动系统，也总是不外乎它的压力是如何控制的，它的速度是如何调整的，它的多个缸之间的动作是如何控制的等。因此，掌握和了解一些液压系统中的常用基本回路，可以正确分析各种液压传动系统的工作原理和工作过程，阅读较为复杂的液压传动系统原理图，进而设计一般常用的液压传动系统。

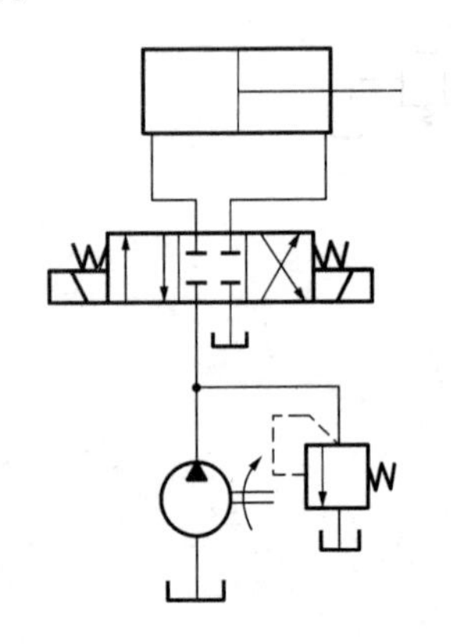
图 6-1 最简单的液压传动系统

一个最简单的液压传动系统，如图 6-1 所示，由最少 4 个液压元件所组成，分别是液压泵、溢流阀、换向阀和液压缸，因此，图 6-1 是构成一个最简单的液压传动系统的框架。液压系统的常用基本回路一般都是在图 6-1 的基础上，侧重于某一功能的实现而更换或增加基本的液压元件来组成的。例如，在图 6-1 的基础上，液压泵可以是定量泵，也可以是变量泵；换向阀可以是图 6-1 所示的三位四通 O 型中位机能的电磁换向阀，也可以是其他中位机能的三位四通阀，或者是二位四通阀等；液压缸可以是单出杆缸，或者是双出杆缸，或者是液压马达等；在图 6-1 的基础上，可以增加节流阀或调速阀，以实现速度调节等。

6.1 压力控制回路

液压系统中的压力控制一般靠压力控制阀来实现，如溢流阀、减压阀等。利用压力控制阀可以控制液压系统的最高工作压力，所控制的压力是在负载决定的压力范围之内。压力控制回路包括调压、减压、增压、卸荷、保压及平衡等回路。

在第 5 章中介绍溢流阀、减压阀和顺序阀等的应用时，已经了解到调压、远程调压、减压和平衡等最基本的回路。在此基础上再进一步了解液压系统中常用的卸荷回路。

在液压缸或液压马达短时间停止工作时，为了不频繁启停电动机，延长泵及电动机的使用寿命，减少功率损耗，一般采用让泵空载运转的卸荷回路。

卸荷是指液压泵输出流量不停止，但输出功率为零或接近于零，基本原理就是在液压缸或液压马达暂时停止工作时，让液压泵的出口直接通油箱，使液压泵的出口压力为零或接近于零（考虑到管路的压力损失）。

6.1.1 用三位四通电磁换向阀的中位机能卸荷

在图 6-1 的基础上，将三位四通换向阀的中位机能选为 M、H 或 K 型的其中之一，实现液压泵的卸荷。在不增加任何液压元件的基础上，图 6-2(a)、(b)、(c)所示分别为选用 M、H、K 型中位机能的三位四通电磁换向阀组成的卸荷回路，当液压缸短时间停止工作时，三位四通换向阀工作在中位状态，则泵输出的油液经换向阀直接回油箱。这时液压泵的流量不变，出口压力下降到几乎为零(仅克服换向阀及管道的损失)，液压泵处于卸荷状态。

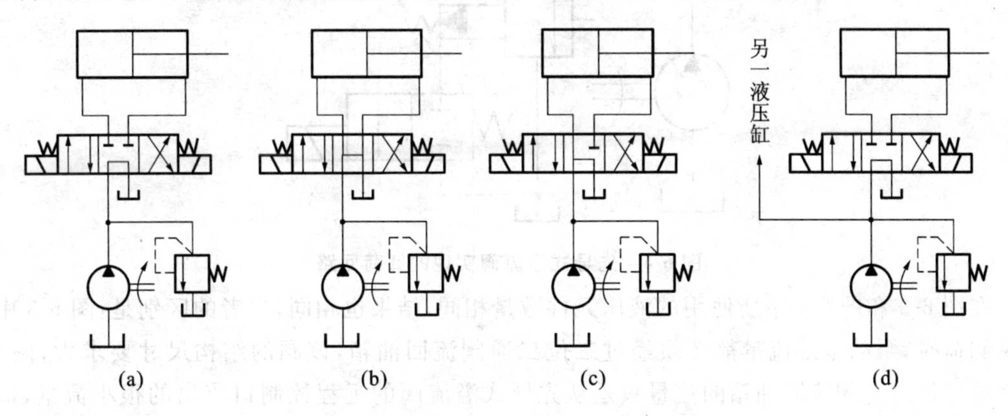

图 6-2 用三位四通电磁换向阀的中位机能卸荷

这种卸荷方法简单，但切换时压力冲击较大，并且不能用于一个液压泵驱动两个或两个以上执行元件的系统。图 6-2(d)所示为一个液压泵驱动两个液压缸时，一个缸在中位机能卸荷时，另一个液压缸将无法工作，也随之停止动作。

6.1.2 并联二位二通电磁阀的卸荷回路

如图 6-3 所示，用一个二位二通电磁阀与执行元件并联，当执行元件短时间停止运动时，或多个执行元件同时停止运动时，可使二位二通电磁阀处于接通位置，此时，泵输出的油液从该阀全部流回油箱，泵实现卸荷。选用的二位二通阀的流量规格要求与泵的流量相适应，该二位二通阀的结构尺寸较大。

该卸荷回路更加灵活，无论是单个液压缸的系统，或者是多个液压缸的系统都可以适用，克服了利用中位机能卸荷时，执行元件之间的相互影响。

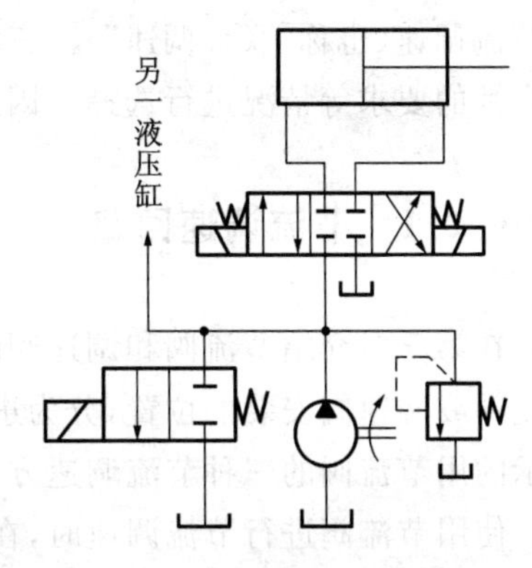

图 6-3 并联二位二通电磁阀的卸荷回路

6.1.3 用先导式溢流阀实现卸荷

图 6-4 所示是用先导式溢流阀远程控制口实施卸荷的回路。

先导式溢流阀的远程控制口在不使用时是堵塞的。如果将远程控制口接通油箱，则溢流阀丧失工作压力,液压泵处于卸荷状态。图 6-4 所示的二位二通电磁换向阀在电磁铁不通电时,先导式溢流阀远程控制口被堵塞,溢流阀处于正常调压状态;当二位二通电磁换向阀的电磁铁通电时,先导式溢流阀远程控制口接通油箱,溢流阀进口的压力丧失,液压泵卸荷。

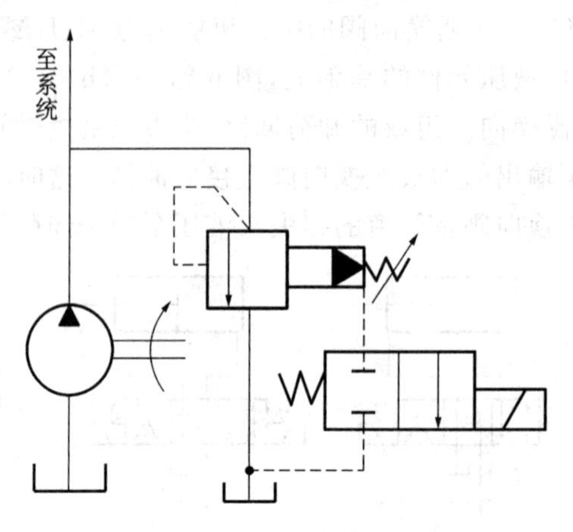

图 6-4 先导式溢流阀实现的卸荷回路

在图 6-3 和图 6-4 中所使用的液压元件数量相同,结果也相同,二者的区别是:图 6-3 中液压泵卸荷时,泵的全部流量都必须经过二位二通阀流回油箱,该阀的结构尺寸要求大;图 6-4 中经过二位二通阀流回油箱的流量只是从先导式溢流阀的远程控制口流出的很小流量,该阀的结构尺寸可以选择较小的。

6.2 调速回路

液压传动系统的执行元件调速时,主要使用的调速方案有三种:节流调速、容积调速和容积节流调速(也称"联合调速")。三种调速方案各有其优势与缺点,可以根据具体设备对速度稳定性的要求等情况进行选择。因此,应该对液压系统中的三种调速方案进行全面的了解。

6.2.1 节流调速回路

在第 5 章介绍节流阀和调速阀时,已经介绍了使用节流阀或调速阀的节流调速回路,根据节流阀或调速阀安装的位置,分为进油节流调速、回油节流调速和旁油节流调速,参见图 5-38 所示的用节流阀的三种节流调速方案。

使用节流阀进行节流调速时,在负载变化较大的液压系统中,速度稳定性不高。但使用调速阀进行节流调速时,速度稳定性很高,如图 6-5(a)所示。

在图 6-5(a)中,调速阀安装在换向阀和液压缸的进油口之间(为了使回油畅通,并联了一个单向阀);在图 6-5(b)中,调速阀安装在液压泵和换向阀之间。二者的区别在于,图 6-5(a)中进入液压缸的流量更加稳定,因为调速阀稳定调整的流量全部进入了液压缸;图 6-5(b)中,调速阀调整的流量很稳定,但经过换向阀后,因为换向阀的泄漏较大,造成实际进入液压缸的流量低于调速阀的流量,并且随换向阀的泄漏而变得不太稳定。

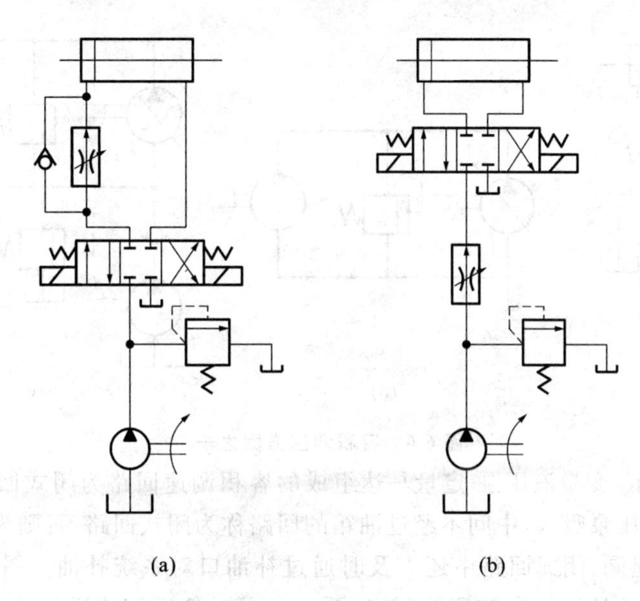

图 6-5 用调速阀的节流调速回路

节流调整方案的优势是速度稳定性好（采用调速阀）；缺点是节流损失和溢流损失大，存在较大的功率损失，系统发热大，系统效率较低。

6.2.2 容积调速回路

通过改变变量泵或变量马达的排量来进行调速的回路，称为容积调速回路。

在节流调速方案中，液压泵输出流量较大，执行元件实际需要的流量少于液压泵的流量，通过节流阀或调速阀来限制，多余的流量经溢流阀流失。因此，节流调速方案可以归纳为"供得多，用得少"。

容积调速方案采用变量泵或变量马达，通过改变泵或马达的排量来进行调速，液压泵输出的流量和执行元件实际需要的流量相同，没有多余的流量，不需要节流调整，因此，容积调速方案既无溢流损失，又无节流损失，可以归纳为"供多少，用多少"，系统发热小、效率较高。

容积调速方案的缺点是速度随负载的增加而下降，速度稳定性不太好。其主要原因是泵和马达的容积效率随负载的增加而增加。这种回路适用于功率较大但对速度稳定性要求不太高的大型机床、液压压力机、工程机械、矿山机械等设备。

容积调速方案可以组合成三种回路：变量泵与定量执行元件（液压缸或液压马达）、定量泵与变量液压马达、变量泵与变量液压马达。

（1）变量泵-液压缸或定量马达的容积调速回路

图 6-6(a)所示为变量液压泵和液压缸组成的容积调速回路，图 6-6(b)所示为变量液压泵和定量液压马达组成的容积调速回路。

图 6-6(a)所示的变量液压泵-液压缸组成的容积调速回路中，当改变回路中变量泵的排量时，即可调节液压缸的运动速度。由于液压泵输出的流量全部到达液压缸，该回路中的溢流阀是起安全作用的，在系统正常工作时它并不打开，该阀主要用于防止系统过载。该调速回路常用于拉床、插床、压力机及工程机械等大功率的液压系统中。

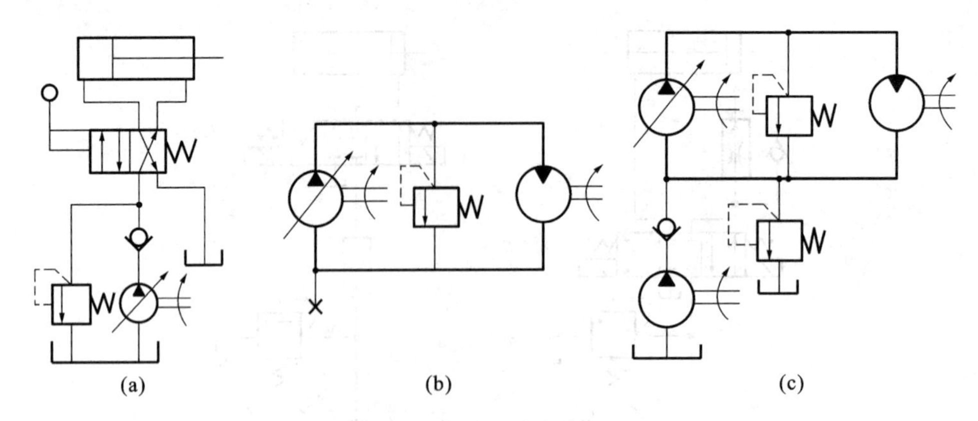

图 6-6 容积调速方案之一

如图 6-6(b)所示，变量液压泵-定量马达组成的容积调速回路为闭式回路(即油液从执行元件排出，直接由液压泵吸入，中间不经过油箱的回路称为闭式回路，否则为开式回路)。由于泵和马达都存在外泄漏，闭式回路中还需及时通过补油口对系统补油。图 6-6(c)是对图 6-6(b)所示的闭式回路的补油的完整回路，补油泵一般是对低压管路进行补油。调节泵的排量即可调节马达的转速。该回路的调速范围较大，速比可达 40，常见于工程机械和塑料机械的液压系统中。

(2)定量泵-变量马达的容积调速回路

图 6-7(a)所示为定量泵-变量马达组成的容积调速回路，该回路也是闭式回路，液压泵输出的流量是一定值，调整变量马达的排量，马达的转速即可调整。同样，该闭式回路也需要考虑到油液泄漏后的补油，图 6-7(b)所示为加上补油泵及补油溢流阀所组成的带补油油路的定量泵-变量马达的容积调速回路。

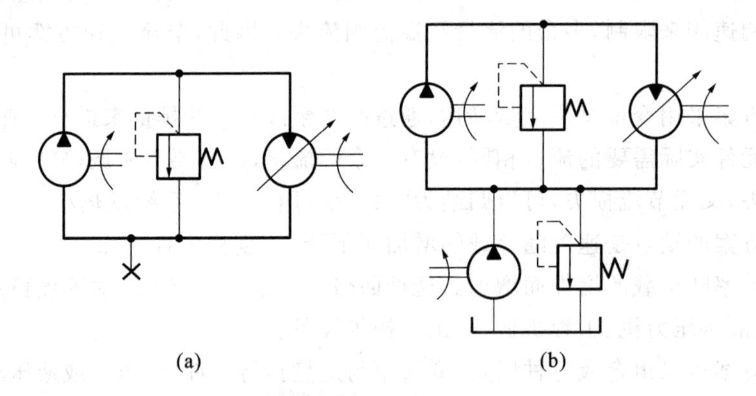

图 6-7 容积调速方案之二

在介绍液压泵和液压马达时，已经介绍了它们的容积效率问题，因此，无论是定量泵或变量泵，还是定量马达或变量马达，都存在着容积效率，即随着负载的变化，泵的流量会变化，液压马达的速度也随之不够稳定，这就是容积调速方案的主要缺点之一。

(3)变量泵-变量马达的容积调速回路

图 6-8 所示为用变量泵-变量马达组成的容积调速回路，变量泵的排量由小到大，可以调高液压马达的转速，变量马达的排量由大到小，也可以调高液压马达的转速。

图 6-8 所示的双向变量泵 1 既可以改变流量大小，又可以改变供油方向，用以实现双向液

压马达2的速度调整和正反转。由于液压泵和液压马达的排量都可改变，因此该回路的调速范围扩大，速比可达100。补油泵4和溢流阀5组成补油油路，单向阀6和7起双向补油作用，使补油泵自动地向低压一侧补油。单向阀8和9则使安全阀3能在两个方向上起过载保护作用。

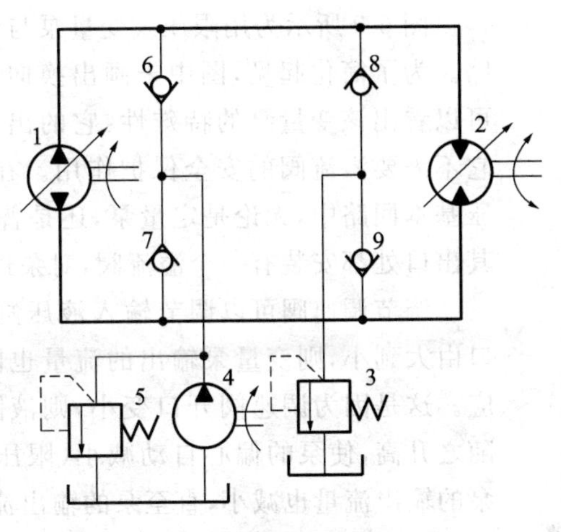

图 6-8 容积调速方案之三

1—双向变量泵；2—双向液压马达；3—安全阀；4—补油泵；5—溢流阀；6、7、8、9—单向阀

这种调速回路实际是前两种容积调速回路的组合。在调速过程中一般分成两个调速阶段。

第一阶段，在低速段先通过改变变量泵的排量来调速，这时应首先将马达的排量固定在最大值，然后调节变量泵的排量使其从小到大逐渐增加。此时液压马达的转速也随之从低到高逐渐增加，直到泵的排量达到最大值为止。在这个调速过程中，液压马达的最大输出转矩不变，而输出功率逐渐增加，所以这一阶段属于恒转矩调速。

第二阶段，在高速段利用改变变量马达的排量来调速。这时应先使泵的排量固定在最大值，然后再调节变量马达的排量，使其从最大值逐渐减小到最小值。此时马达的转速继续升高，直到马达容许的最高转速为止。在这个过程中，液压马达的最大输出转矩由大变小，而输出功率却保持不变。所以这一阶段属于恒功率调速。

变量泵-变量马达组成的容积调速方法可以满足多数设备，在低速运转时要求输出大转矩，在高速运转时又要求输出恒功率，且工作效率要求较高的场合，因此广泛应用在各种行走机械、机床的主运动等大功率机械上。

6.2.3 容积节流调速回路

从上述节流调整和容积调速的介绍中，可以了解到节流调速和容积调速都有各自明显的优点和缺点。节流调速的优点是速度稳定性很好，而容积调速的速度稳定性不太好；节流调速的损失大、发热大、效率较低，而容积调速的优点却是损失较小、效率较高。

如果希望液压系统在调速时，既有很好的速度稳定性，又能够发热较少、效率较高，就可以采用容积节流调速的方案，将节流调速的优点和容积调速的优点结合在一起，因此该调速方案也被称为“联合调速”。

容积节流调速方案是用变量泵与流量阀组成的一种调速回路。这种回路无溢流损失，其效率比节流调速回路的高，又可改善低速稳定性。因此常用于空载时需快速，承载时需稳定低速的各种中等功率机械设备的液压系统中。特别需要注意的是，容积节流调速中使用的变量泵必须具有特殊性能，例如限压式变量泵，而不是普通的变量泵。

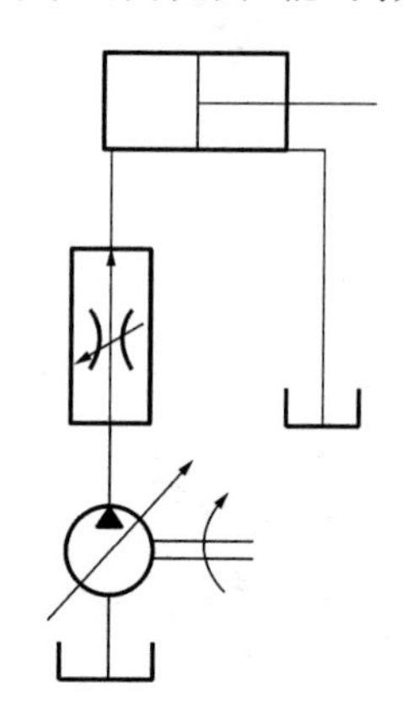
图 6-9 限压式变量泵和调速阀组成的联合调速回路

图 6-9 所示为用限压式变量泵与调速阀组成的联合调速回路。为了简化起见，图中未画出换向阀等液压元件。从图 6-9 可以看出该变量泵的特殊性：它的出口没有安装溢流阀，说明它不需要溢流阀的安全保护作用。在此之前的几乎所有的液压基本回路中，无论是定量泵，还是普通的变量泵（图 6-6 等），其出口处都安装有一个溢流阀，对泵进行安全保护。

调节调速阀可以调节输入液压缸的流量。如果调速阀开口由大到小，则变量泵输出的流量也随之由大变小，与之相适应。这是因为调速阀开口变小，则液阻增大，泵的出口压力也随之升高，使泵的偏心自动减小（限压式变量泵的特点），所以泵的输出流量也减小，直至泵的输出流量等于调速阀允许通过的流量为止。如果限压变量泵的流量小于调速阀调定的流量，则泵的压力将降低，使泵的偏心自动增大，泵的输出流量增大到与调速阀调定的流量相适应。这里，调速阀除了稳定进入液压缸的流量外，还可使泵的输出流量和液压缸所需流量相适应。也就是说，进入液压缸的流量是由调速阀决定的，速度稳定性得到了保证；限压式变量泵根据调速阀流量的大小，自动调整其输出流量并与之相适应，没有多余的流量，也就没有溢流损失，系统的效率相对较高。

如果说节流调速是“供得多、用得少”，容积调速是“供多少、用多少”，那么容积节流调速就是“用多少、供多少”。

6.3 快速运动回路

在液压缸或液压马达带动负载工作时，用一种调速方案对其进行调速，此时的运动速度一般称为工作进给速度，也称为工进或慢速运动。当液压缸在空载时，例如接近工件的过程中，或工作进给结束以后的退回过程中，要求作快速运动，以提高生产率。实现这一要求的回路，称为快速运动回路。

常见的快速运动回路有多种，这里介绍两种常见的实现快速运动的方法。

6.3.1 液压缸差动连接的快速运动回路

图 6-10(a)所示为液压缸差动连接实现快速运动的回路。当二位三通电磁换向阀的电磁铁断电时，单出杆液压缸的有杆腔和无杆腔相连通，为差动连接状态；当该换向阀的电磁铁通电时，差动连接断开。当液压缸差动连接时，在流量相同的情况下，其运动速度将明显提高，此时活塞上的有效推力相应减小，因此，差动连接一般适用于空载时的快速运动。

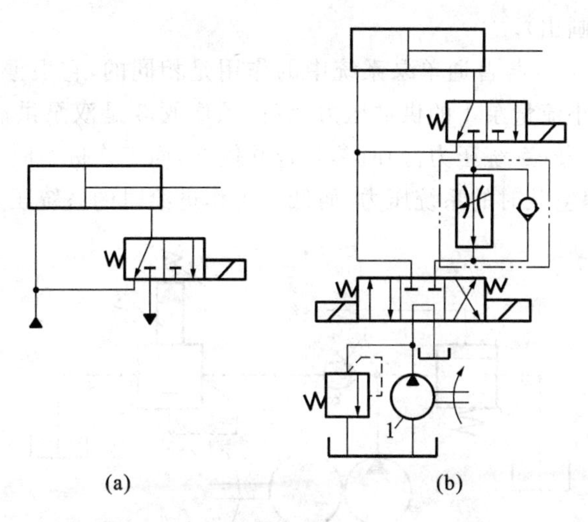

图 6-10 液压缸差动连接的快速回路

图 6-10(b)所示为利用差动连接实现快速运动的一个完整的液压传动系统图。在该系统中,当液压缸暂停动作时,利用三位四通主换向阀的 M 型中位机能实现泵的卸荷;当三位四通主换向阀左侧电磁铁通电时,压力油进入液压缸的无杆腔,此时如果二位三通换向阀的电磁铁断电,即为差动连接状态,液压缸的活塞以较快的速度前进(称为"快进"),如果二位三通换向阀的电磁铁通电,则断开差动连接,有杆腔的回油必须经过调速阀,形成回油路节流调速,液压缸的活塞以调定的速度继续前进(称为"工进");当三位四通主换向阀右侧电磁铁通电且二位三通换向阀的电磁铁也通电时,压力油经主换向阀、单向阀(绕过调速阀)、二位三通阀进入液压缸的有杆腔,液压缸的活塞以较快的速度退回(称为"快退")。

从图 6-10(b)中可以看出,一个较为完整的液压系统中,包含着压力控制、换向控制、调速回路、卸荷回路、快速运动等基本部分,组合在一起才能完成一个较为完整的控制过程。在该回路中实现了液压缸的"快进—工进—快退—停止"的工作循环。

6.3.2 双泵供油的快速运动回路

利用差动连接实现的快速运动方法,简单而实用,但是它有两个局限性,一是只能针对单出杆液压缸,对于双出杆液压缸则不存在"差动连接";二是速度提高的幅度有限,无法满足更高的快速运动系统的要求。

利用双泵供油的快速运动回路如图 6-11 所示,实现方法就是在需要快速运动时,双泵一起给执行元件提供合二为一的大流量,在不需要快速运动时,让一个泵给执行元件提供小流量,让另一个泵卸荷。图 6-11 所示的液压泵 1 为高压小流量泵(该泵始终给系统供油),液压泵 2 为低压大流量泵(快速时给系统供油,慢速时该泵卸荷)。

当系统中执行元件在空载快速运动时,系统压力较低,液控顺序阀 3 不能打开,大流量泵 2 的压力油只能经单向阀 4,和小流量泵 1 的供油合并,共同向系统供油,执行元件获得最大流量,达到快速运动的目的;当执行元件承受负载开始工作进给时,系统压力升高,液控顺序阀 3 被打开,大流量泵 2 的输出油液经打开的液控顺序阀 3 流回油箱,处于卸荷状态,单向阀 4 左侧低压右侧高压被关闭,此时系统只由小流量泵 1 单独供油,作慢速进给运动(系统可采用节流调速等方案,图中未画出)。

在图 6-11 中,溢流阀 5 与普通单泵系统中的作用是相同的,它根据系统工作时所需的最大压力来调整,并调节小流量泵 1 的供油压力;液控顺序阀 3 是双泵供油的关键元件之一,它使大流量泵 2 在快速空载(系统压力低)时参与合并供油,而工作进给时(系统压力高)卸荷,它的调整压力应高于快速空载时的系统压力,而低于工作进给时的系统压力。

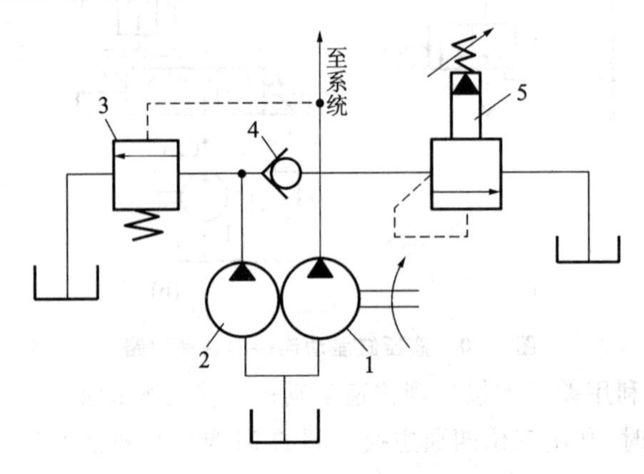

图 6-11 双泵供油的快速运动回路

1、2—液压泵;3—液控顺序阀;4—单向阀;5—溢流阀

用双泵供油实现快速运动的回路功率损失小,效率较高,但双泵的成本相对较高。在组合机床、注塑机等设备的液压系统中经常使用。

6.4 速度换接回路

液压系统的执行元件在完成的一个自动工作循环中,需要进行速度的换接。例如,从快进自动换接为工进;从第一工进速度换接为第二工进速度;从进给换接为退回等。对于速度换接,要求换接平稳、换接冲击性小、换接位置精度高,而且要求实现自动换接。

6.4.1 快慢速换接回路

在液压系统中,液压缸由快进(快速)换接为工进(慢速),最常采用电磁换向阀或行程阀来实现。

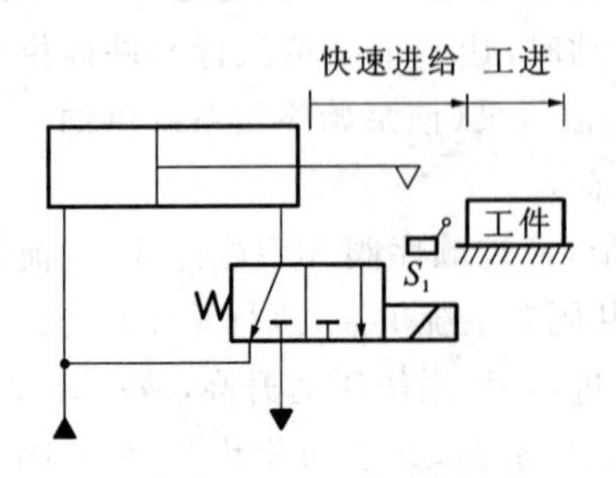

图 6-12 用电磁阀实现快慢速的换接回路

在图 6-10 所示的一个较为完整的液压系统中,快速运动是通过差动连接方法来实现的,慢速工进是通过回油路上节流调速来实现的,快速—慢速的换接是通过二位三通电磁换向阀的断电—通电来进行的。如果该液压缸带动着刀架对工件表面进行加工,如图 6-12 所示,在接近工件并未开始加工的过程中,组成差动连接,实现快速进给;当即将接近工件的过程中,通过碰触行程开关 S_1,让二

位三通电磁换向阀的电磁铁通电，差动连接断开，开始工作进给。行程开关 S_1 的安装位置灵活可调，快慢速换接实现了自动换接。

采用电磁换向阀实现快慢速度的换接，其速度换接快，便于实现自动控制，但缺点是速度换接的平稳性较差，液压冲击较大。

采用行程阀实现的速度换接，如图 6-13 所示，因行程阀在被压下的过程中，其阀口是逐渐关闭的，因此速度的换接比较平稳，液压冲击小，与采用电气元件控制相比更可靠，但是行程阀必须安装在运动部件能够接触并压下的位置。

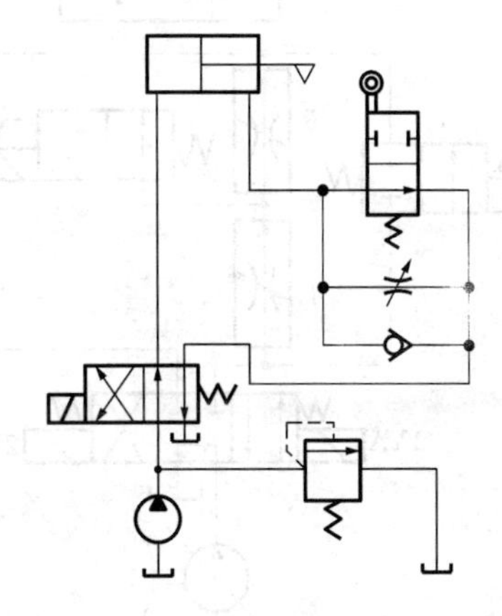

图 6-13 用行程阀实现快慢速的换接回路

在此要说明的是，“快进”的速度是相对于工进的慢速而言的。例如，图 6-13 所示的“快速”既没有采用差动连接，也没有采用双泵供油，而是通过二位二通行程阀接通，使回油绕过了节流阀，液压泵的输出流量能够全部进入液压缸内，此时液压缸的运动速度是相对“快”的。因此，在具体的液压系统中，快速运动的实现方法是多种多样的，只要满足系统的要求即可。

6.4.2 两种工作进给速度的转换回路

当液压缸在工作进给的过程中，需要两种工进速度时，一般是通过两个调速阀来分别预设调定好，在工作过程中迅速切换来实现两种工进速度的转换。两个调速阀在回路中安装使用时，有串联和并联两种方法。

(1)串联调速阀的二次进给回路

图 6-14 所示为用两个调速阀 A、B 串联，并与两个二位二通电磁阀 1、2 联合组成的二次进给回路。

当电磁铁 1YA、4YA 均通电时，压力油经二位二通电磁阀 1 绕过两个调速阀，直接进入液压缸左腔，使活塞向右相对快速的前进。

当电磁铁 1YA 继续通电，而 4YA 断电时，二位二通电磁阀 1 的通路被切断，压力油需先经调速阀 A 后，再经二位二通电磁阀 2 绕过调速阀 B，进入液压缸左腔，完成由快速转换为第一次工作进给，一工进的速度由调速阀 A 调定。

当电磁铁 1YA 继续通电、4YA 继续断电、3YA 通电时，二位二通电磁阀 2 的通路被切断，压力油先经调速阀 A 后，必须再经过调速阀 B，才能进入液压缸的左腔，实现第二次工作进给，二工进的速度由调速阀 B 调定。

必须注意，调速阀 B 的调定流量必须小于调速阀 A 的调定流量，否则二工进速度的转换不能实现。因为当两个调速阀串联时，油液通过的流量由流量小的调速阀来限定。这就是串联两个调速阀来进行两种工进速度转换的不足之处：一个工进速度必须大些，另一个工进速度必须小些。

(2)并联调速阀的二次进给回路

将两个调速阀并联安装，则两个调速阀各自的流量大小可以任意调定。图 6-15 所示为用

两个调速阀 A、B 并联，用二位三通电磁换向阀进行转换的二次进给回路。图中两个调速阀开口大小只要不同即可实现两种工进速度的转换，没有大小的限制。

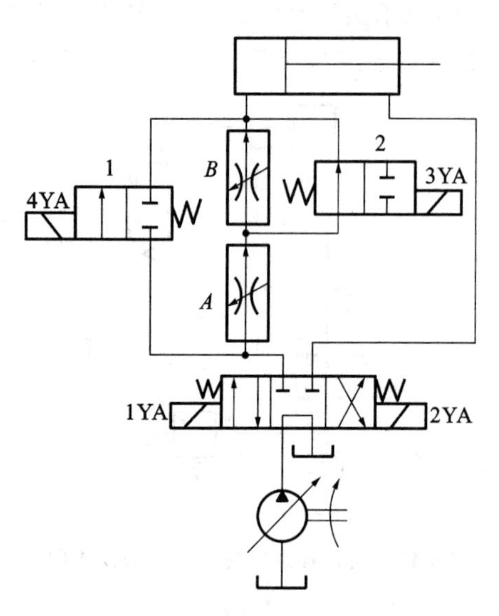

图 6-14 调速阀串联的二次进给回路

1、2—二位二通电磁阀

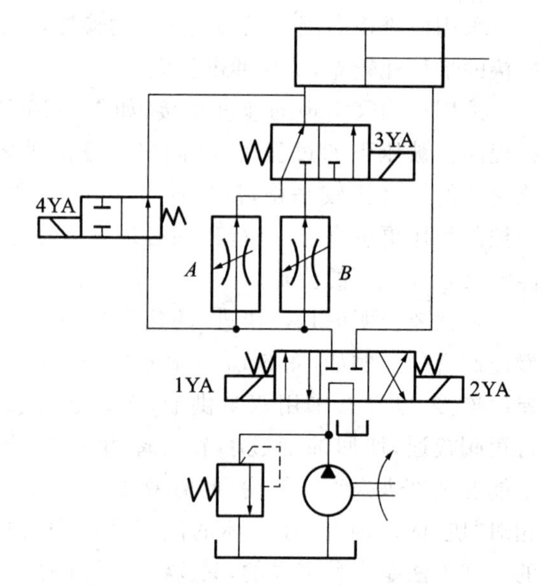

图 6-15 调速阀并联的二次进给回路

当电磁铁 1YA 通电、4YA 断电时，压力油经过二位二通换向阀，绕过两个调速阀，直接进入液压缸左腔，使活塞向右相对快速的前进。

当电磁铁 1YA 继续通电，4YA 也通电时，如果 3YA 断电，压力油经调速阀 A 和二位三通换向阀进入液压缸左腔，实现由快进向一工进的换接，一工进的速度由调速阀 A 调定；如果 3YA 通电，则调速阀 B 被选择并接入油路中，压力油经调速阀 B 和二位三通换向阀进入液压缸左腔，实现由一工进向二工进的转换，二工进的速度由调速阀 B 调定。

6.5 多缸动作回路

在液压系统中，如果由一个液压油源给多个液压缸输送压力油，这些液压缸之间会因为压力和流量的相互影响而在动作上相互牵制或相互干涉，所以必须使用一些特殊的回路才能实现预定的动作要求，例如顺序动作、同步动作等。

6.5.1 顺序动作回路

顺序动作回路的作用是使多缸液压系统中的各个液压缸严格地按规定的顺序动作。按照控制方式不同，顺序动作回路较为常用的有压力控制和行程控制两种。

(1)用压力控制的顺序动作回路

在第 5 章的顺序阀部分，已经对使用顺序阀实现顺序动作进行了介绍，见图 5-28。

图 6-16 所示是用压力继电器控制的顺序动作回路。两个液压缸的动作顺序通过在它们

的上边标注标号来实现，顺序动作是通过压力继电器对两个电磁阀的操纵来实现的。压力继电器的动作压力应高于前一动作的最高工作压力，以免产生错误动作。

在图 6-16 中，当电磁铁 1YA 通电后，压力油进入缸 *A* 左腔，其活塞右移实现动作①。

当缸 *A* 到达终点后系统压力升高，使压力继电器 1 动作，通过电气控制线路(液压系统图中不显示电气控制)使电磁铁 3YA 通电，此时压力油进入缸 *B* 左腔，缸 *B* 活塞右移实现动作②。

当电磁铁 3YA 断电，电磁铁 4YA 通电时，压力油开始进入缸 *B* 右腔，使其活塞先向左退回实现动作③。

当动作③结束，缸 *B* 退回到原位后，系统压力再次升高，压力继电器 2 开始动作，并通过电气控制线路，使电磁铁 1YA 断电、2YA 通电，此时压力油进入缸 *A* 右腔，使其活塞最后向左退回实现动作④。

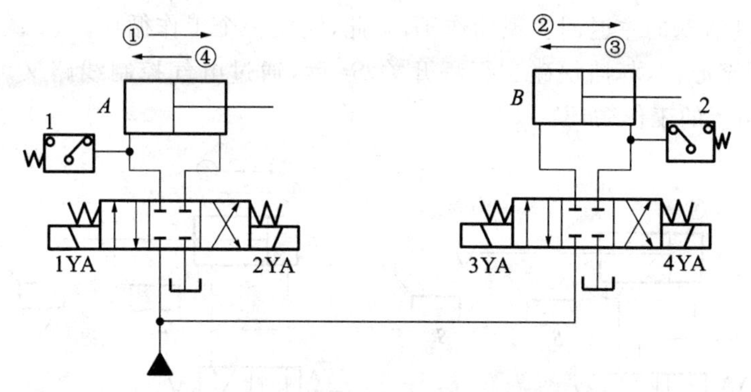

图 6-16　压力继电器控制的顺序动作回路

1、2—压力继电器

用压力继电器控制的顺序动作回路使用方便，顺序动作转换迅速且顺序可变。但压力继电器及其调定压力对回路工作可靠性有重大影响，可能会因为压力冲击或负载突变而出现误动作，一般用于继电器数量不多且负载较稳定的场合。

(2)用行程控制的顺序动作回路

图 6-17 所示是用行程换向阀实现的顺序动作回路。

当电磁阀通电时，压力油进入缸 *A* 左腔，其活塞右移实现动作①；当缸 *A* 活塞运动到预定位置时，其挡块压下行程阀后，压力油进入缸 *B* 左腔，其活塞右移实现动作②。当电磁阀断电换向时，压力油先进入缸 *A* 右腔，使其活塞左移退回实现动作③；当缸 *A* 上挡块离开行程阀之后，行程阀自动复位，压力油经行程阀进入缸 *B* 的右腔，使其活塞也左移退回实现动作④。

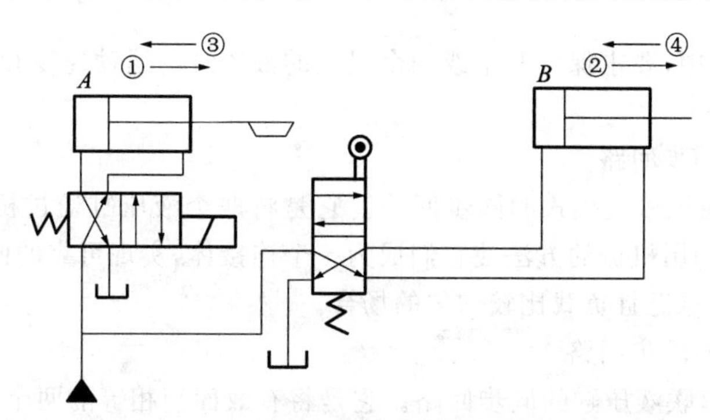

图 6-17　行程换向阀控制的顺序动作回路

该回路是通过挡块操纵行程阀，实现两缸的顺序动作，其动作可靠，不会产生误动作，顺序换向平稳，行程位置可调，但需要调整行程阀的安装位置，动作较难改变，主要用于专用机械的液压系统。

图 6-18 所示是用行程开关控制的顺序动作回路。

当电磁阀 1YA 通电处于左腔时，压力油先进入缸 A 左腔，其活塞右移实现动作①。

当缸 A 到达预定位置时，挡块碰到行程开关 S_2，通过电气控制线路，使电磁阀 2YA 通电处于左位工作状态，压力油即进入缸 B 左腔，其活塞向右移实现动作②。

当缸 B 到达预定位置时，挡块碰到行程开关 S_4，通过电气控制线路，使电磁阀 1YA 断电，压力油便进入缸 A 右腔，其活塞向左退回实现动作③。

当缸 A 退至原位后碰到行程开关 S_1 时，通过电气控制线路，使电磁铁 2YA 断电，压力油进入缸 B 右腔，其活塞向左退回实现动作④，至此，完成一个工作循环。

若缸 B 退回至原位，其挡块碰到行程开关 S_3 后，通过电气控制线路又可使电磁阀 1YA 重新通电，则开始新的工作循环。

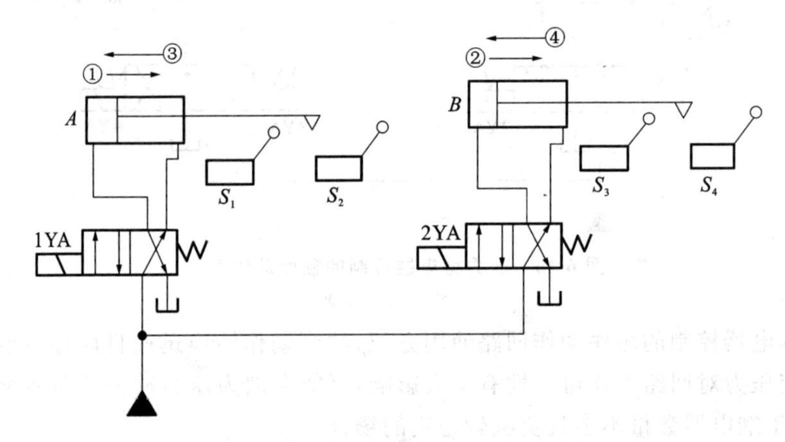

图 6-18 行程开关和电磁阀控制的顺序动作回路

该回路两个液压缸通过行程开关和电气控制线路，对电磁铁进行操纵以实现顺序动作。因为行程开关的位置移动很方便，其顺序动作及行程位置的调整方便灵活，回路简单，利用电气互锁使顺序动作可靠，易于实现自动控制，但顺序动作的转换平稳性较差。

6.5.2 同步运动回路

在一个液压系统中，要求保证两个或两个以上的液压缸的运动速度和位移相同，称为同步动作。

(1)机械连接式同步回路

图 6-19 所示是用机械连接式的同步回路。它是将两个液压缸通过机械装置(刚性固联)将活塞杆绑定在一起，用机械的方法使它们成为一个连接体，实现可靠的同步运动。这种回路适用于两液压缸相互靠近且负载比较均匀的场合。

(2)串联液压缸的同步回路

图 6-20 所示是串联液压缸的同步回路。它是将有效面积相等的两个液压缸串联起来，便可使两缸的运动速度、位移均相等，同步的精度完全取决于液压缸本身尺寸结构的制造精度以

及密封性能。这种回路结构简单，不需要额外的同步元件，回路效率高。但这种串联方法将使泵的出口压力至少是两缸所需工作压力之和。同时，由于液压缸总是存在泄漏，造成两缸之间的密封连接内的油液增加或泄漏，长时间使用后将出现同步的失调。为此，一般应在此回路中增设位置补偿装置，对两缸之间的密封腔进行补油或泄油。

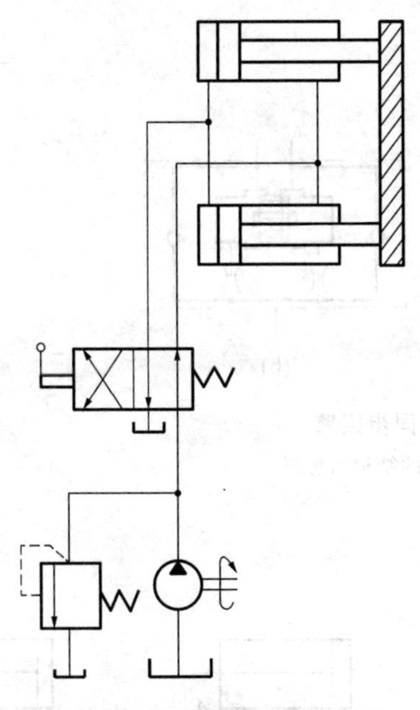

图 6-19 机械连接式同步回路

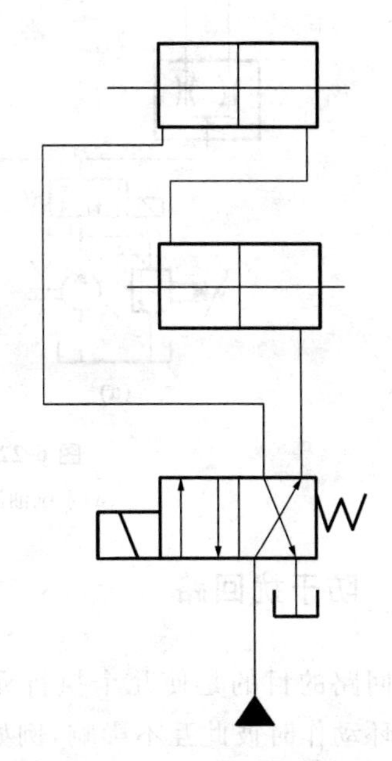

图 6-20 串联液压缸的同步回路

(3)并联液压缸和调速阀的同步回路

图 6-21 所示是采用调速阀的同步回路。两个液压缸并联连接，用两个单向调速阀分别控制两个并联的液压缸，两个液压缸的有效面积可以有误差或者不相同，通过调整两个调速阀的开口大小，使两缸活塞伸出的速度相等，以保证同步动作。这种回路结构简单，成本低，运动速度可调，但效率较低，受油温影响较大，其同步精度偏低，一般用于同步精度要求不太高的场合。

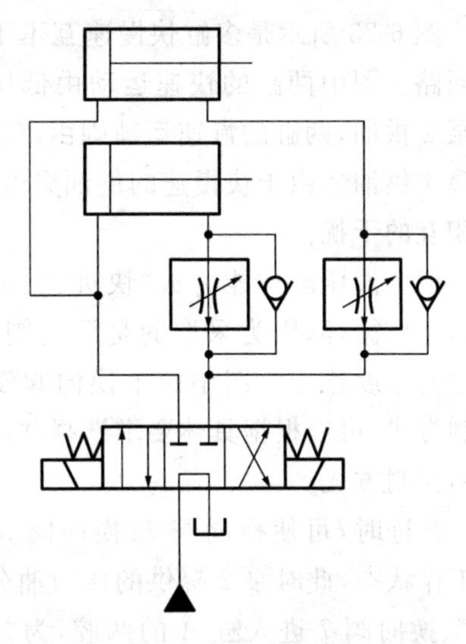

图 6-21 采用调速阀的同步回路

(4)用分流阀的同步回路

图 6-22(a)所示是用分流阀的同步回路。利用分流阀使泵的供油平均分配给两个结构相同的液压缸，两缸活塞能同步运动而不受负载变化的影响，回路同步精度较高，结构简单，但效率较低，压力损失比较大。图 6-22(b)所示是分流阀的结构示意图。

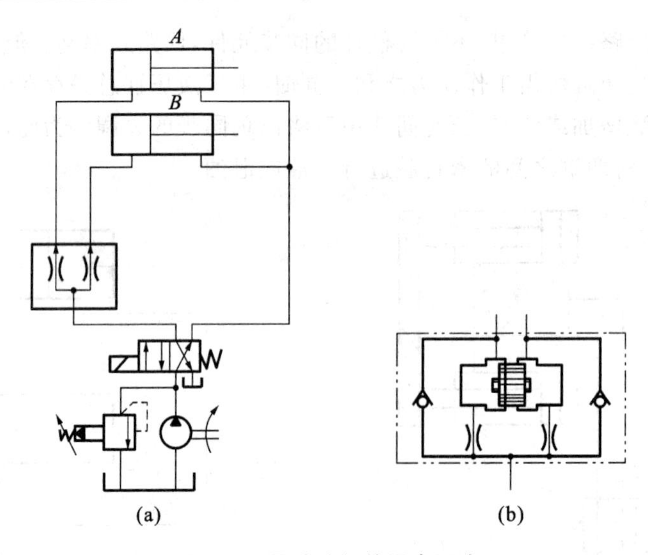

图 6-22 用分流阀的同步回路

(a)系统油路图;(b)分流阀的结构示意图

6.5.3 防干扰回路

防干扰回路的目的是使几个执行元件在完成各自的循环动作时彼此互不影响,例如一个液压缸在空载快速运动时,不能影响另一个液压缸的工作进给运动。

图 6-23 所示是多缸快慢速互不干涉的防干扰回路。图中两缸的快速运动由低压大流量液压泵 2 供油,两缸的慢速运动则由高压小流量液压泵 1 供油。由于快慢速的供油渠道不同,避免了相互的干扰。

两个液压缸均能完成"快进、工进、快退"的自动工作循环,因为采取的是调速阀节流调整,工进时速度稳定。图中四个换向阀没有画出其控制方式,可以根据具体要求选择并决定具体的换向控制方式。

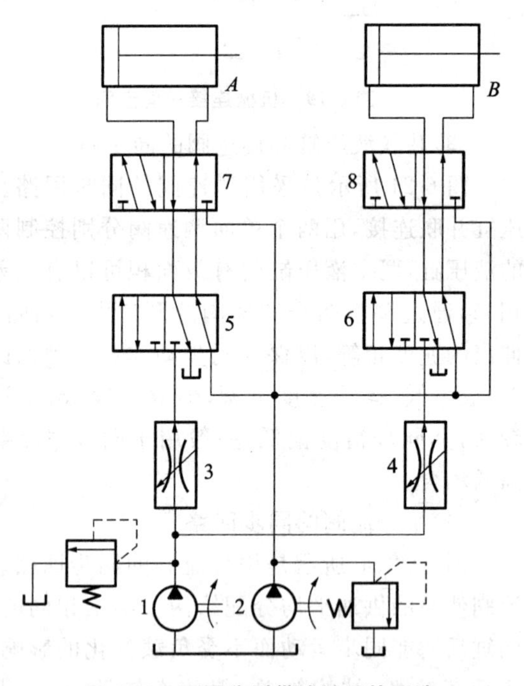

图 6-23 双泵分别供油防干扰回路

1、2—液压泵;3、4—调速阀;5、6、7、8—二位五通换向阀

快进时,可使换向阀 7、换向阀 8 均处于左位工作状态,此时泵 2 提供的压力油分别经换向阀 5、换向阀 7 进入缸 A 的两腔,为差动连接状态;同样,压力油也经换向阀 6、换向阀 8 进入缸 B 的两腔,为差动连接状态,实现差动连接快速运动。

当换向阀 5 换向在左位状态,而换向阀 7 恢复到右位工作状态时,小流量泵 1 提供的高压油先后经调速阀 3、换向阀 5 和换向阀 7 进入缸 A 左腔,缸 A 实现慢速工作进给;此时,缸 B 可以仍处于上述的差动连接快速运动状态,两缸快慢速互不干扰。

同样，通过换向阀换向，可以让缸 B 实现慢速工作进给，缸 A 仍处于上述的差动连接快速运动状态；或者两缸同时处于慢速工作进给。该防干扰回路工作可靠，但效率较低，常用在速度平稳性要求较高的多缸系统中。

习　题

6-1 请总结三种调速方案各自的优点和缺点。

6-2 变量泵-变量马达容积调速回路应按怎样的调速步骤进行正确调速？并说明原因。

6-3 用二位二通电磁阀使泵直接卸荷的回路与用先导式溢流阀使泵卸荷的回路有什么不同？试比较各自特点。

6-4 图 6-24 所示为快、慢速的换接回路，要求液压缸活塞应能实现"向右的快速前进—工作进给—向左的快速退回"循环动作，压力继电器用于实现工作进给结束后自动换向为活塞向左的快速退回。在实际运行调试中发现其动作循环不能实现，试分析图中出现的错误，并画出改正后正确的油路图。

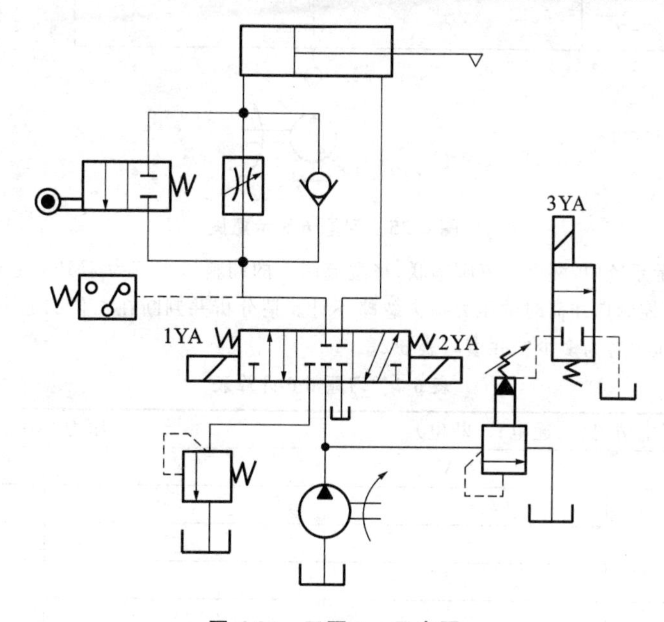

图 6-24 习题 6-4 示意图

6-5 图 6-25 所示的液压系统，能完成图中右上方所示的"快进—一工进—二工进—快退"的动作循环，其中调速阀 3 的开口大于调速阀 4 的开口。请阅读该液压系统油路图后，填写下列电磁铁动作顺序表(表 6-1)，用"＋"表示电磁铁通电；用"－"表示电磁铁断电。说明液控单向阀 1、2 在回路中所起的作用，并判断液压泵的类型。

表 6-1 电磁铁动作顺序表(一)

电磁铁 / 动作	1YA	2YA	3YA	4YA
快进				
一工进				
二工进				
快退				

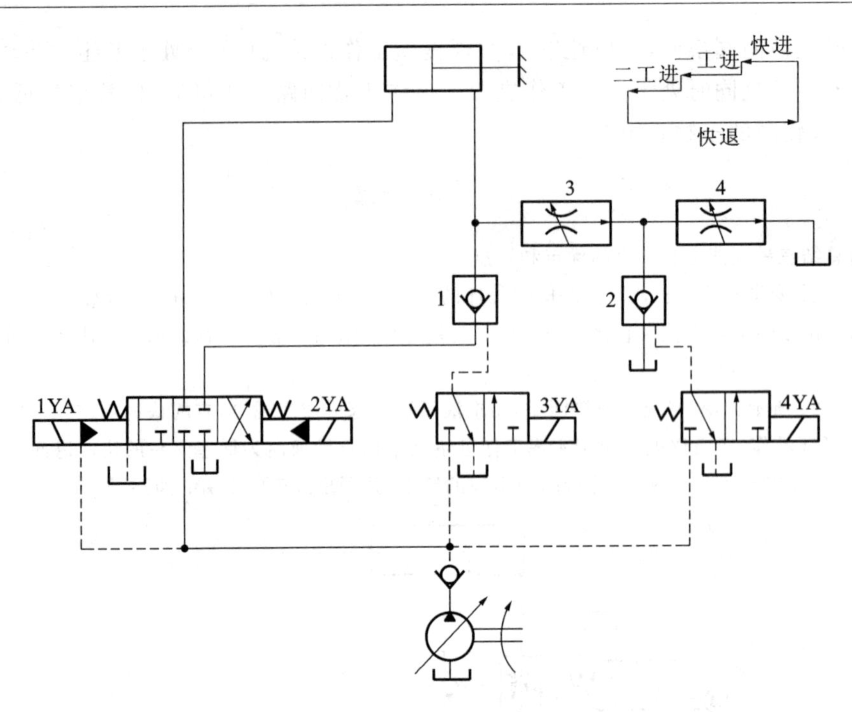

图 6-25 习题 6-5 示意图

6-6 图 6-26 所示系统中，两个溢流阀串联，将溢流阀 1 的调整压力调为 2MPa，溢流阀 2 的调整压力调为 4MPa，溢流阀远程控制口卸荷时的压力损失忽略不计。请分析并判断在二位二通电磁阀通电、断电的情况下，*A* 点和 *B* 点的压力各为多少？并填写表 6-2。

表 6-2 习题 6-6 计算表

电磁铁通、断电情况（＋通电；－断电）		压力/MPa	
1YA	2YA	*A* 点	*B* 点
－	－		
＋	－		
－	＋		
＋	＋		

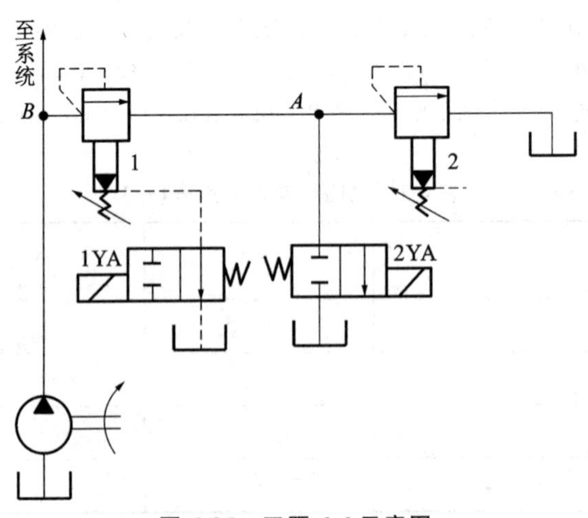

图 6-26 习题 6-6 示意图

6-7 图 6-27 所示的液压系统能实现“A 缸夹紧→B 缸快进→B 缸工进→B 缸快退→B 缸停止→A 缸松开→泵卸荷”顺序动作的工作循环。请阅读该液压系统油路图后，填写下列电磁铁动作顺序表(表 6-3)，用“＋”表示电磁铁通电；用“－”表示电磁铁断电，并说明系统组成中所包含的液压基本回路。

表 6-3 电磁铁动作顺序表(二)

动作 \ 电磁铁	1YA	2YA	3YA	4YA	5YA
A 缸夹紧					
B 缸快进					
B 缸工进					
B 缸快退					
B 缸停止					
A 缸松开					
泵卸荷					

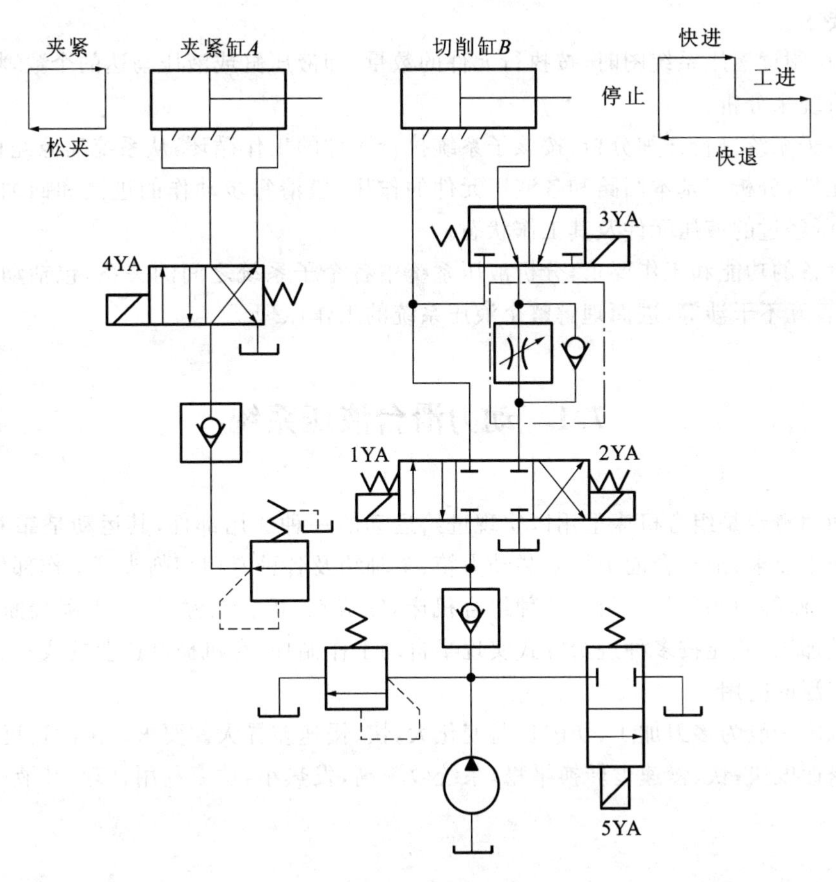

图 6-27 习题 6-7 示意图

7 典型液压系统的应用

液压系统广泛地应用在机械制造、冶金、轻工、工程机械等各个领域。一个完整的液压系统是由各种不同功能的基本回路构成,以完成执行机构的工作要求。在一个工作循环中的各个工步对推力、速度和方向这三个参数的调节和变换各有不同。本章将通过几个典型液压系统的应用分析,来熟悉常用的各种液压元件在系统中的作用和各种基本回路的构成。

液压系统是由多个具体的液压元件所构成的,在阅读和分析复杂的液压系统图时,要掌握一定的方法,按照一定的步骤来进行。

首先必须了解设备的用途,只有了解了设备的功能用途和工作要求,才能了解该设备对液压系统的要求。

其次,在阅读液压系统图时,按执行元件的数量,即液压缸或液压马达的个数,将其分解为若干个子系统来分析。

对逐个子系统进行详细分析,按该子系统执行元件的工作循环,从系统油源经相关液压元件到执行元件,分析其基本回路和各液压元件的作用,摸清每步动作的进油和回油路线,包括进油、回油所经过的液压元件及其工作状态。

根据设备的功能和工作要求,分析液压系统中各个子系统之间的关系,包括动作顺序、是否同步、是否互不干涉等,进而理解整个液压系统的工作原理。

7.1 动力滑台液压系统

液压动力滑台是组合机床上用以实现进给运动的一种通用部件,其运动是靠液压缸驱动的。根据加工要求,滑台台面上可安装动力箱、多轴箱及各种专用切削头等工作部件。滑台与床身、中间底座等通用部件可组成各种组合机床,完成钻、扩、铰、镗、铣、车、刮端面、攻螺纹等工序的机械加工,并能按多种进给方式实现半自动工作循环,在机械制造业的成批和大量生产中得到了广泛的应用。

组合机床一般为多刀加工,切削负荷变化大,快、慢速差异大。要求切削时速度慢而平稳;空行程进退速度快;快、慢速度转换平稳;系统效率高,发热小,功率利用合理,其液压系统应满足上述要求。

7.1.1 动力滑台液压系统的工作原理

液压动力滑台有不同的规格,但其液压系统的组成和工作原理基本相同。图 7-1 所示是一种典型的液压动力滑台的原理图,其进给速度范围为 6.6～600mm/min,最大进给力为

45kN。该系统采用限压式变量泵供油，电液换向阀换向，快进由液压缸差动连接来实现，用行程阀实现快进与工进的转换，为了保证进给的尺寸精度，采用死挡铁停留来限位。这个液压系统可以实现多种自动工作循环，如：

工作循环一：快进→一工进→二工进→(死挡铁)停留→快退→原位停止。

工作循环二：快进→工进→(死挡铁)停留→快退→原位停止。

工作循环三：快进→工进→快进→工进→…→快退→原位停止。

液压动力滑台上的工作循环，是由固定在滑动工作台侧面上的挡块直接压行程阀换位，或碰行程开关控制电磁换向阀的通电顺序实现的。这里以实现上述的“工作循环一”为例，在阅读和分析液压系统图时，可参阅电磁铁和行程阀工作顺序表 7-1。图 7-1 中单点画线框内的电液换向阀 4 是由液动换向阀 A、电磁换向阀 B、单向阀 I_1 和 I_2、节流阀 L_1 和 L_2 组合而成的。

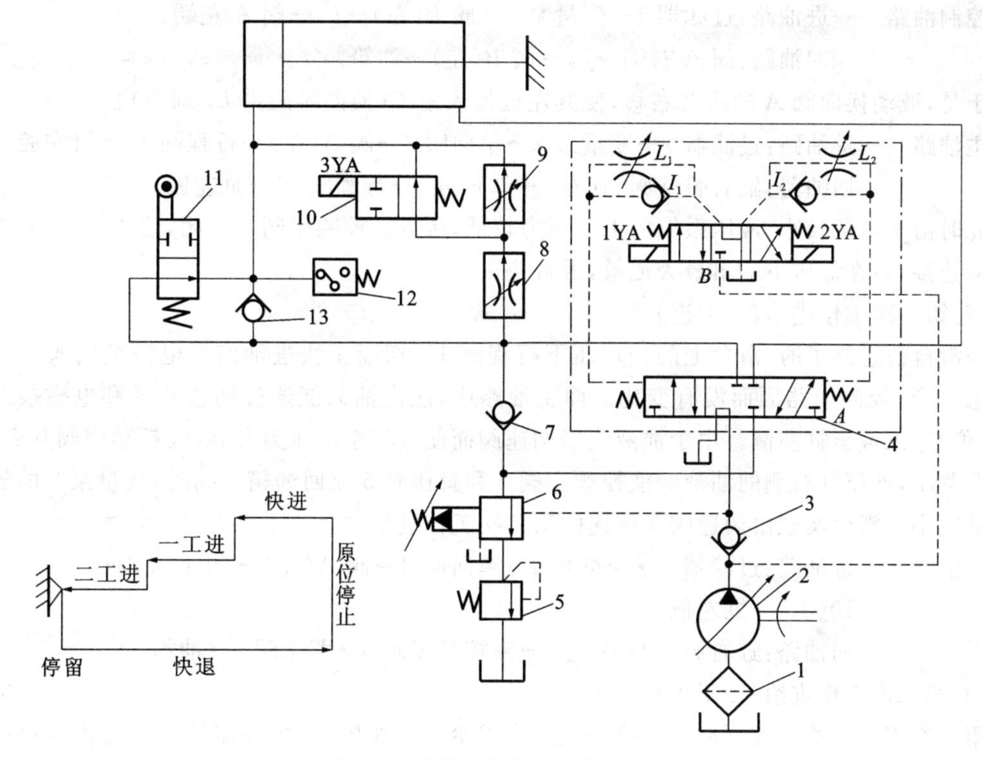

图 7-1 动力滑台液压系统原理图

1—过滤器；2—变量泵；3、7、13—单向阀；4—电液换向阀；5—背压阀；6—液控顺序阀；8、9—调速阀；10—电磁换向阀；11—行程阀；12—压力继电器

表 7-1 电磁铁和行程阀动作顺序表

液压缸工作循环		信号来源	电磁铁			行程阀 11
			1YA	2YA	3YA	
1	快进	启动按钮	+	−	−	−
2	一工进	挡铁压行程阀	+	−	−	+
3	二工进	挡块压行程开关	+	−	+	+
4	死挡铁停留	死挡铁压力继电器	+	−	+	+

续表 7-1

液压缸工作循环		信号来源	电磁铁			行程阀 11
			1YA	2YA	3YA	
5	快退	时间继电器	−	+	−	+ −
6	原位停止	挡铁压终点开关	−	−	−	−

注:"+"表示电磁铁通电或行程阀压下;"−"表示电磁铁断电或行程阀复位。

(1)快进

一个循环的开始是由手工动作启动的。按下启动按钮,电磁铁 1YA 通电,电磁换向阀 B 左位接入系统,液动换向阀 A 在控制压力油作用下也将左位接入系统工作,其油路为:

控制油路——进油路:过滤器 1→变量泵 2→阀 B(左)→L_1→阀 A 左端。

回油路:阀 A 右端→L_2→阀 B(左)→油箱。

于是,液动换向阀 A 的阀芯右移,使其左位接入系统(换向时间由 L_2 调节)。

主油路——进油路:过滤器 1→变量泵 2→单向阀 3→阀 A(左)→行程阀 11→缸左腔。

回油路:缸右腔→阀 A(左)→单向阀 7→行程阀 11→缸左腔。

此时由于负载较小,液压系统的工作压力较低,所以液控顺序阀 6 关闭,液压缸左、右腔形成差动连接,泵在低压下输出最大流量,滑台快进。

(2)第一次工作进给(一工进)

当滑台快进终了时,滑台上的挡块压下行程阀 11,切断了快进油路。电液换向阀 4 的工作状态不变,控制油路因而没有变化。而主油路中,压力油只能通过调速阀 8 和电磁换向阀 10(右位)进入液压缸左侧。由于油液流经调速阀而使液压系统压力升高,液控顺序阀开启,单向阀 7 关闭,液压缸右侧的油液经液控顺序阀 6 和背压阀 5 流回油箱。同时,变量泵 2 的流量也自动减小。滑台实现由调速阀 8 调速的第一次工作进给。

主油路——进油路:过滤器 1→变量泵 2→单向阀 3→阀 A(左)→调速阀 8→电磁换向阀 10(右)→缸左侧。

回油路:缸右腔→阀 A(左)→液控顺序阀 6→背压阀 5→油箱。

(3)第二次工作进给(二工进)

第二次工作进给的控制油路与第一次工作进给时的相同,其主油路的回油路也与第一次工作进给时的相同,不同之处是主油路的进油路。当第一次工作进给终了时,挡块压下行程开关,使电磁铁 3YA 通电,电磁换向阀 10 左位接入系统使其油路关闭,压力油需通过调速阀 8 和 9 进入液压缸左腔。由于调速阀 9 的通流截面积比调速阀 8 的小,所以进给速度再次降低,因而滑台实现由调速阀 9 的第二次工作进给。其主油路的进油路与第一次工作进给的不同,也仅仅是由调速阀 9 代替了电磁换向阀 10。

(4)死挡铁停留

当滑台第二次工作进给完毕,碰上死挡铁后停止前进,停留在死挡铁处。这时液压缸左腔油液的压力升高,当达到压力继电器 12 的开启压力时,压力继电器动作,发出信号给时间继电器,由时间继电器控制停留时间。系统内的油液基本停止流动。

设置死挡铁可提高滑台工作进给终点的位置精度。

(5)快退

滑台停留时间结束时，时间继电器发出信号，使电磁铁 2YA 通电，1YA、3YA 断电。这时电磁换向阀 B 的右位接通，控制油液使液动换向阀 A 的右位接入系统工作。滑台返回时负载小，系统压力低，变量泵 2 的流量自动增至最大，所以动力滑台快速退回。

控制油路——进油路：过滤器 1→变量泵 2→阀 B(右)→节流阀 L_2→阀 A 右端。

回油路：阀 A 左端→节流阀 L_1→阀 B(右)→油箱。

控制油路使液动换向阀 A 换为右位(换向时间由 L_1 调节)。

主油路——进油路：过滤器 1→变量泵 2→单向阀 3→阀 A(右)→缸右腔。

回油路：缸左腔→单向阀 13→阀 A(右)→油箱。

动力滑台快速后退，当其退到一工进的起始位置时，行程阀 11 复位，使回油路更为畅通，但不影响快退动作。

(6)原位停止

当滑台退回到原始位置时，挡铁压下行程开关而发出信号，使电磁铁 2YA 断电，换向阀 A、B 都处于中位，液压缸两腔油路被封闭，失去动力源，滑台停止运动。

控制油路——回油路：阀 A(左)→节流阀 L_1→阀 B(中)→油箱。

阀 A(右)→节流阀 L_2→阀 B(中)→油箱。

主油路——进油路：过滤器 1→变量泵 2→单向阀 3→阀 B(中)→油箱。

单向阀 3 的作用是使滑台在原位停止时，控制油路仍保持一定的控制压力(低压)，以便能迅速启动下一个工作循环。

7.1.2 动力滑台液压系统的特点

从上述分析可以看出，动力滑台液压系统具有以下一些特点：

(1)调速方案采用容积节流调速。该系统采用了"限压式变量叶片泵＋调速阀＋背压阀"节流调速回路，并在回路中设置了背压阀。这样能保证系统调速范围大、低速稳定性好的要求。回油路无溢流损失，系统效率较高。

(2)主换向阀采用电液动换向阀换向。反应灵敏的小规格电磁阀作为先导阀，控制能通过大流量的液动换向阀实现主油路的换向，发挥了电液联合控制的优点。而且由于液动换向阀芯移动的速度可由节流阀 L_1、L_2 调节，因此能使流量较大、速度较快的主油路换向平稳、无冲击。

(3)采用液压缸差动连接的快速回路。主换向阀采用了三位五通阀，因此换向阀左位工作时能使缸右腔的回油又返回缸的左腔，从而使液压缸两腔同时通压力油，实现差动快进。这种回路简便可靠。

(4)采用行程控制的速度转换回路，系统选择行程阀、液控顺序阀的配合，实现快进与工作进给速度的转换，使速度转换平稳、可靠，且位置准确。使用两个串联的调速阀及用行程开关控制的电磁换向阀实现两种工进速度的转换。由于进给速度较低，故也能保证换接精度和平稳性的要求。

(5)采用压力继电器控制动作顺序。滑台工进结束，液压缸碰到死挡铁时，缸内工作压力升高，因而采用压力继电器发信号，使滑台反向退回方便、可靠，死挡铁的采用还能提高滑台工进结束时的位置精度及进行刮端面、锪孔、镗台阶孔等工序的加工。

7.2 注塑机液压系统

7.2.1 注塑机功能概述

分析注塑机液压系统的前提是必须了解和熟悉注塑机的功能。塑料注射成型机简称注塑机，它是将颗粒状的塑料加热熔化到流动状态，以快速、高压注入模腔，并保压一定时间，经冷却后成型为塑料制品。注塑机的工作循环如图 7-2 所示。

图 7-2 注塑机的工作循环图

根据注塑工艺的需要，注塑机液压系统应满足以下要求：

(1)有足够的合模力。熔融的塑料通常以 4～15MPa 的高压注入模腔，因此合模缸必须有足够的合模力，否则在注射时会发生溢边现象。

(2)开、合模的速度可调节。在开、合模过程中，要求合模缸有慢—快—慢的速度变化，可以缩短空程时间，提高生产率和保证制品质量，避免冲击。

(3)注射座整体可前进与后退。注射部件由加料装置、料筒、螺杆、喷嘴、加料预塑装置、注射缸和注射座移动液压缸等组成。将注射缸固定，其活塞与注射座整体由液压缸驱动，保证在注射时有足够的推力，使喷嘴与模具浇口紧密接触，以防熔体流涎。

(4)注射压力和速度可调节。不同黏度的熔体以及塑料制品的几何形状不同，它们的注射压力是有区别的。注射速度直接影响制品的质量，对于形状复杂的制品，注射速度要快一些，而速度过快又会使某些熔体因高温而分解。所以注射压力和注射速度应能调节。

(5)可保压冷却。当熔体注满型腔后，在冷却凝固时材料体积有收缩，故型腔内应保持一定的压力并补充熔体，否则会因充料不足而出现残品。因此，保压压力和保压时间应能调节。

(6)预塑过程可以调节。在保压冷却期间，料筒内螺杆仍在回转，使料斗内的塑料颗粒被卷入料筒，加热、塑化、搅拌并挤压而向喷嘴方向推移成为熔体。这个过程就是预塑过程，它应当可以调节，以满足不同塑料、不同制品的需求。

(7)顶出制品时速度平稳。塑料制品冷却成型后要从模具中顶出，顶出缸的运行要平稳，其速度应能根据制品的形状及尺寸进行调节，避免制品受损。

随着微机技术的不断发展，注塑机的工作循环越来越多地由计算机进行控制。液压系统的多级压力和多级速度均可设定，并由相应的阀和泵来自动调节。

7.2.2 SZ-250/160 型注塑机液压系统的工作原理

SZ-250/160 型注塑机属中小型注塑机，每次理论最大注射容量分别为 201cm^3、254cm^3、314cm^3(ϕ40mm、ϕ45mm、ϕ50mm 分别为三种机筒螺杆的直径)，锁模力为 1600kN。图 7-3 所示为其液压系统图。各执行元件的动作循环主要依靠行程开关切换电磁阀来实现，电磁铁动作顺序见表 7-2。

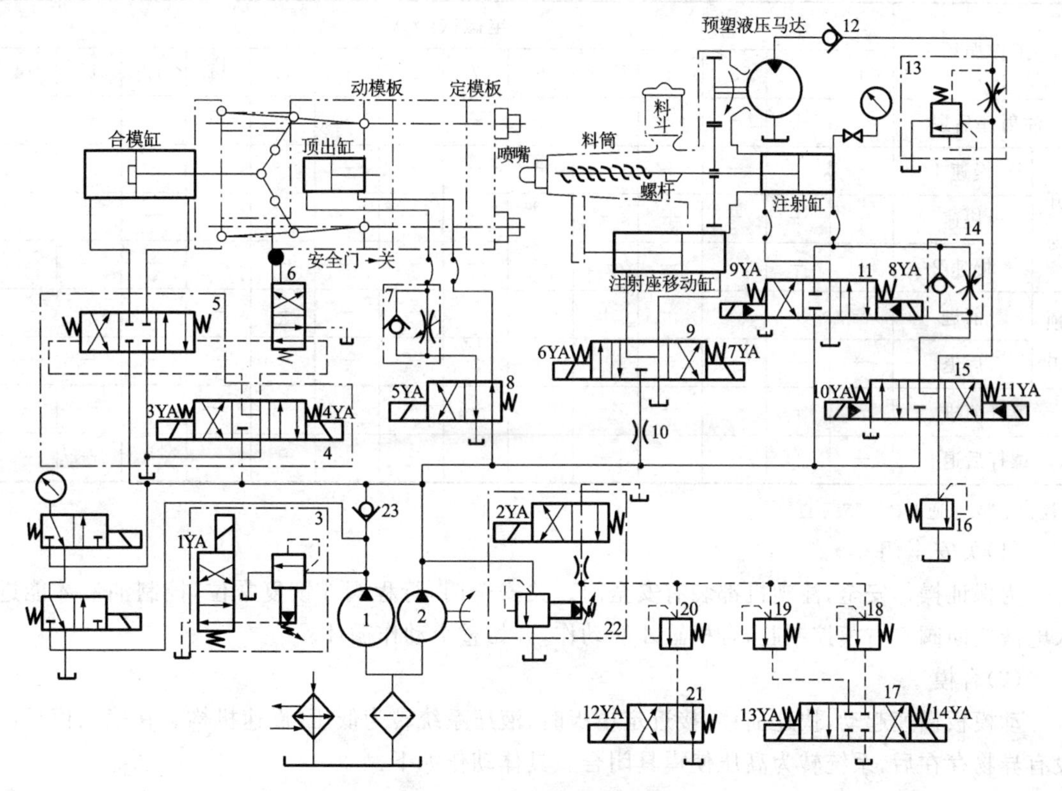

图 7-3　SZ-250/160 型注塑机液压系统原理图

1—大流量泵；2—小流量泵；3、4—电磁溢流阀；5、11、15—电液换向阀；
6—行程阀；7、14—单向节流阀；8、9、17、21—电磁换向阀；10—节流阀；
12、22、23—单向阀；13—旁通型调速阀；16—背压阀；18、19、20—远程调压阀

表 7-2　SZ-250/160 型注塑机电磁铁动作顺序表

工作循环		电磁铁(YA)													
		1	2	3	4	5	6	7	8	9	10	11	12	13	14
合模	慢速	−	+	+	−	−	−	−	−	−	−	−	−	−	−
	快速	+	+	+	−	−	−	−	−	−	−	−	−	−	−
	低压慢速	−	+	+	−	−	−	−	−	−	−	−	−	+	−
	高压	−	+	+	−	−	−	−	−	−	−	−	−	−	−
注射座前移		−	+	−	−	−	−	+	−	−	−	−	−	−	−
注射	慢速	−	+	−	−	−	−	+	−	−	+	−	+	−	−
	快速	+	+	−	−	−	−	+	+	−	+	−	+	−	−
保压		−	+	−	−	−	−	+	−	−	+	−	−	−	+
预塑		+	+	−	−	−	−	+	−	−	−	+	−	−	−
防流涎		−	+	−	−	−	−	+	−	+	−	−	−	−	−

续表 7-2

工作循环		电磁铁(YA)													
		1	2	3	4	5	6	7	8	9	10	11	12	13	14
注射座后退		−	+	−	−	−	+	−	−	−	−	−	−	−	−
开模	慢速 1	−	+	−	+	−	−	−	−	−	−	−	−	−	−
	快速	+	+	−	+	−	−	−	−	−	−	−	−	−	−
	慢速 2	+	−	−	+	−	−	−	−	−	−	−	−	−	−
顶出	前进	−	+	−	−	+	−	−	−	−	−	−	−	−	−
	后退	−	+	−	−	−	−	−	−	−	−	−	−	−	−
螺杆前进		−	+	−	−	−	−	−	+	−	−	−	−	−	−
螺杆后退		−	+	−	−	−	−	−	−	+	−	−	−	−	−

注:“+”表示通电;“−”表示断电。

(1)关安全门

为保证操作安全,注塑机都装有安全门。关安全门,行程阀 6 恢复常位,控制油液才能进入电液换向阀 5 右模控制腔,合模缸才能动作,开始整个动作循环。

(2)合模

动模板慢速起动,快速前移,接近定模板时,液压系统转为低压、慢速机构。在确认模具内没有异物存在后,系统转为高压使模具闭合。具体动作如下:

①慢速合模　电磁铁 2YA、3YA 通电,大流量泵 1 通过电磁溢流阀 3 卸载,小流量泵 2 的压力由电磁溢流阀 4 调定,小流量泵 2 的压力油经电液换向阀 5 右位进入合模缸左腔,推动活塞带动连杆慢速合模,合模缸右腔油液经电液换向阀 5 和冷却器返回油箱。其油路为:

控制油路——进油路:小流量泵 2→电磁溢流阀 4(左)→行程阀 6(下)→电液换向阀 5 右端。

回油路:电液换向阀 5 左端→电磁溢流阀 4(左)→回油箱。

控制油路使电液换向阀 5 换为右位。

主油路——进油路:小流量泵 2→电液换向阀 5(右)→合模缸左腔。

回油路:合模缸右腔→电液换向阀 5(右)→油箱。

②快速合模　慢速合模转快速合模时,由行程开关发令使 1YA 通电,大流量泵 1 不再卸载,其压力油经单向阀 22 与小流量泵 2 的供油汇合,同时向合模缸供油,实现快速合模,最高压力由电磁溢流阀 3 限定。

其控制油路及主油路的回油路与①相同,而主油路的进油路为:液压泵 1、2→电液换向阀 5(右)→合模缸左腔。

③低压合模　电磁铁 2YA、3YA 和 13YA 通电。大流量泵 1 卸载,小流量泵 2 的压力由远程调压阀 18 控制。因远程调压阀 18 所调压力较低,合模缸推力较小,可避免两模板间的硬质异物损坏模具表面。

④高压合模　当动模板越过保护段,压下高压锁模行程开关时,电磁铁 2YA 和 3YA 通电,电磁铁 13YA 断电。大流量泵 1 卸载,小流量泵 2 供油,系统压力由电磁溢流阀 4 控制,高

压合模并使连杆产生弹性变形，牢固地锁紧模具。

(3)注射座前移

电磁铁2YA和7YA通电，小流量泵2的压力油经电磁换向阀9右位进入注射座移动缸右腔，注射座前移使喷嘴与模具接触，注射座移动缸左腔油液经电磁换向阀9回油箱。

(4)注射

注射螺杆以一定的压力和速度将料筒前端的熔料经喷嘴注入模腔，分慢速注射和快速注射两种。

①慢速注射　电磁铁2YA、7YA、10YA和12YA通电，小流量泵2的压力油经电液换向阀15左位和单向节流阀14进入注射缸右腔，左腔油液经电液换向阀11中位回油箱，注射缸活塞带动注射螺杆慢速注射，注射速度由单向节流阀14调节，远程调压阀20起定压作用。其油路为：

进油路：小流量泵2→电液换向阀15(左)→单向节流阀14→注射缸右腔。

回油路：注射缸左腔→电液换向阀11(中)→油箱。

②快速注射　电磁铁1YA、2YA、7YA、8YA、10YA和12YA通电，大流量泵1和小流量泵2的压力油经电液换向阀11右位进入注射缸右腔，左腔油液经电液换向阀11回油箱。由于两个泵同时供油，且不经过单向节流阀14，注射速度加快。此时，远程调压阀20起安全作用。其油路为：

进油路：液压泵1、2→ 电液换向阀15(左) → 单向阀14 → 注射缸右腔。
└→电液换向阀11(右) → 注射缸右腔。

回油路：注射缸左腔→电液换向阀11(右)。

(5)冷却保压

高温的熔料进入铁制的模具中，立刻冷却；同时，模具内的冷却水流道通以冷却水，更加快了冷却速度。注射缸对模腔内的熔料实行保压并补塑，此时只需少量油液，电磁铁2YA、7YA、10YA和14YA通电，大流量泵1卸载，小流量泵2单独供油，多余的油液经电磁溢流阀4溢回油箱，保压压力由远程调压阀18调节。其油路与慢速注射时的相同。

(6)预塑

保压完毕后，从料斗加入的物料随着螺杆的转动被带至料筒前端，进行加热塑化，并建立起一定压力。当螺杆头部熔料压力达到能克服注射缸活塞退回的阻力时，螺杆开始后退。后退到预定位置，即螺杆头部熔料达到所需注射量时，螺杆停止转动和后退，准备下一次注射。与此同时，在模腔内的制品冷却成型。

螺杆转动由预塑液压马达通过齿轮机构驱动。电磁铁1YA、2YA、7YA和11YA通电，大流量泵1和小流量泵2的压力油经电液换向阀15右位、旁通型调速阀13和单向阀12进入马达。马达的转速由旁通型调速阀13控制，电磁溢流阀4为安全阀。螺杆头部熔料压力迫使注射缸后退时，注射缸右腔油液经单向节流阀14、电液换向阀15右位和背压阀16回油箱，其背压力由背压阀16控制。同时注射缸左腔产生局部真空，油箱的油液在大气压作用下经电液换向阀11中位进入其内。预塑马达的油路为：

进油路：液压泵1、2→电液换向阀15(右)→旁通型调速阀13→单向阀12→液压马达进油口。

回油路：液压马达回油口→油箱。

上述油路使螺杆旋转送料进行预塑，其速度由旁通型调速阀13调节。

注射缸油路为：

进油路：油箱→电液换向阀11(中)→注射缸左腔。

回油路：注射缸右腔→单向节流阀14→电液换向阀15(右)→背压阀16→油箱。

(7)防流涎

采用直通开敞式喷嘴时，预塑加料结束，要使螺杆后退一小段距离，减小料筒前端压力，防止喷嘴端部的物料流出。电磁铁2YA、7YA和9YA通电，大流量泵1卸载，小流量泵2的压力油一方面经电磁换向阀9右位进入注射座移动缸右腔，使喷嘴与模具保持接触，另一方面经电液换向阀11左位进入注射缸左腔，使螺杆强制后退。注射座移动缸左腔和注射座移动缸右腔油液分别经电磁换向阀9和电液换向阀11回油箱。

(8)注射座后退

保压结束，注射座后退。电磁铁2YA和6YA通电，大流量泵1卸载，小流量泵2的压力油经电磁换向阀9左位使注射座后退。

(9)开模

开模速度一般为慢—快—慢。

①慢速开模　电磁铁2YA和4YA通电，大流量泵1(或小流量泵2)卸载，小流量泵2(或大流量泵1)的压力油经电液换向阀5左位进入合模缸右腔，左腔油液经电液换向阀5回油箱。

②快速开模　电磁铁1YA、2YA和4YA通电，大流量泵1和小流量泵2合流向合模缸右腔供油，开模速度加快，合模缸左腔的油经电液换向阀5的左位流回油箱。

(10)顶出

①顶出缸前进　电磁铁2YA和5YA通电，大流量泵1卸载，小流量泵2的压力油经电磁换向阀8左位、单向节流阀7进入顶出缸左腔，推动顶出杆顶出制品，其运动速度由单向节流阀7调节，电磁溢流阀4为定压阀。

②顶出缸后退　电磁铁2YA通电，小流量泵2的压力油经电磁换向阀8的常位使顶出缸后退。

(11)螺杆前进和后退

当电磁铁2YA和8YA通电，螺杆前进。在拆卸和清洗螺杆时，螺杆要退出，此时电磁铁2YA和9YA通电。小流量泵2的压力油经电液换向阀11的左位进入注射缸左腔，使螺杆后退。

7.2.3　液压系统特点

(1)因注射缸液压力直接作用在螺杆上，因此注射压力 p_z 与注射缸的油压 p 的比值为 D^2/d^2(D 为注射缸活塞直径，d 为螺杆直径)。为满足加工不同塑料对注射压力的要求，一般注塑机都配备了三种不同直径的螺杆，在系统压力 $p=14$MPa时，获得注射压力 $p_z=40\sim150$MPa。

(2)为保证足够的合模力，防止高压注射时模具离缝产生塑料溢边，该注塑机采用了液压-机械增力合模机构，还可采用增压缸合模装置。

(3)根据塑料注射成型工艺，模具的启闭过程和塑料注射的各阶段速度不一样，而且快慢速比可达50～100，为此，该注塑机采用了双泵供油系统，快速时双泵合流，慢速时小流量泵2(流量为48L/min)供油，大流量泵1(流量为194L/min)卸载，系统功率利用比较合理。有时在多泵分级调速系统中还兼用差动增速或充液增速的方法。

(4)系统所需多级压力，由多个并联的远程调压阀控制。如果采用电液比例压力阀来实现多级压力调节，再加上电液比例流量阀调速，不仅减少了元件，降低了压力及速度变换过程中的冲击和噪声，还为实现计算机控制创造了条件。

(5)注塑机的多执行元件的循环动作主要依靠行程开关按事先编程的顺序完成。这种方式灵活方便。

7.3 YB32-200 型四柱万能液压机液压系统

7.3.1 概述

液压机是锻压、冲压、冷挤、校直、弯曲、粉末冶金、成型等压力加工工艺中广泛应用的机械设备。液压机按其所用的工作介质不同，可分为油压机和水压机两种；按机体的结构不同分为单臂式、柱式和框架式等。其中以柱式液压机应用较广泛。如图 7-4 所示，这种液压机由四个导向立柱，上、下横梁和滑块组成。在上、下横梁中安置着上、下两个液压缸，上缸为主液压缸，下缸为顶出缸。

本节介绍一种以油为介质的 YB32-200 型四柱万能液压机。该液压机主液压缸最大压制力为 2000kN。液压机要求液压系统完成的主要动作是：主液压缸驱动滑块快速下行、慢速加压、保压延时、快速返回及在任意点停止及顶出活塞缸的顶出、退回等。在作薄板拉伸时，有时还需要利用顶出液压缸将坯料压紧，以防止周边起皱，这时顶出液压缸下腔需保持一定的压力并随液压缸一起下行。

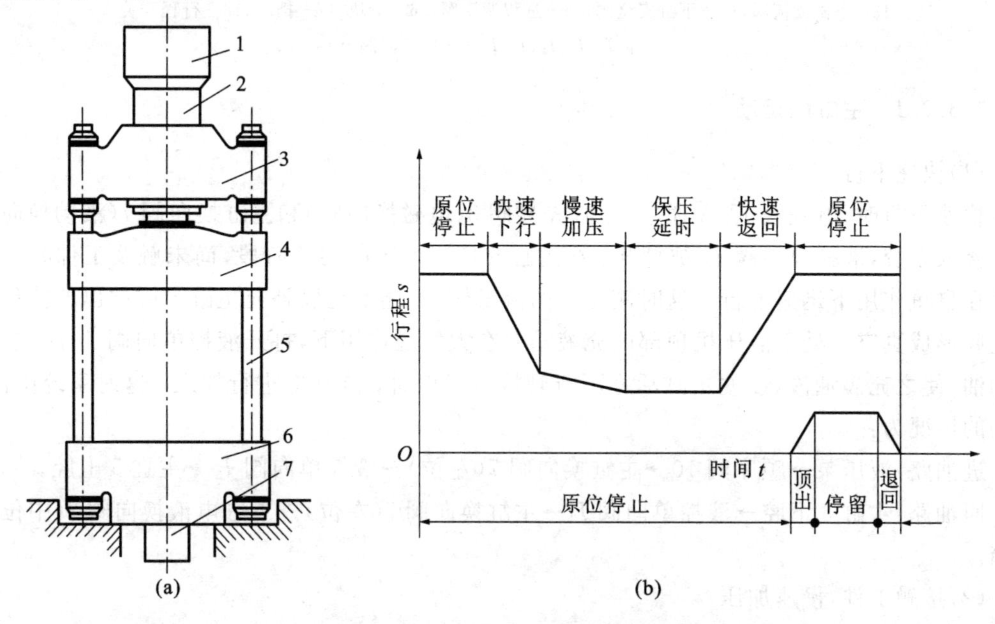

图 7-4 柱式液压机的组成及动作循环

1—充液筒；2—上缸；3—上横梁；4—滑块；5—导向立柱；6—下横梁；7—下缸

7.3.2 YB32-200 型四柱万能液压机液压系统的工作原理

图 7-5 所示为这种液压机的液压系统原理。

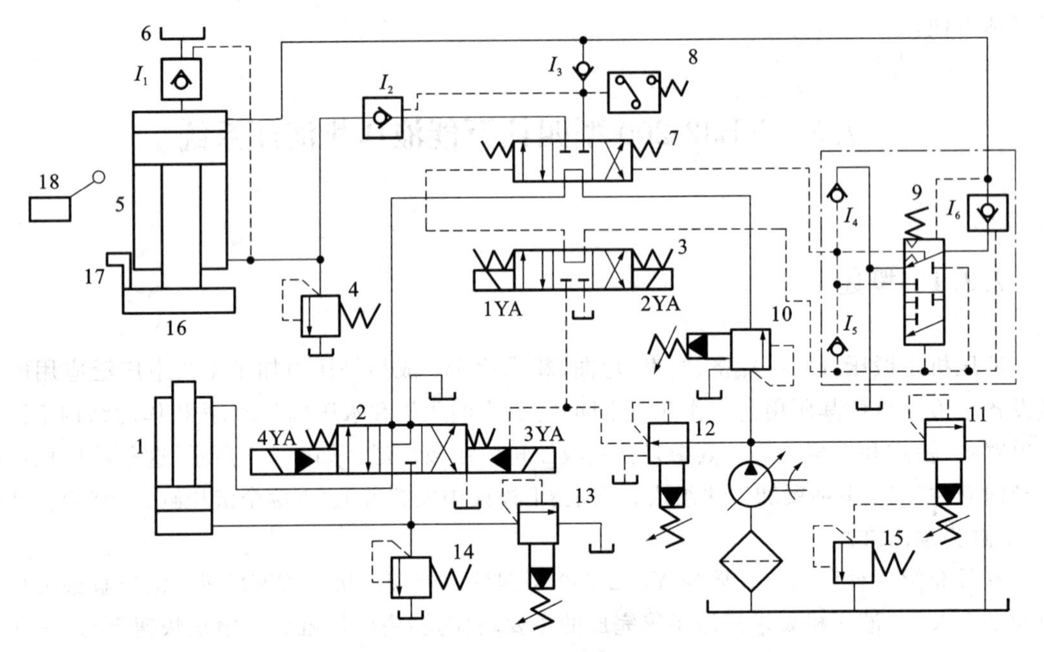

图 7-5 YB32-200 型液压机的液压系统原理图

1—下缸(顶出缸);2—下缸电液换向阀;3—主缸先导阀;4—上缸安全阀;5—上缸(主缸);6—充液箱;7—主缸换向阀;8—压力继电器;9—释压阀;10—顺序阀;11—泵站溢流阀;12—减压阀;13 下缸溢流阀;14—下缸安全阀;15—远程调压阀;16—滑块;17—挡块;18—行程开关;I_1、I_2、I_3、I_4、I_5、I_6—液控单向阀

7.3.2.1 主缸的运动

(1)快速下行

快速下行时,电磁铁 1YA 通电,主缸先导阀 3(电磁换向阀)和主缸换向阀 7(液动换向阀)左位接入系统,液控单向阀 I_2 被打开。在主缸 5 快速下行的初始阶段,尚未触及工件时,主缸活塞在自重作用下迅速下行。这时液压泵的流量较小,还不足以补充主缸上腔空出的体积,因而上腔形成真空。处于液压机顶部的充液箱 6 在大气压作用下,打开液控单向阀 I_1 向主缸上腔加油,使之充满油液,以便主缸活塞下行到接触工件时, 能立即进行加压。这时系统中油液流动的情况为:

进油路:液压泵→顺序阀 10→主缸换向阀 7(左位)→液控单向阀 I_3→主缸 5 上腔;

回油路:主缸 5 下腔→液控单向阀 I_2→主缸换向阀 7(左位)→下缸电液换向阀 2(中位)→油箱。

(2)接触工件,慢速加压

在滑块 16 接触到工件后,阻力增加,这时主缸 5 上腔压力迅速升高,关闭液控单向阀 I_1,此时只有液压泵继续向主缸上腔供高压油,推动活塞慢速下行,对工件加压。加压速度仅由液

压泵的流量来决定，油液流动情况与快速下行相同。

(3)保压延时

当主缸上腔的油压达到预定数值时，压力继电器 8 发出信号，使电磁铁 1YA 断电，主缸先导阀 3 和主缸换向阀 7 都回复中位，主缸上、下油腔封闭。液压泵处于卸荷状态，系统中没有油液流动。而液控单向阀 I_3 被高压油自动关闭，主缸上腔进入保压状态。保压时间由压力继电器 8 控制的时间继电器(图中未画出)控制，能在 0～24 min 内调节。这时的油液流动情况为：

液压泵→顺序阀 10→主缸换向阀 7(中位)→下缸电液换向阀 2(中位)→油箱。

(4)泄压、快速返回

保压结束(到了预定的保压时间)后，时间继电器发出信号，使电磁铁 2YA 通电，主缸先导阀 3 右位接入系统，释压阀 9 使主缸换向阀 7 也以右位接入系统(详情见下文)。这时液控单向阀 I_1 被打开，使主缸上腔的排油全部排回充液箱 6。当充液箱 6 内液面超过预定位置时，多余油液由溢流管(图中未画出)排回主油箱。油液流动情况为：

进油路：液压泵→顺序阀 10→主缸换向阀 7(右位)→液控单向阀 I_2→主缸 5 下腔；

回油路：主缸 5 上腔→液控单向阀 I_1→充液箱 6。

液压机中的释压阀 9 是为了防止保压状态向快速返回状态转变过快，在系统中引起压力冲击而设置的。因为若此时主缸上腔立即与回油相通，则系统内液体积蓄的弹性能将突然释放出来，产生液压冲击，造成机器和管路的剧烈振动，发出很大的噪声，所以保压后必须先泄压然后再返回，故系统中设置了释压阀 9。它的主要功用是使主缸 5 上腔释压之后，压力油才能通入该缸下腔，从而实现由保压状态向快速返回状态的平稳转换。其工作原理如下：在保压阶段，释压阀 9 以上位接入系统；当电磁铁 2YA 通电，主缸先导阀 3 右位接入系统时，控制油路中的压力油虽已进入释压阀阀芯的下端，但由于其上端的高压未曾释放，阀芯不动。而液控单向阀 I_6(阀芯中带有小型卸荷阀芯)是可以在控制压力低于其主油路压力下打开的，因此泄压油路路线为：

主缸 5 上腔→液控单向阀 I_6→释压阀 9(上位)→油箱。

于是主缸 5 上腔的压力经液控单向阀 I_6 逐渐释放，释压阀 9 的阀芯逐渐向上移动，最终以其下位接入系统，它一方面切断主缸 5 上腔通向油箱的通道，另一方面使控制油路中的压力油进入主缸换向阀 7 阀芯的右端，使其右位接入系统，实现滑块的快速返回。另外，主缸换向阀 7 在由左位转换到中位时，阀芯右端由油箱经单向阀补油；在由右位转换到中位时，阀芯右端的油液经单向阀 I_5 排回油箱。

(5)原位停止

当返回到预定位置时，滑块上的挡块 17 触动行程开关 18，使电磁铁 2YA 断电，主缸先导阀 3 和主缸换向阀 7 都回复到中位。主缸被换向阀 7 锁紧，活塞停止运动，此时液压泵在低压下卸荷。

7.3.2.2 顶出缸的运动

(1)顶出缸顶出

顶出缸的初始位置是活塞处于最下端。执行向上顶出动作时，电磁阀 3YA 通电，主缸先导阀 3 和主缸换向阀 7 都处于中位，其油液流动路线为：

进油路：液压泵→顺序阀 10→主缸换向阀 7(中位)→下缸电液换向阀 2(右位)→下缸 1 下腔；

回油路：下缸 1 上腔→下缸电液换向阀 2(右位)→油箱。

顶出缸活塞上升、顶出,以便取出压制成型的工件。

(2)顶出缸退回

顶出缸向下退回时,电磁铁 3YA 断电、4YA 通电,这时油液流动路线为:

进油路:液压泵→顺序阀 10→主缸换向阀 7(中位)→下缸电液换向阀 2(左位)→下缸 1 上腔;

回油路:下缸 1 下腔→下缸电液换向阀 2(左位)→油箱。

(3)顶出缸停止

电磁铁 3YA、4YA 都断电,下缸电液换向阀 2 处于中位,顶出缸停止运动。

表 7-3 为该系统电磁铁的动作顺序。

表 7-3 YB32-200 型四柱万能液压机电磁铁动作顺序表

工作循环		电磁铁			
		1YA	2YA	3YA	4YA
主缸(上缸)	快速下行	+	−	−	−
	慢速加压	+	−	−	−
	保压延时	−	−	−	−
	快速返回	−	+	−	−
	原位停止	−	−	−	−
顶出缸(下缸)	顶出	−	−	+	−
	退回	−	−	−	+
	停止	−	−	−	−

注:"+"表示通电;"−"表示断电。

7.3.3 液压系统的主要特点

(1)系统利用主缸活塞、滑块自重的作用实现快速下行,并利用充液箱和液控单向阀 I_1 对主缸充液,从而减小泵的流量,简化油路结构。

(2)系统采用了释压阀来实现主缸滑块快速返回时主缸换向阀的延时换向功能(先卸压后换向),保证液压机动作平稳,不会在换向时产生液压冲击和噪声。

(3)系统利用管道和密封油液的弹性变形来实现保压,方法简单,但对液控单向阀和液压缸等元件的密封性能要求较高。

(4)主缸与下缸的运动互锁,以确保操作安全。

(5)系统中的两个液压缸各有一个安全阀进行过载保护。

7.4 机械手液压系统

7.4.1 概述

机械手是模仿人的手部动作,按给定程序实现自动抓取、搬运和操作的自动装置。特别是在高温、高压、多粉尘、易燃、易爆、放射性等恶劣环境中，以及笨重、单调、频繁的操作中能代替人作业，因此得到日益广泛的应用。

机械手一般由执行机构、驱动系统、控制系统及检测装置三大部分组成，智能机械手还具有感觉系统和智能系统。驱动系统多采用电、液、气联合驱动。

JS01 型工业机械手是圆柱坐标式全液压驱动机械手，具有手臂升降、伸缩、回转和手腕回转四个自由度。执行机构由手部伸缩、手腕伸缩、手臂伸缩、手臂升降、手臂回转和回转定位等机构组成，每一部分均由液压缸驱动与控制。它完成的动作循环为：

插定位销→手臂前伸→手指张开→手指夹紧抓料→手臂上升→手臂缩回→手腕回转 180°→拔定位销→手臂回转 95°→插定位销→手臂前伸→手臂中停（此时主机的夹头下降夹料）→手指张开（此时主机夹头夹着料上升）→手指闭合→手臂缩回→手臂下降→手腕回转复位→拔定位销→手臂回转复位→待料（泵卸载）。

7.4.2 JS01 型工业机械手液压系统的工作原理

JS01 型工业机械手液压系统如图 7-6 所示。各执行机构的动作均由电控系统发信号控制相应的电磁换向阀，按程序依次步进动作。电磁铁动作顺序见表 7-4。其动作次序为：

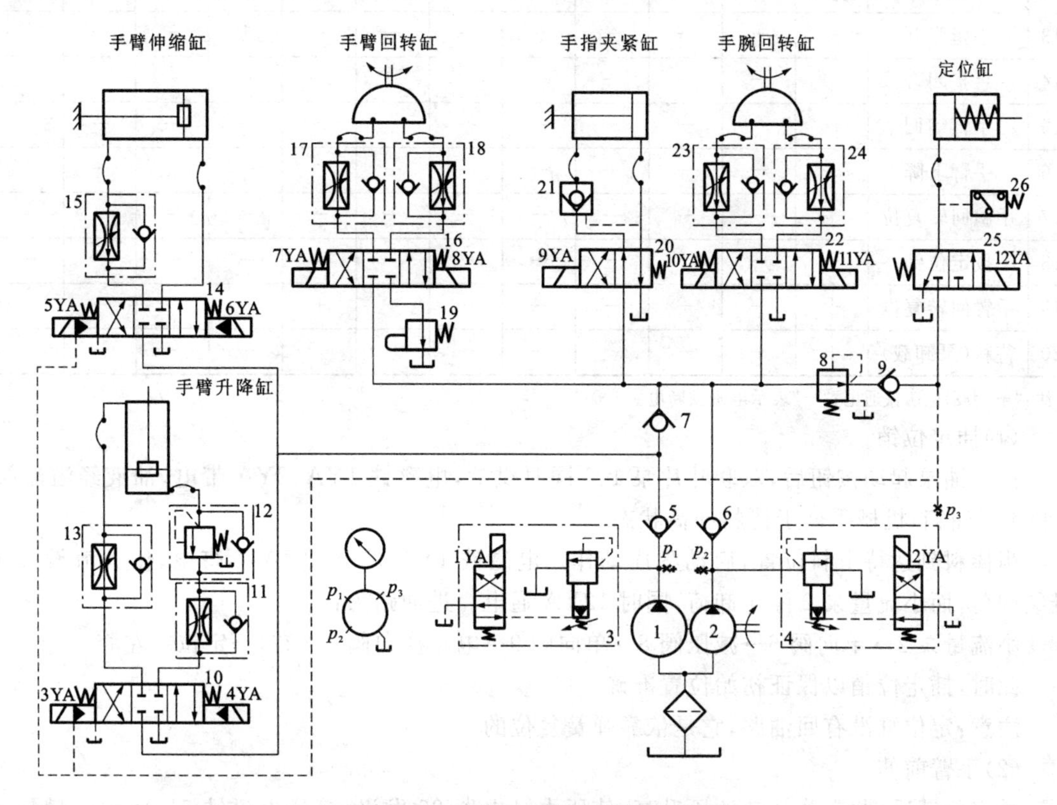

图 7-6 JS01 型工业机械手液压系统图

1—大流量泵；2—小流量泵；3、4—溢流阀；5、6、7、9—单向阀；8—减压阀

10、14、16、22—电液换向阀；11、13、15、17、18、23、24—单向调速阀；12—单向顺序阀

19—行程节流阀；20、25—电磁换向阀；21—液控单向阀；26—压力继电器

表 7-4 JS01 型工业机械手液压系统电磁铁动作顺序表

工作循环		电磁铁											
		1YA	2YA	3YA	4YA	5YA	6YA	7YA	8YA	9YA	10YA	11YA	12YA
1	插定位销	+	−	−	−	−	−	−	−	−	−	−	+
2	手臂前伸	−	−	−	−	+	−	−	−	−	−	−	+
3	手指张开	+	−	−	−	−	−	−	−	+	−	−	+
4	手指抓料	+	−	−	−	−	−	−	−	−	−	−	+
5	手臂上升	−	−	+	−	−	−	−	−	−	−	−	+
6	手臂缩回	−	−	−	−	−	+	−	−	−	−	−	+
7	手腕回转 180°	+	−	−	−	−	−	−	−	−	+	−	+
8	拔定位销	+	−	−	−	−	−	−	−	−	−	−	−
9	手臂回转 95°	+	−	−	−	−	−	+	−	−	−	−	−
10	插定位销	+	−	−	−	−	−	−	−	−	−	−	+
11	手臂前伸	−	−	−	−	+	−	−	−	−	−	−	+
12	手臂中停	−	−	−	−	−	−	−	−	−	−	−	+
13	手指张开	+	−	−	−	−	−	−	−	+	−	−	+
14	手指闭合	+	−	−	−	−	−	−	−	−	−	−	+
15	手臂缩回	−	−	−	−	−	+	−	−	−	−	−	+
16	手臂下降	−	−	−	+	−	−	−	−	−	−	−	+
17	手腕回转复位	+	−	−	−	−	−	−	−	−	−	+	+
18	拔定位销	+	−	−	−	−	−	−	−	−	−	−	−
19	手臂回转复位	+	−	−	−	−	−	−	+	−	−	−	−
20	待料(泵卸载)	+	+	−	−	−	−	−	−	−	−	−	−

注:"+"表示电磁铁通电;"−"表示电磁铁断电。

(1)插定位销

按下油泵起动按钮后,双联叶片泵 1、2 同时供油,电磁铁 1YA、2YA 带电,油液经溢流阀 3 和 4 至油箱,机械手处于待料卸荷状态。

当棒料到达待上料位置,启动程序动作。电磁铁 1YA 带电,2YA 不带电,使大流量泵 1 继续卸荷,而小流量泵 2 停止卸荷,同时 12YA 通电。进油路为:

小流量泵 2→单向阀 6→减压阀 8→单向阀 9→电磁换向阀 25(右)→定位缸左腔。

此时,插定位销以保证初始位置准确。

注意:定位缸没有回油路,它是依靠弹簧复位的。

(2)手臂前伸

插定位销后,此支路系统油压升高,使压力继电器 26 发讯,接通电磁铁 5YA,大流量泵 1 和小流量泵 2 经相应的单向阀汇流到电液换向阀 14 左位,进入手臂伸缩缸右腔。油路为:

进油路:大流量泵 1→单向阀 5→电液换向阀 14(左)→手臂伸缩缸右腔;

小流量泵 2→单向阀 6→单向阀 7→↑

回油路：手臂伸缩缸左腔→单向调速阀 15→电液换向阀 14(左)→油箱。

(3)手指张开

手臂前伸至适当位置，行程开关发讯，电磁铁 1YA、9YA 带电，大流量泵 1 卸载，小流量泵 2 供油，经单向阀 6、电磁换向阀 20 左位，进入手指夹紧缸右腔。回油路从缸左腔通过液控单向阀 21 及电磁换向阀 20 左位进入油箱。

(4)手指抓料

手指张开后，时间继电器延时。待棒料由送料机构送到手指区域时，时间继电器发讯使 9YA 断电，小流量泵 2 的压力油通过电磁换向阀 20 的右位进入缸的左腔，使手指夹紧棒料。其油路为：

进油路：小流量泵 2→单向阀 6→电磁换向阀 20(右)→液控单向阀 21→手指夹紧缸左腔；

回油路：手指夹紧缸右腔→电磁换向阀 20(右)→油箱。

(5)手臂上升

当手指抓料后，手臂上升。此时，大流量泵 1 和小流量泵 2 同时供油到升降缸。主油路为：

进油路：大流量泵 1→单向阀 5→电液换向阀 10(左)→单向调速阀 11→单向顺序阀 12→手臂升降缸下腔；

泵 2→单向阀 6→单向阀 7→（汇入电液换向阀 10 前）

回油路：手臂升降缸上腔→单向调速阀 13→电液换向阀 10(左)→油箱。

(6)手臂缩回

手臂上升至预定位置，碰行程开关，3YA 断电，电液换向阀 10 复位，6YA 带电。大流量泵 1 和小流量泵 2 一起供油至电液换向阀 14 右端，压力油通过单向调速阀 15 进入伸缩缸左腔，而右腔油液经阀 14 右端回油箱。

(7)手腕回转

当手臂上的碰块碰到行程开关时，6YA 断电，电液换向阀 14 复位，1YA、10YA 通电。此时，小流量泵 2 单独供油至电液换向阀 22 左端，通过单向调速阀 24 进入手腕回转油缸，使手腕回转 180°。

(8)拔定位销

当手腕上的碰块碰到行程开关时，10YA、12YA 断电，阀 22、25 复位，定位缸油液经电磁换向阀 25 左端回油箱，弹簧作用拔定位销。

(9)手臂回转

定位缸支路无油压后，压力继电器 26 发讯，接通 7YA。小流量泵 2 的压力油至单向阀 6 及电液换向阀 16 左端，通过单向调速阀 18 进入手臂回转缸，使手臂回转 95°。

(10)插定位销

当手臂回转碰到行程开关时，7YA 断电，12YA 又通电，插定位销同工作循环(1)。

(11)手臂前伸

此时的动作顺序同工作循环(2)。

(12)手臂中停

当手臂前伸碰行程开关后，5YA 断电，伸缩缸停止动作，确保手臂将棒料送到准确位置处，“手臂中停”等待主机夹头夹紧棒料，待夹紧后，时间继电器发讯。

(13)手指张开

接到继电器信号后,1YA、9YA 通电,手指张开同工作循环(3)。并启动时间继电器延时,主机夹头移走棒料后,时间继电器发讯。

(14)手指闭合

接时间继电器信号,9YA 断电,手指闭合同工作循环(4)。

(15)手臂缩回

当手指闭合后,1YA 断电,使大流量泵 1 和小流量泵 2 一起供油,同时 6YA 通电,其动作顺序同工作循环(6)。

(16)手臂下降

手臂缩回碰到行程开关,6YA 断电,4YA 通电。此时,电液换向阀 10 右端动作,压力油经电液换向阀 10 和单向调速阀 13 进入升降缸上腔。主油路为:

进油路:大流量泵 1→单向阀 5→电液换向阀 10(右)→单向调速阀 13→手臂升降缸上腔;

小流量泵 2→单向阀 6→单向阀 7→↑

回油路:手臂升降缸下腔→单向顺序阀 12→单向调速阀 11→电液换向阀 10(右)→油箱。

(17)手腕回转

当升降导套上的碰块碰到行程开关时,4YA 缸断电,1YA、11YA 通电。小流量泵 2 供油至电液换向阀 22 右端,压力油通过单向调速阀 23 进入手腕回转的另一腔,并使手腕回转 180°。

(18)拔定位销

手腕回转碰到行程开关后,11YA、12YA 断电,动作顺序同工作循环(8)。

(19)手臂回转

拔定位销,压力继电器发信号,8YA 接通。电液换向阀 16 右端动作,压力油进入手臂回转缸的另一腔,手臂反转 95°,机械手复位。

(20)待料卸载

手臂回转复位后,启动行程开关,8YA 断电,2YA 接通,此时,两油泵同时卸荷。机械手的动作循环结束,等待下一个循环。

机械手的动作也可由微机程序控制,与相关主机连为一体,其动作顺序基本相同。

7.4.3 液压系统特点

(1)系统采用了双联泵供油,额定压力为 6.3MPa,手臂升降及伸缩时由两个泵同时供油,流量为(35+18)L/min,手臂和手腕回转、手指松紧及定位缸工作时,只由小流量泵 2 供油,大流量泵 1 自动卸载。由于定位缸和控制油路所需压力较低,在定位缸支路上串联有减压阀 8,使之获得稳定的 1.5~1.8MPa 压力。

(2)手臂的伸缩和升降采用单杆双作用液压缸驱动,手臂的伸出和升降速度分别由单向调速阀 11、13 和 15 实现回油节流调速;手臂及手腕的回转由摆动液压缸驱动,其正、反向运动亦采用单向调速阀 17 和 18、23 和 24 回油节流调速。

(3)执行机构的定位和缓冲是机械手工作平稳、可靠的关键。一般来说,机械手工作速度越快,启动和停止时的惯性力就越大,振动和冲击就越大,这不仅会影响其定位精度,严重时还会损伤机件。为达到机械手的定位精度和运动平稳性的要求，一般在定位前要求采取缓冲措施。

该机械手手臂伸出、手腕回转由死挡铁定位保证精度，端点到达前发信号切断油路，滑行缓冲，手臂缩回和手臂上升由行程开关适时发信号，提前切断油路滑行缓冲并定位。此外，手臂伸缩缸和升降缸采用了电液换向阀换向，调节换向时间，亦增加缓冲效果。由于手臂的回转部分质量较大，转速较高，运动惯性矩较大，系统的手臂回转缸除采用单向调速阀回油节流调速外，还在回油路上安装有行程节流阀 19 进行缓冲，最后由定位缸插销定位，满足定位精度要求。

(4)为使手指夹紧工件后不受系统压力波动的影响，能牢固地夹紧工件，采用了液控单向阀 21 的锁紧回路。

(5)手臂升降缸为立式液压缸，为支承平衡手臂运动部件的自重，采用了单向顺序阀 12 的平衡回路。

7.5 多轴钻床液压系统

图 7-7 所示为一多轴钻床液压传动系统图。三个液压缸的动作顺序为：夹紧液压缸下降→分度液压缸前进→分度液压缸后退→进给液压缸快速下降→进给液压缸慢速钻削→进给液压缸上升→夹紧液压缸上升→暂停一段时间，如此就完成了一个工作循环。

7.5.1 工作原理与动作分析

(1)夹紧缸下降

按下启动按钮，3YA 通电，控制油路的进油路线为：变量叶片泵 3→单向阀 6—减压阀 11→电磁阀 13 左位→夹紧缸上腔(无杆腔)。回油路线为：夹紧缸下腔→电磁阀 13 左位→油箱。进、回油路无任何节流设施，且夹紧缸下降所需工作压力低，故泵以大流量送入夹紧缸，夹紧缸快速下降。夹紧缸夹住工件时，其夹紧力由减压阀 11 来调定。

(2)分度缸前进

夹紧液压缸将工件夹紧时并触发一微动开关使 5YA 通电，进油路线为：变量叶片泵 3→左腔单向阀 6→减压阀 11→电磁阀 14 左位→分度缸右腔。回油路线为：分度缸左腔→电磁阀 14 左位→油箱。因无任何节流设施，且分度液压缸前进时所需工作压力低，故泵以大流量送入液压缸，分度缸快速前进。

(3)分度缸后退

分度缸前进碰到微动开关使 6YA 通电，分度缸快速后退，进油路线为：变量叶片泵 3→单向阀 6→减压阀 11→电磁阀 14 右位→分度缸左腔。回油路线为：分度缸右腔→电磁阀 14 右位→油箱。

(4)钻头进给缸快速下降

分度缸后退碰到微动开关使 2YA 通电，进油路线为：变量叶片泵 3→单向阀 6→电磁阀 12 右位→进给液压缸上腔。回油路线为：进给液压缸下腔→凸轮操作行程调速阀 17 右位(行

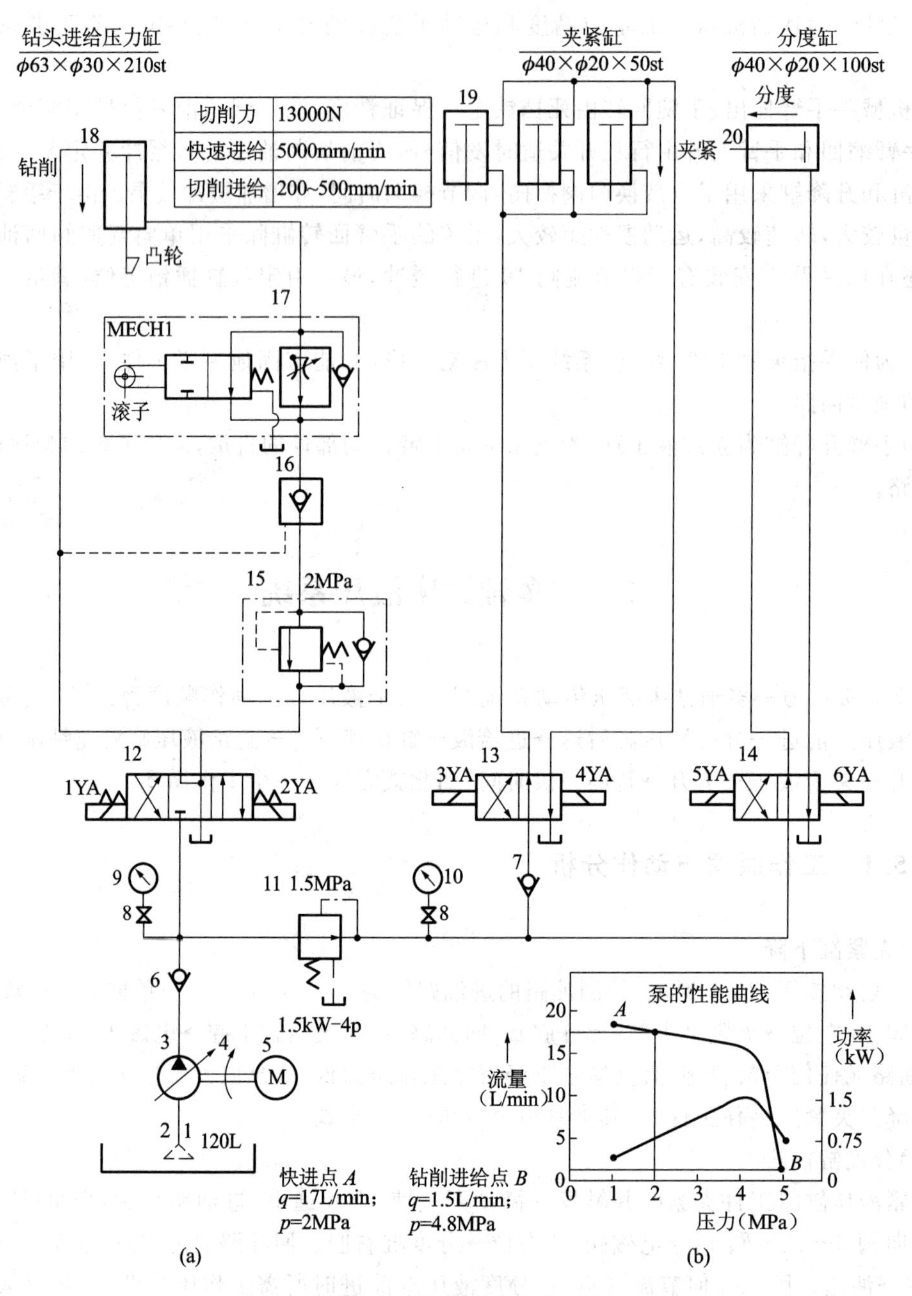

图 7-7 多轴钻床液压传动系统

(a)系统图;(b)泵的性能曲线

1—油箱;2—滤清器;3—变量叶片泵;4—联轴节;5—电动机;6、7—单向阀;8—切断阀;9、10—压力计;

11—减压阀;12、13、14—电磁阀;15—平衡阀;16—液控单向阀;17—行程调速阀(二级速度);18、19、20—液压缸

程减速阀)→液控单向阀 16→平衡阀 15→电磁阀 12 右位→油箱。在凸轮板未压到滚子时,回油没被节流(回油经由凸轮操作调速阀的减速阀),且尚未钻削,故泵的工作压力 $p=2\text{MPa}$,泵流量 $q=17\text{L/min}$,进给缸快速下降。

(5)钻头进给液压缸慢速下降(钻削进给)

当凸轮板压到滚子时,回油只能由调速阀流出,回油被节流,进给液压缸慢速钻削。进油路线同钻头进给缸快速下降,回油路线为:进给缸下腔→行程调速阀 17→液控单向阀 16→平衡阀 15→电磁阀 12 右位→油箱。因液压缸出口液压油被节流,且钻削阻力增大,故泵工作压力增大($p=4.8$MPa),泵流量下降($q=1.5$L/min),所以进给液压缸慢速下降。

(6)进给缸上升

当钻削完成碰到微动开关,使 1YA 通电时,进油路线为:变量叶片泵 3→单向阀 6—电磁阀 12 左位→平衡阀 15(走单向阀)→液控单向阀 16→凸轮操作行程调速阀 17(走单向阀)→进给缸下腔。回油路线为:进油液压缸上腔→电磁阀 12 左位→油箱。进给缸后退时,因进、回油路均没被节流,泵工作压力低,泵以大流量送入液压缸,故进给缸快速上升。

(7)夹紧缸上升

进给缸上升碰到微动开关,使 4YA 通电时,进油路线为:变量叶片泵 3→单向阀 6—减压阀 11→单向阀 7→电磁阀 13 右位→夹紧缸下腔。回油路线为:夹紧缸上腔→电磁阀 13 右位→油箱。因进、回油路均没有节流设施,且上升时所需工作压力低,泵以大流量送入液压缸,故夹紧缸快速上升。

7.5.2 液压系统组成特点

以液压缸为中心,可将该液压回路分成三个子系统:钻头进给液压缸子系统,此子系统由液压缸 18、凸轮操作行程调速阀 17、液控单向阀 16、平衡阀 15 及电磁阀 12 所组成,此子系统包含速度切换(二级速度)回路、锁定回路、平衡回路及换向回路等基本回路;夹紧缸子系统,此子系统由液压缸 19 及电磁阀 13 组成;分度缸子系统,此子系统由液压缸 20 及电磁阀 14 所组成。夹紧缸子系统和分度缸子系统均只有一个基本回路即换向回路。

多轴钻床液压系统有以下几个特点:

(1)钻头进给液压缸的速度控制凸轮操作行程调速阀 17,故速度变换稳定,不易产生冲击,控制位置正确,可使钻头尽量接近工件。

(2)平衡阀 15 可使进给液压缸上升到尽头时产生锁定作用,防止进给液压缸由于自重而产生不必要的下降现象,此平衡阀所建立的回油背压阀阻力亦可防止液压缸下降现象的产生。

(3)液控单向阀 16 可使进给液压缸上升到尽头时产生锁定作用,防止进给液压缸由于自重而产生不必要的下降现象。

(4)减压阀 11 可设定夹紧缸和分度缸的最大工作压力。

(5)单向阀 7 在防止分度缸前进或进给缸下降作用时,由于夹紧缸上腔的压油流失而使夹紧压力下降。

(6)该液压系统采用变排量(压力补偿型)式泵当动力源,可节省能源。此系统亦可用定量式泵当动力源,但在慢速钻削阶段,轴向力大,且大部分压油经溢流阀流回油箱,能量损失大,易造成油温上升。此系统可采用复合泵以达到节约能源、防止油温上升的目的,但设备较复杂,且费用较高。

习 题

7-1 图 7-1 所示的动力滑台液压系统由哪些基本回路所组成?是如何实现差动连接的?采用行程阀进行快、慢速度的转换,有何特点?液控顺序阀 6 起什么作用?

7-2 图 7-3 所示的 SZ-250/160 型注塑机液压系统是如何实现多级压力控制的？系统中的行程阀 6、背压阀 16 各起什么作用？写出其动作循环(7)防流涎的主油路。

7-3 图 7-5 所示的 YB32-200 型液压机是如何实现主缸的泄压、快速返回的？是如何实现顶出缸的顶出的？

7-4 图 7-6 所示的 JS01 型工业机械手液压系统是如何实现手臂升降的调速的？试说明液控单向阀 21、行程节流阀 19 的功用及动作循环(6)手臂缩回的油路。

7-5 根据图 7-7，结合多轴钻床液压传动系统的动作分析，判断电磁铁的动作顺序表(表 7-5)是否正确。

表 7-5 电磁铁动作顺序表

工作循环		电磁铁通电					
		1YA	2YA	3YA	4YA	5YA	6YA
1	夹紧缸下降	−	−	+	−	−	−
2	分度缸前进	−	−	−	−	+	−
3	分度缸后退	−	−	−	−	−	+
4	钻头进给缸快速下降	−	+	−	−	−	−
5	钻头进给缸慢速下降	−	+	−	−	−	−
6	进给缸上升	+	−	−	−	−	−
7	夹紧缸上升	−	−	−	+	−	−

注："＋"表示通电；"－"表示断电。

7-6 图 7-8 所示是压力机液压系统，可以实现"快进—慢进—保压—快退—停止"的动作循环。试读此系统图并写出：

(1)各元件的名称和功用；

(2)各动作的油液流动情况及工作循环表。

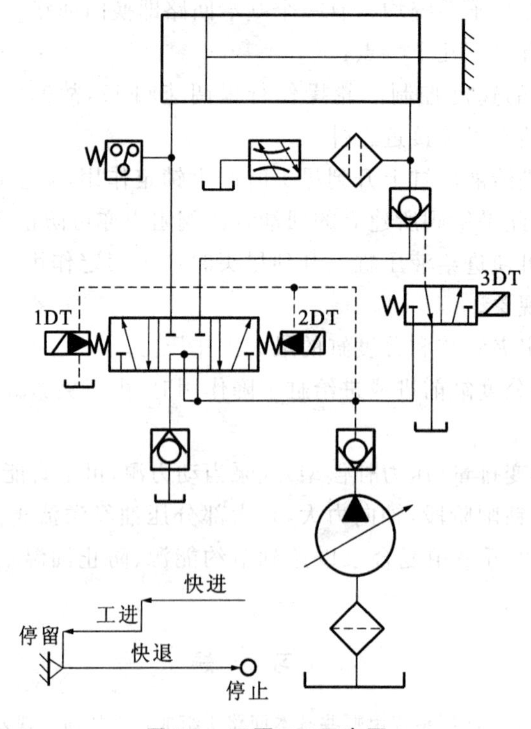

图 7-8 习题 7-6 示意图

7-7 图 7-9 所示是一台专用铣床液压系统原理图，请标出各元件的名称，并分析每个动作的油路情况及相应的电磁铁动作顺序。

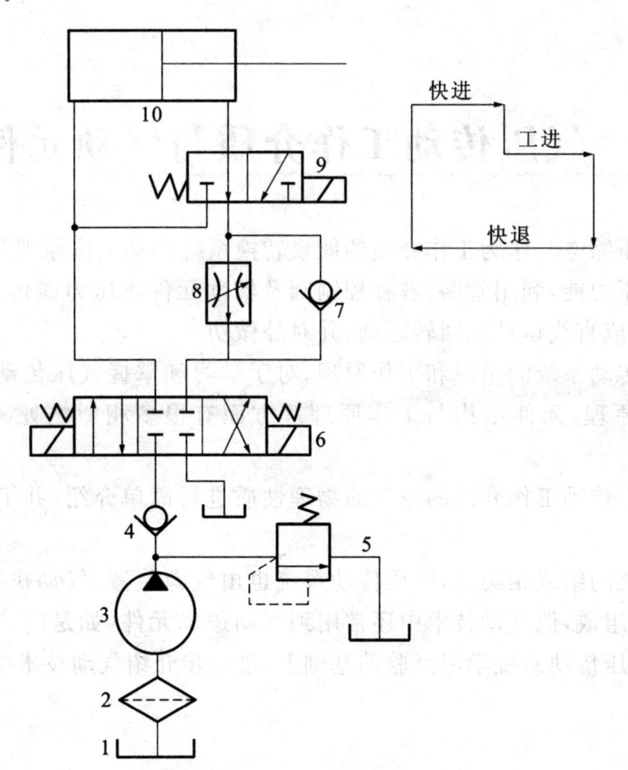

图 7-9 习题 7-7 示意图

8 气压传动工作介质与气动元件

气压传动是以压缩空气作为工作介质的能量转换系统。其工作原理是将原动机输出的机械能转变为空气的压力能,利用管路、各种控制阀及辅助元件将压力能传送到执行元件,再转换成机械能,从而完成直线运动或回转运动,并对外做功。

充分了解液压传动系统的组成和工作原理,对于学习和掌握气压传动系统有一定的借鉴作用。二者在系统原理、元件结构与工作原理等方面有很多相似之处,但也有显著的不同之处。

本章对作为气压传动工作介质的空气的物理性质进行简单介绍,并了解气体状态方程的应用。

与液压传动系统的组成相类似,气压传动系统也由气源装置、气动执行元件、气动控制元件、气动辅助元件等组成,但气动技术中还常用到气动逻辑元件(如是门、与门、或门和非门等元件)。本章将在液压传动系统学习经验的基础上,进一步介绍气动技术中最常用的元件的结构和工作原理。

8.1 空气的物理性质及气体状态方程

8.1.1 空气的物理性质

8.1.1.1 空气的组成

自然界的空气是由很多气体混合而成的,其主要成分有氮气(N_2)和氧气(O_2),其他气体占的比例极小。此外,空气中常含有一定量的水蒸气。

湿空气:含有水蒸气的空气称为湿空气,大气中的空气基本上都是湿空气。

干空气:不含水蒸气的空气称为干空气。

标准状态下(温度 $t=0$℃、压力 $p_0=0.1013$MPa),干空气的组成如表 8-1 所示。

表 8-1 干空气的组成

成分	氮气(N_2)	氧气(O_2)	氩气(Ar)	二氧化碳(CO_2)	其他气体
体积(%)	78.03	20.93	0.932	0.03	0.078
质量(%)	75.50	23.10	1.28	0.045	0.075

湿空气的压力称为全压力 p,是干空气的分压力 p_g 和水蒸气的分压力 p_s 之和,即:

$$p = p_g + p_s \tag{8-1}$$

分压力是指湿空气的各个组成成分气体,在相同温度下占湿空气总容积时所具有的压力。平常所说的大气压力就是指湿空气的全压力。

8.1.1.2 空气的湿度

由于湿空气中的水分对气动系统的稳定性和元件的使用寿命有很大影响,因此对空气中水分的含量应进行限定。在气动系统的气源装置中,对湿空气进行干燥处理是十分重要的,以防止将水分带入气动系统内。

在一定的压力和温度条件下,含有最大限度水蒸气的空气称为饱和湿空气,反之为未饱和湿空气。一般的湿空气都处于未饱和状态。

湿空气所含水分的程度常用湿度来表示。

(1)绝对湿度

绝对湿度是指单位体积的湿空气中,所含水蒸气的质量,用 χ 表示,单位为 kg/m³,即:

$$\chi = \frac{m_s}{V} \tag{8-2}$$

式中 m_s——湿空气中水蒸气的质量(kg);

V——湿空气的体积(m³)。

如果是饱和湿空气,它的绝对湿度称为饱和绝对湿度,用 χ_b 表示,单位为 kg/m³,标准大气压下,湿空气的饱和绝对湿度 χ_b 参见表 8-2。

表 8-2 饱和湿空气中水蒸气的分压力、饱和绝对湿度和温度的关系

温度 t/℃	饱和水蒸气分压力 p_b/MPa	饱和绝对湿度 χ_b/g·m^{-3}	温度 t/℃	饱和水蒸气分压力 p_b/MPa	饱和绝对湿度 χ_b/g·m^{-3}
100	0.1013	—	20	0.0023	17.3
80	0.0473	290.8	15	0.0017	12.8
70	0.0312	197.0	10	0.0012	9.4
60	0.0199	129.8	6	0.0009	7.26
50	0.0123	82.9	0	0.0006	4.85
40	0.0074	51.0	−6	0.00037	3.16
35	0.0056	39.5	−10	0.00026	2.25
30	0.0042	30.3	−16	0.00015	1.48
25	0.0032	23.0	−20	0.0001	1.07

(2)相对湿度

相对湿度是指在某温度和压力下,湿空气的绝对湿度与饱和绝对湿度之比,用 φ 表示,即:

$$\varphi = \frac{\chi}{\chi_b} \times 100\% = \frac{p_s}{p_b} \times 100\% \tag{8-3}$$

当 $p_s = 0, \varphi = 0$ 时,空气绝对干燥,即干空气;当 $p_s = p_b, \varphi = 100\%$ 时,湿空气饱和,饱和湿空气吸收水蒸气的能力为零,此时的温度为露点温度,简称露点,达到露点以后,湿空气将要有水分析出。一般 φ 值在 0～100%之间变化。

当空气的相对湿度在 60%～70%范围内时,人体感觉比较舒适,否则就会感觉过于干燥或过于潮湿。在气动技术中规定，为了使各元件正常工作，工作介质的相对湿度不得大于90%，当然越小就越干燥，越干燥就越好。

8.1.1.3 空气的密度

空气具有一定质量，密度是单位体积内空气的质量，用 ρ 表示，单位是 kg/m^3，即：

$$\rho = \frac{m}{V} \tag{8-4}$$

式中 m——空气的质量(kg)；

V——空气的体积(m^3)。

空气的密度与温度、压力有关，三者满足气体状态方程。

8.1.2 气体状态方程

气体的三个状态参数是压力 p、温度 T 和体积 V。气体状态方程描述的是气体处于某一平衡状态时，这三个参数之间的关系。

8.1.2.1 理想气体的状态方程

所谓理想气体，是指没有黏性的气体。

一定质量的理想气体在处于某一平衡状态时，其状态方程为：

$$\frac{p_1V_1}{T_1} = \frac{p_2V_2}{T_2} = 常数 \tag{8-5}$$

或

$$p = \rho RT \tag{8-6}$$

式中 p_1、p_2——气体在1、2两种状态下的绝对压力(Pa)；

V_1、V_2——气体在1、2两种状态下的体积(m^3)；

T_1、T_2——分别为气体在1、2两种状态下的热力学温度(K)；

ρ——气体的密度(kg/m^3)；

R——气体常数[J/(kg·K)]，干空气 R_g=287.1J/(kg·K)，水蒸气 R_s= 462.05J/(kg·K)。

p、V、T 的变化决定了气体的不同状态，在状态变化过程中加上限制条件时，理想气体状态方程将有以下几种形式。

8.1.2.2 气体状态变化过程

(1)等容过程(查理定律)

一定质量的气体，在体积不变的条件下，所进行的状态变化过程，称为等容过程。根据式(8-5)可得：

$$\frac{p_1}{T_1} = \frac{p_2}{T_2} \tag{8-7}$$

即当体积不变时，压力上升，气体的温度随之上升；压力下降，气体的温度随之下降。

(2)等压过程(盖-吕萨克定律)

一定质量的气体,在压力不变的条件下所进行的状态变化过程,称为等压过程。根据式(8-5)可得:

$$\frac{V_1}{T_1}=\frac{V_2}{T_2} \tag{8-8}$$

即当压力不变时,温度上升,气体的体积增大,气体膨胀;温度下降,气体体积缩小。

(3)等温过程(玻意耳定律)

一定质量的气体,在温度保持不变的条件下所进行的状态变化过程,称为等温过程。当气体状态变化很慢时,可视为等温过程,如气动系统中的气缸慢速运动、管道送气过程等。根据式(8-5)可得:

$$p_1V_1=p_2V_2 \tag{8-9}$$

即在温度不变的条件下,气体压力上升时,气体体积被压缩;气体压力下降时,气体体积膨胀。

(4)绝热过程

一定质量的气体,在其状态变化过程中,和外界没有热量交换的过程称为绝热过程。当气体状态变化很快时,如气动系统的快速充、排气过程可视为绝热过程。其状态方程式为:

$$p_1V_1^k=p_2V_2^k=\text{常数} \tag{8-10}$$

或

$$\frac{p_1^{\left(\frac{k-1}{k}\right)}}{T_1}=\frac{p_2^{\left(\frac{k-1}{k}\right)}}{T_2} \tag{8-11}$$

式中 k——绝热指数,对空气来说,$k=1.4$;对于饱和蒸汽来说,$k=1.3$。

在绝热过程中,系统靠消耗自身内能对外做功。

【例 8-1】 由空气压缩机往贮气罐内充入压缩空气,使罐内压力由 0.1MPa(绝对)升到 0.25MPa(绝对),气罐温度从室温 20℃升到 t,充气结束后,气罐温度又逐渐降至室温,此时罐内压力为 p,求 p 和 t 各为多少?(提示:气源温度也为 20℃)

【解】 此过程是一个复杂的充气过程,为简化起见,将它看成是简单的绝热充气过程。

已知:$p_1=0.1\text{MPa}$,$p_2=0.25\text{MPa}$,$T_1=(20+273)\text{K}=293\text{K}$,由式(8-11)得:

$$T=T_1\left(\frac{p_2}{p_1}\right)^{\left(\frac{k-1}{k}\right)}=\left[293\times\left(\frac{0.25}{0.1}\right)^{\frac{1.4-1}{1.4}}\right]=380.7\text{K}$$

所以

$$t=T-273=380.7-273=107.7℃$$

充气结束后为等容过程,根据式(8-7)得:

$$p=\frac{T_1}{T}p_2=\frac{293}{380.7}\times0.25=0.192\text{MPa}$$

8.2 气源装置及其辅助元件

最简单的气压传动系统的气源装置,可以是一台独立的空气压缩机,当然它所提供的气源的干净、干燥程度都不太高,但简单实用。

气压传动系统对气源空气质量要求较高,可以使用压缩空气站来提供高质量的压缩空气。图 8-1 所示为一般压缩空气站的设备组成和布置示意图。

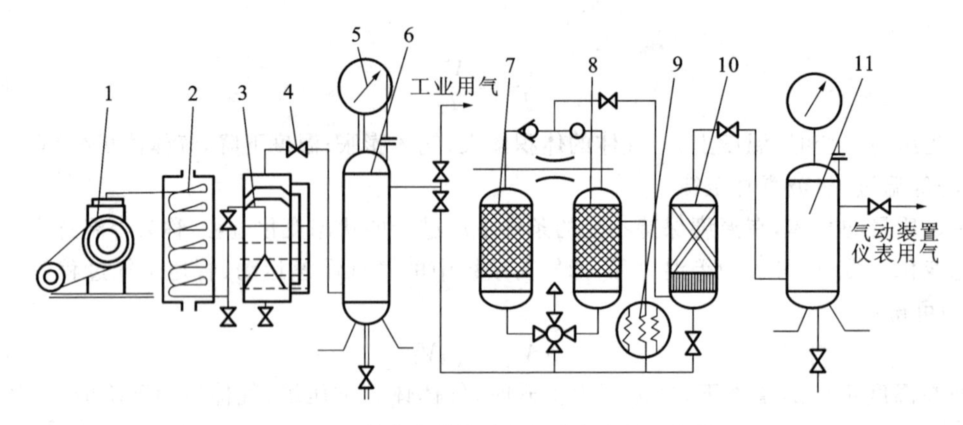

图 8-1 压缩空气站的设备组成和布置示意图

1—空气压缩机;2—后冷却器;3—除油器;4—阀门;5—压力表;

6、11—贮气罐;7、8—干燥器;9—加热器;10—空气过滤器

图 8-1 中空气压缩机 1 产生压缩空气,一般由电动机带动,其进气口装有简易空气过滤器,简单过滤掉空气中的一些灰尘、杂质。后冷却器 2 用以降温、冷却压缩空气,使汽化的水、油凝结出来。除油器 3,使降温冷凝出来的水滴、油滴、杂质从压缩空气中分离出来,再从排油水口排出。贮气罐 6 用以贮存压缩空气、稳定压缩空气的压力,并除去其中的油和水,贮气罐 6 输出的压缩空气即可用于一般要求的气压传动系统。干燥器 7、8,用以进一步吸收和排除压缩空气中的水分及油分,使之变成干燥空气。空气过滤器 10,用以进一步过滤压缩空气中的灰尘、杂质。从贮气罐 11 输出的压缩空气质量较高,可用于对空气质量要求较高的气动系统。

8.2.1 空气压缩机

气源装置的主体是空气压缩机,简称空压机,气源装置中的其他辅助元件都是为了提高空气质量的。空气压缩机是气动系统的动力源,类似于液压系统中的液压泵,它是将电动机输出的机械能转换成气体压力能的能量转换装置。

(1)空气压缩机的工作原理

气压系统中最常用的空气压缩机为往复活塞式压缩机,其工作原理如图 8-2 所示。活塞式空压机是通过曲柄连杆机构使活塞作往复运动而完成吸气、压气,并达到提高气体压力的目的的。当活塞 3 向右移动时,气缸内活塞左腔的压力低于大气压力,吸气阀 9 被打开,空气在大气压力的作用下进入气缸 2 内,这一过程称为吸气过程;当活塞 3 向左移动时,吸气阀 9 在缸内压缩气体的作用下关闭,缸内气体被压缩,这一过程称为压缩过程;当气缸内空气压力高于输出管路内压力 p 后,排气阀 1 被打开,压缩空气送至输气管路内,这一过程称为排气过程。曲柄旋转一周,活塞往复行程一次,即完成“吸气—压缩—排气”一个工作循环。活塞的往复运动是由电动机带动曲柄 8 转动,通过连杆 7、十字头滑块 5、活塞杆 4 转化成直线往复运动而产生的。图 8-2 中只表示一个活塞和一个缸的空气压缩机,大多数空气压缩机是多缸多活塞的组合。

(2)空气压缩机的选用

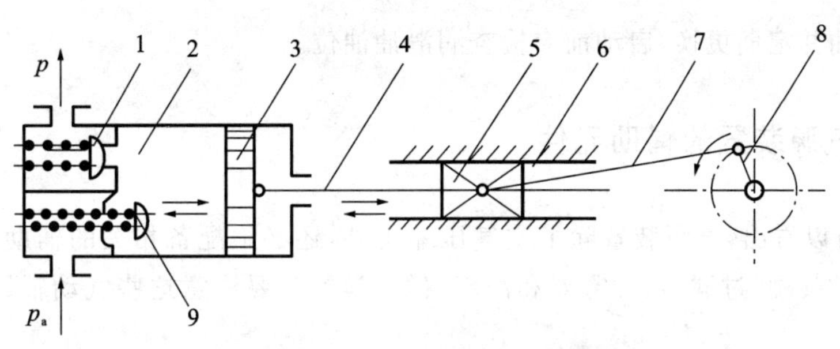

图 8-2 活塞式空气压缩机工作原理图

1—排气阀；2—气缸；3—活塞；4—活塞杆；5—十字头滑块；6—滑道；7—连杆；8—曲柄；9—吸气阀

按空压机输出压力大小，可将其分为如下几类：

低压空压机：输出压力在 0.2～1.0MPa 范围内；

中压空压机：输出压力在 1.0～10MPa 范围内；

高压空压机：输出压力在 10～100MPa 范围内；

超高压空压机：输出压力大于 100MPa。

按空压机输出流量(排量)可分为如下几类：

微型空压机：其输出流量小于 $1m^3/min$；

小型空压机：其输出流量在 $1\sim10m^3/min$ 范围内；

中型空压机：其输出流量在 $10\sim100m^3/min$ 范围内；

大型空压机：其输出流量大于 $100m^3/min$。

多数气动装置是断续工作的，而且其负载波动也较大，因此选择空气压缩机时，主要是根据系统所需的工作压力和流量这两个参数，来确定空压机的输出压力 p_c 和供气量 Q_c。

空压机的供气压力 p_c 为：

$$p_c = p + \sum \Delta p \tag{8-12}$$

式中 p——气动系统的工作压力(MPa)；

$\sum \Delta p$——气动系统总的压力损失。

气动系统的工作压力应为系统中各个气动执行元件工作时的最高工作压力。气动系统的总压力损失除了考虑管路的沿程阻力损失和局部阻力损失外，还应考虑为了保证减压阀的稳压性能所必需的最低输入压力，以及气动元件工作时的压降损失。

空压机供气量 Q_c 的大小应包括目前气动系统中各设备所需的耗气量，未来扩充设备所需耗气量及修正系数，其数学表达式为：

$$Q_c = kQ \tag{8-13}$$

式中，Q 为气动系统的最大耗气量，单位为 m^3/min；k 为修正系数(如避免空压机在全负荷下不停地运转，气动元件和管接头的漏损及各种气动设备是否同时连续使用等)，一般可取 $k=1.3\sim1.5$。

有了供气压力 p_c 与供气量 Q_c，可按空压机的特性要求来具体选择空压机的类型和型号。

(3)使用时的注意事项

空压机应安装在无粉尘、通风好、湿度小、温度低的地方，且要留有维护保养的空间，一般要安装在专用机房内。使用时，还要注意安全。

空压机运转时产生的噪音较大，所以必须考虑噪音的防治，如设置隔声罩，设置消声器等。

使用专用润滑油并定期更换，启动前应检查润滑油油位。

8.2.2 气源装置的辅助元件

从图 8-1 可以看出，气源装置除了空气压缩机外，还必须配备相关的辅助元件，包括后冷却器、除油器、贮气罐、过滤器、油雾器和消声器等，学习时要注意这些气动辅助元件的图形符号的画法。

8.2.2.1 后冷却器

压缩气体时，由于气体体积减小，压力增高，温度也增高。对于一般空气压缩机来说，排气温度可达 140～170℃，此时的压缩空气中含有的油、水均为气态，成为易燃易爆的气源，且它们的腐蚀作用很强，会损坏气动装置而影响系统正常工作，因此必须在空压机排气口处安装后冷却器。它的作用是将空气压缩机排出的压缩空气温度由 140～170℃冷却到 40～50℃，使其中的水汽和油雾凝结成水滴和油滴，以便经除油器排出。

冷却器主要有风冷式和水冷式两种，后冷却器一般采用水冷换热方式。水冷式后冷却器是通过强迫冷却水沿压缩空气流动方向的相反方向流动来进行冷却的，压缩空气的出口温度比环境温度高 10℃左右。通常使用间接式水冷冷却器，其结构形式有蛇管式、列管式、散热片式、套管式等。风冷式后冷却器是靠风扇产生的冷空气吹向带散热片的热气管道来降低压缩空气的温度的。它不需要循环冷却水，使用、维护方便，但处理的压缩空气量小，且经冷却后的压缩空气出口温度比环境温度高 15℃左右。

蛇管式后冷却器的结构和图形符号如图 8-3 所示，主要由一只蛇状空心盘管和一只盛装此盘的圆筒组成。蛇状盘管可用铜管或钢管弯曲制成，蛇管的表面积也是该冷却器的散热面积。由空气压缩机排出的热空气由蛇管上部进入，通过管外壁与管外的冷却水进行热交换，冷却后，由蛇管下部输出。这种冷却器结构简单，使用和维修方便，因而被广泛用于流量较小的场合。

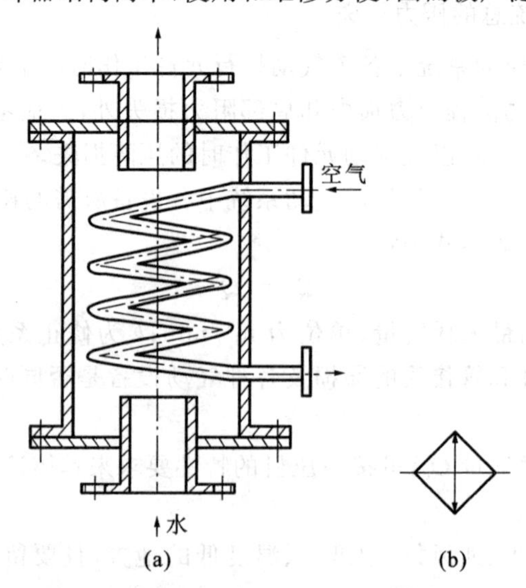

图 8-3 蛇管式后冷却器的结构示意图与图形符号

(a)结构示意图；(b)图形符号

8.2.2.2 除油器

除油器安装在后冷却器后的管道上，它的作用是分离压缩空气中所含的油分、水分和灰尘等杂质，使压缩空气得到初步净化。其结构形式有环形回转式、撞击并折回式、离心旋转式、水浴式及以上形式的组合使用等。

经常采用的是使气流撞击并产生环形回转流动的除油器，其结构和图形符号如图 8-4 所示。其工作原理是：当压缩空气由进气管进入除油器壳体以后，气流先受到隔板的阻挡，产生流向和速度的急剧变化（流向如图中箭头所示），而在压缩空气中凝聚的水滴、油滴等杂质，受惯性作用而分离出来，沉降于壳体底部，由下部的排油、水阀定期排出。

为了提高除油效果，气流回转后上升的速度不能太快，一般不超过 1m/s。通常除油器的高度 H 为其内径 D 的 3.5～4 倍。

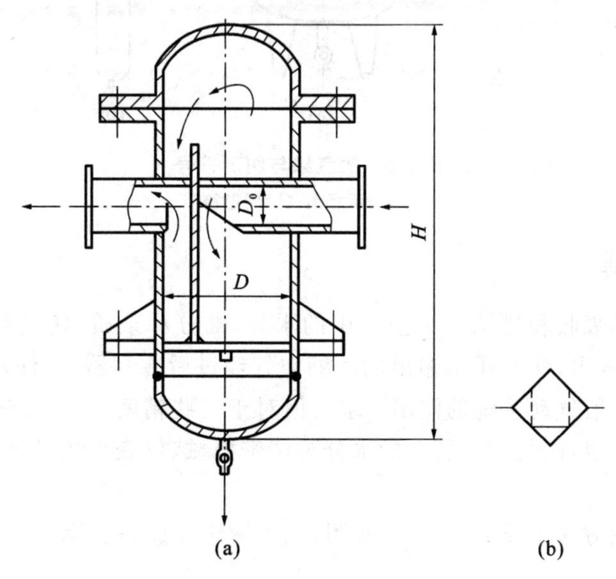

图 8-4　撞击折回并回转式除油器结构示意图与图形符号

(a)结构示意图；(b)图形符号

8.2.2.3 贮气罐

贮气罐的作用是储存一定数量的压缩空气，调节用气量以备空压机发生故障和临时应急用；消除压力脉动，保证连续、稳定的气流输出；减弱空压机排气压力脉动引起的管道振动；进一步分离压缩空气中的水分和油分。

贮气罐一般采用圆筒状焊接结构，有立式和卧式两种，一般以立式居多，其结构和图形符号如图 8-5 所示，进气口在下，出气口在上，并尽可能加大两口之间的距离，以利于进一步分离空气中的油水杂质。罐上设安全阀，其调整压力为工作压力的 110%；装设压力表指示罐内压力；设置手孔，以便清理、检查内部；底部设排放油、水的阀，并定时排放。贮气罐应布置在室外、人流较少处和阴凉处，注意使用安全。

目前，在气压传动中后冷却器、除油器和贮气罐三者一体的结构形式已被采用，这使压缩空气站的辅助设备大为简化。

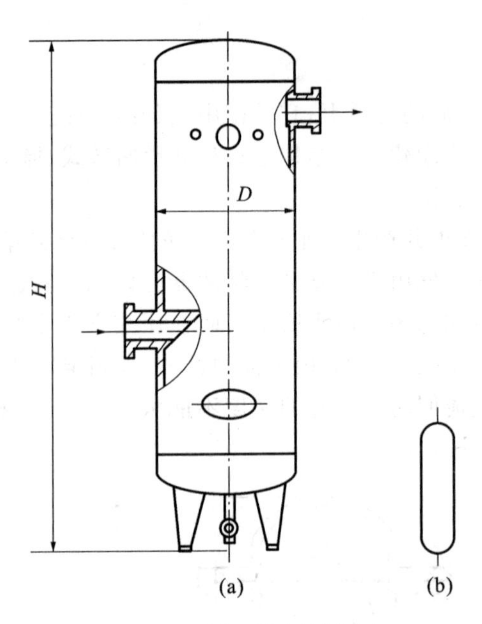

图 8-5 贮气罐与图形符号

(a)结构示意图;(b)图形符号

8.2.2.4 干燥器

干燥器的作用是吸收和排除压缩空气中的水分、油分和杂质,使湿空气变成干空气的装置,从图 8-1 中可以看出,从空压机输出的压缩空气经过后冷却器、除油器和贮气罐的初步净化处理后已能满足一般气动系统的使用要求。但对于一些精密机械、仪表等装置还不能满足要求,为防止初步净化后的气体中所含的水分对精密机械、仪表产生锈蚀,需要进行干燥和再精过滤。

目前使用的干燥方法主要有冷冻法、吸附法、机械法和离心法等。在工业上常用的是冷冻法和吸附法。

(1)冷冻式干燥器　它是使压缩空气冷却到一定的露点温度,然后析出空气中超过饱和气压部分的水分,降低其含湿量,增加空气的干燥程度。此方法适用于处理低压大流量,并对干燥度要求不高的压缩空气。压缩空气的冷却除用冷冻设备外也可采用制冷剂直接蒸发,或用冷却液间接冷却的方法。

(2)吸附式干燥器　它主要是利用具有吸附性能的吸附剂(如硅胶、活性氧化铝、焦炭、分子筛等物质)表面能够吸附水分的特性来清除水分的,从而达到干燥、过滤的目的。吸附法应用较为普遍。当干燥器使用几分钟后,吸附剂吸水达到饱和状态而失去吸水能力,因此需设法除去吸附剂中的水分,使其恢复干燥状态,以便继续使用,这就是吸附剂的再生。

图 8-6 所示为一种常见不加热再生式干燥器和它的图形符号,它有两个填满吸附剂的容器 1、2。当空气从容器 1 的下部流到上部,空气中的水分被吸附剂吸收而得到干燥,一部分干燥后的空气又从容器 2 的上部流到下部,把吸附在吸附剂中的水分带走并放入大气。即实现了不需外加热源而使吸附剂再生,两容器定期的交换工作(5～10min)使吸附剂产生吸附和再生,这样可得到连续输出的干燥压缩空气。

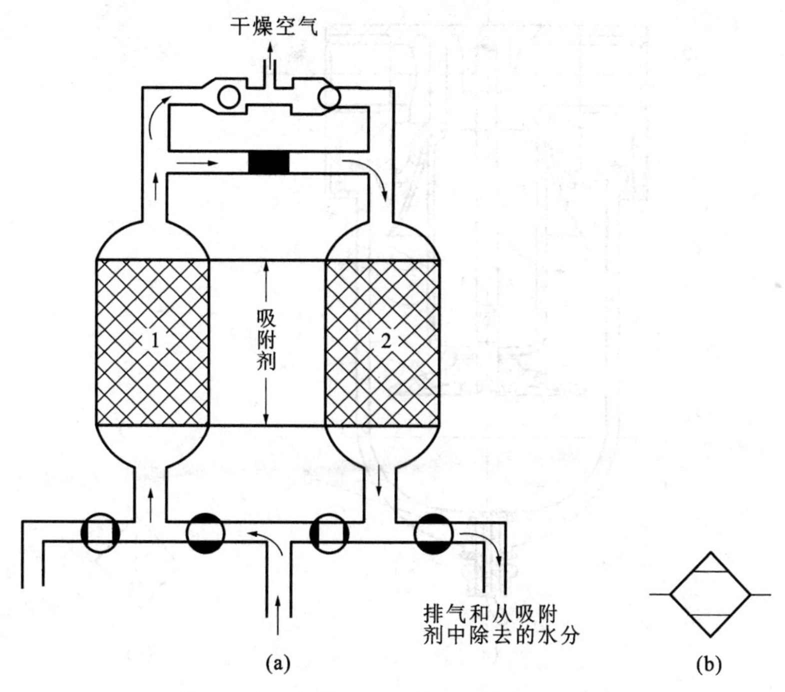

图 8-6 不加热再生式干燥器的工作原理图与图形符号

(a)工作原理图；(b)图形符号

1、2—容器

8.2.2.5 过滤器

过滤器的作用是滤除压缩空气中的杂质，达到系统所要求的净化程度。常用的有一次过滤器、二次过滤器和高效过滤器。

一次过滤器(也称简易空气过滤器)，由壳体和滤芯所组成，按滤芯所采用的材料不同可分为纸质、织物(麻布、绒布、毛毡)、陶瓷、泡沫塑料和金属(金属网、金属屑)等过滤器。空气进入空压机之前，必须经过简易空气过滤器，以滤去空气中所含的一部分灰尘和杂质。空气压缩机中普遍采用纸质过滤器和金属过滤器。

在空气压缩机的输出端使用的为二次过滤器(也称空气过滤器)。图 8-7 所示为二次过滤器的结构简图与图形符号。其工作原理是：压缩空气从输入口进入后，被引入旋风叶子 1，旋风叶子上有许多呈一定角度的缺口，迫使空气沿切线方向产生强烈旋转。这样夹杂在空气中的较大水滴、油滴和灰尘等便获得较大的离心力，从空气中分离出来沉到水杯底部。然后，气体通过中间的滤芯 2，部分杂质、灰尘又被滤掉，洁净的空气便从输出口输出。为防止气体旋转的旋涡将存水杯 3 中积存的污水卷起，在滤芯下部设有挡水板 4。为保证空气过滤器正常工作，必须及时将存水杯中的污水通过排水阀 5 排放。在某些人工排水不方便的场合，可选择自动排水式空气过滤器。存水杯由透明材料制成，便于观察其工作情况、污水高度和滤芯污染程度。

高效过滤器的过滤效率更高，适用于要求较高的气动装置和射流元件等。

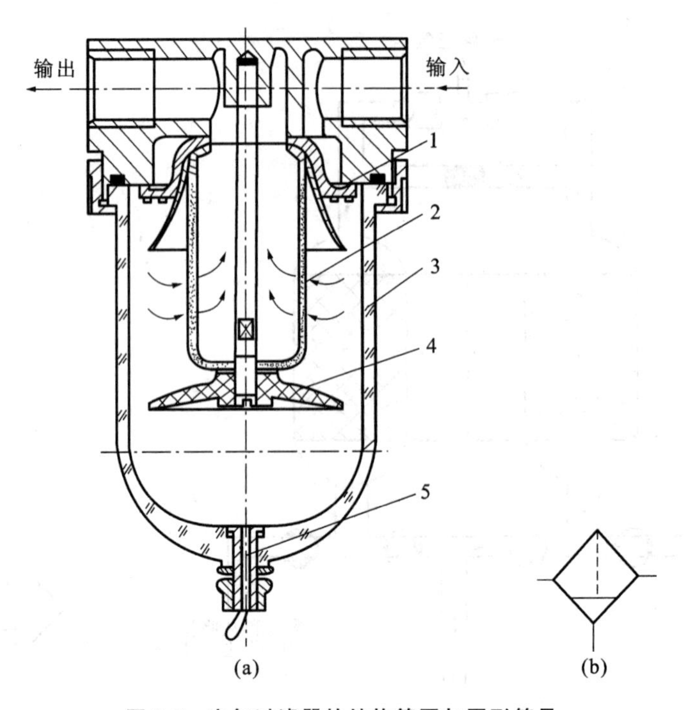

图 8-7　空气过滤器的结构简图与图形符号

(a)结构简图;(b)图形符号

1—旋风叶子;2—滤芯;3—存水杯;4—挡水板;5—排水阀

8.2.2.6　油雾器

气压传动中的各种阀和气缸一般都需要润滑,油雾器是一种特殊的注油装置,它以压缩空气为动力,将润滑油喷射成雾状并混合于压缩空气中,随着压缩空气进入需要润滑的部位,达到润滑气动元件的目的。目前,气动控制阀、气缸和气马达主要是靠这种带有油雾的压缩空气来实现润滑的,其优点是方便、干净和润滑质量高。

图 8-8 所示为普通型油雾器的结构图与图形符号。压缩空气从输入口 1 进入后,通过小孔 3 进入特殊单向阀[由阀座 5、钢球 12 和弹簧 13 组成,其工作情况如图 8-8(d)、(e)、(f)所示]。阀座的腔内[图 8-8(e)]在钢球 12 上、下表面形成压差,此压差被弹簧 13 的部分弹簧力所平衡,而使钢球处于中间位置,因而压缩空气就进入贮油杯 6 的上腔 A,油面受压,压力油经吸油管 10 将单向阀 9 的钢球托起,钢球上部管道有一个边长小于钢球直径的四方孔,使钢球不能将上部管道封死,压力油能不断地流入视油器 8 内,到达喷嘴小孔 2 中,被主通道中的气流从小孔 2 中引射出来,雾化后从输出口 4 输出。视油器上部的节流阀 7 用以调节滴油量,可在 0～200 滴/min 范围内调节。

普通型油雾器能在进气状态下加油,这时只要拧松油塞 11 后,A 腔与大气相通而压力下降,同时输入进来的压缩空气将钢球 12 压在阀座 5 上,切断压缩空气进入 A 腔的通道,如图 8-8(f)所示。又由于吸油管中单向阀 9 的作用,压缩空气也不会从吸油管倒灌到贮油杯中,所以就可以在不停气状态下向油塞口加油。加油完毕,拧上油塞,特殊单向阀又恢复工作状态,油雾器又重新开始工作。

贮油杯一般用透明的聚碳酸酯制成,能清楚地看到杯中的贮油量和清洁程度,以便及时补

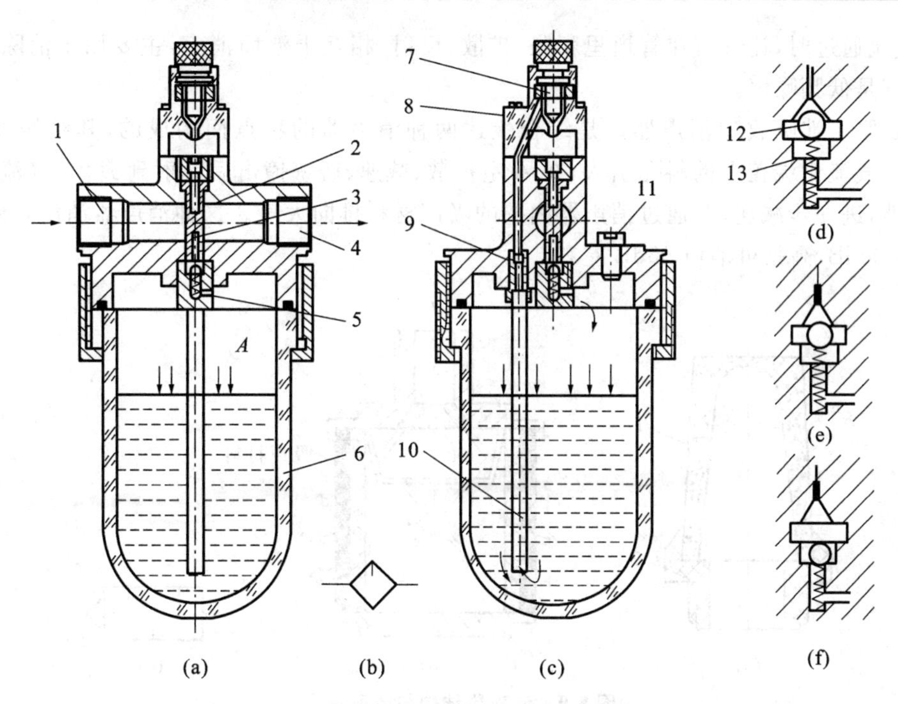

图 8-8 普通型油雾器的结构与图形符号

1—输入口；2、3—小孔；4—输出口；5—阀座；6—贮油杯；7—节流阀；
8—视油器；9—单向阀；10—吸油管；11—油塞；12—钢球；13—弹簧

充与更换。视油器用透明的有机玻璃制成，能清楚地看到油雾器的滴油情况。其供油量根据使用条件的不同而不同，一般以 $10m^3$ 自由空气(标准状态下)供给 1mL 的油量为基准。

油雾器在使用中一定要垂直安装，进出口不能接错；保持正常油面，它可以单独使用。

一般是将空气过滤器、减压阀、油雾器联合使用，使之具有过滤、减压和油雾润滑的功能，组成气源调节装置，这就是通常所称的“气动三联件”。

“气动三联件”在联合使用时，其连接顺序应为空气过滤器→减压阀→油雾器，不能颠倒。安装时，“气动三联件”的气源调节装置应尽量靠近气动设备，距离不应超过 5 m。

8.2.2.7 消声器

气动装置的噪声一般都比较大，尤其当压缩气体直接从气缸或换向阀排向大气时，由于阀内的气路复杂且又十分狭窄，压缩空气以接近声速(340m/s)的流速从排气口排向大气，较高的压差使气体体积急剧膨胀，产生涡流，引起气体的振动，发出强烈的噪声，一般可达 100～120dB，危害人体健康，使作业环境恶化。为消除和减弱这种噪声，应在气动装置的排气口安装消声器。

常用的消声器有三种形式：吸收型、膨胀干涉型和膨胀干涉吸收型。

(1)吸收型消声器。主要利用吸声材料(玻璃纤维、毛毡、泡沫塑料、烧结金属、烧结陶瓷以及烧结塑料等)来降低噪声。在气体流动的管道内固定吸声材料，或按一定方式在管道中排列，图 8-9(a)所示为其结构示意图。当气流通过消声罩 1 时，气流受阻，可使噪声降低约 20dB。吸收型消声器主要用于消除中高频噪声，特别对刺耳的高频声波的消声效果尤为显著，在气动系统中广泛应用。

(2)膨胀干涉型消声器。膨胀干涉型消声器结构很简单，相当于一段比排气孔口径大的管件。当气流通过时，让气流在管道里膨胀、扩散、反射、相互干涉而消声，主要用于消除中低频噪声，尤其是低频噪声。

(3)膨胀干涉吸收型消声器。是综合上述两种消声器的特点而构成的，其结构如图 8-9(b)所示。气流由端盖上的斜孔引入，在 A 室扩散、减速、碰壁撞击后反射到 B 室，气流束互相冲撞、干涉，进一步减速，并通过消声器内壁的吸声材料排向大气。这种消声器消声效果好，低频可消声 20dB，高频可消声 45dB 左右。

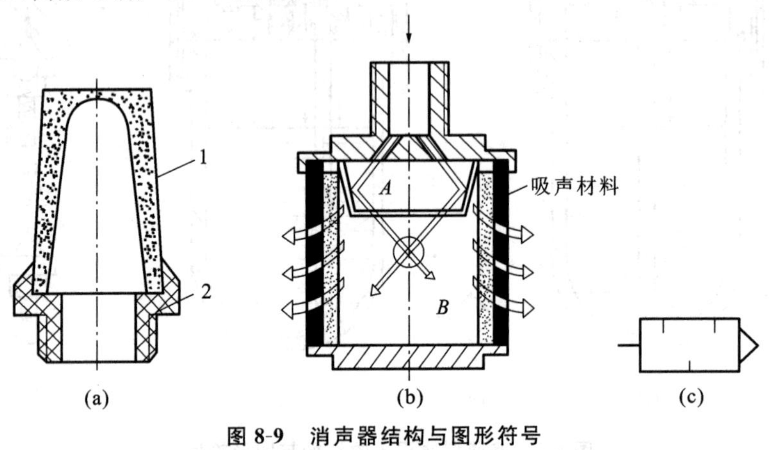

图 8-9 消声器结构与图形符号

(a)吸收型；(b)膨胀干涉吸收型；(c)图形符号

1—消声罩；2—连接螺钉

8.3 气动执行元件

气动执行元件是将压缩空气的压力能转化为机械能的能量转换装置，包括气缸和气动马达。可以实现往复直线运动和往复摆动运动的气动执行元件称为气缸；可以实现连续旋转运动的气动执行元件称为气动马达。

8.3.1 气缸

根据使用条件不同，气缸的结构、形状和功能也不一样。气缸主要的分类方式如下：按压缩空气对活塞的作用力方向分为单作用式和双作用式；按气缸的结构特征分为活塞式、薄膜式和柱塞式；按气缸的功能分为普通气缸（包括单作用式气缸和双作用式气缸）、薄膜气缸、冲击气缸、气-液阻尼缸、缓冲气缸和摆动气缸等。

气缸的优点是结构简单、成本低、工作可靠；在有可能发生火灾和爆炸的危险场合使用安全；气缸的运动速度可达到 1～3m/s，这在自动化生产线中可缩短辅助动作（例如传输、压紧等）的时间，提高劳动生产率，具有十分重要的意义。但是气缸也有缺点，主要是由于空气的压缩性使速度和位置控制的精度不高，输出功率小。

8.3.1.1 普通气缸

(1)单杆单作用气缸 压缩空气作用在活塞端面上，推动活塞运动，而活塞的反向运动依靠复位弹簧力或其他外力，这类气缸称为单作用气缸。其结构如图 8-10 所示。

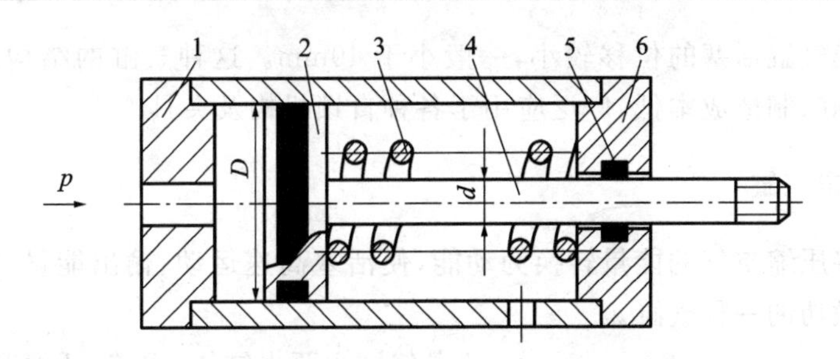

图 8-10 弹簧复位式的单作用气缸

1、6—端盖；2—活塞；3—弹簧；4—活塞杆；5—密封圈

(2)单杆双作用气缸　活塞在两个方向上的运动都是依靠压缩空气的作用而实现的，这类气缸称为双作用气缸。其结构如图 8-11 所示。

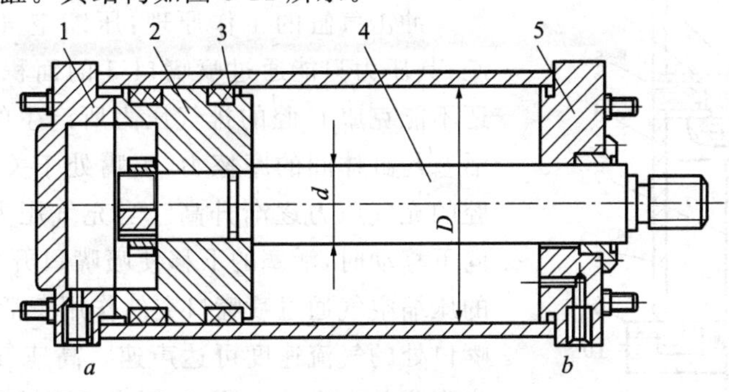

图 8-11 单杆双作用气缸

1、5—端盖；2—活塞；3—弹簧；4—活塞杆

8.3.1.2 薄膜气缸

膜片式气缸是以薄膜取代活塞带动活塞杆运动的一种气缸，它利用压缩空气通过膜片推动活塞杆作往复运动。按其结构也可分为单作用式和双作用式两种，如图 8-12 所示。

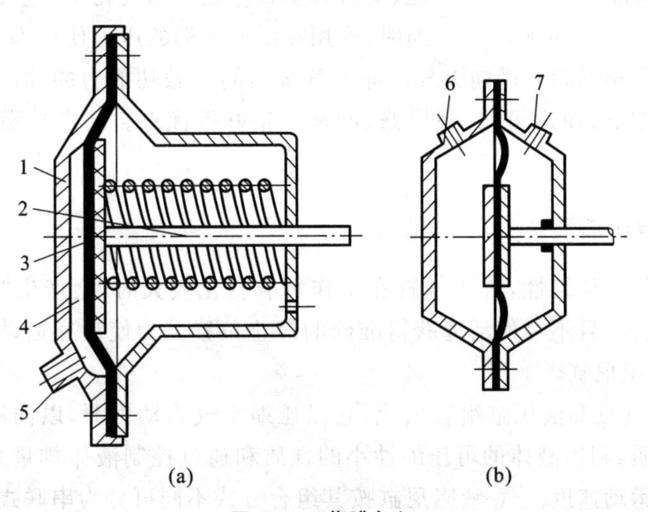

图 8-12 薄膜气缸

(a) 单作用式；(b) 双作用式

1—缸体；2—活塞杆；3—膜片；4—膜盘；5—进气口；6、7—进、出气口

单作用式薄膜气缸活塞的位移较小，一般小于 40mm。这种气缸的结构紧凑、重量轻、维修方便、密封性能好、制造成本低，广泛应用于各种自锁机构及夹具。

8.3.1.3 冲击气缸

冲击气缸是将压缩空气的能量转换为动能，使活塞高速运动、输出能量，能产生较大的冲击力来击打工件做功的一种气缸。

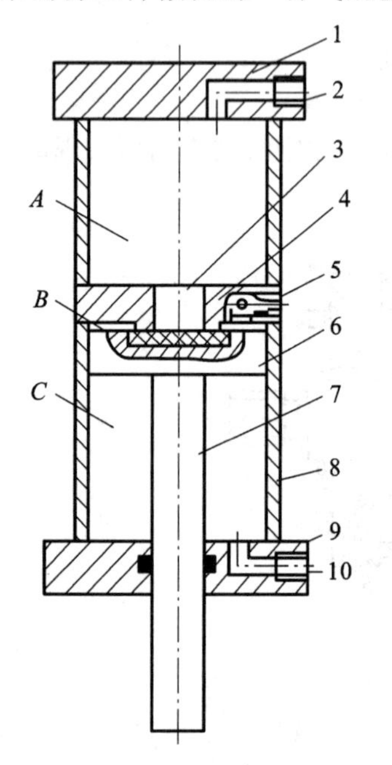

图 8-13 普通型冲击气缸的结构示意图

1、9—端盖；2、10—进、出气孔；3—喷嘴口；4—中盖；5—低压排气阀；6—活塞；7—活塞杆；8—缸体

冲击气缸主要由缸体、中盖、活塞和活塞杆等组成，图 8-13 所示为普通型冲击气缸的结构示意图，与普通气缸相比增加了蓄能腔 B 以及带有喷嘴和具有排气小孔的中盖 4。

冲击气缸的工作原理：压缩空气由气孔 2 进入 A 腔，其压力只能通过喷嘴口 3 的面积作用在活塞 6 上，还不能克服 C 腔的排气压力所产生的向上的推力以及活塞与缸体间的摩擦力，喷嘴处于关闭状态，从而使 A 腔的充气压力逐渐升高。当充气压力升高到能使活塞向下移动时，活塞的下移使喷嘴口开启，聚集在 A 腔中的压缩空气通过喷嘴口突然作用于活塞的全面积上，喷嘴口处的气流速度可达声速。高速气流进入 B 腔进一步膨胀并产生冲击波，其压力可高达气源压力的几倍到几十倍，给予活塞很大的向下的推力。此时 C 腔内的压力很低，活塞在很大的压差作用下迅速加速，在很短的时间内（0.25～1.25s）以极高的速度（最大速度可达 10m/s）向下冲击，从而获得很大的动能，可完成锻造、冲压、射钉等多种作业。当气孔 10 进气，气孔 2 与大气相通时，作用在活塞下端的压力使活塞上升，封住喷嘴口，B 腔残余气体经低压排气阀 5 排向大气。冲击气缸与同等做功能力的冲压设备相比，具有结构简单、体积小、成本低、使用可靠、易维修、冲裁质量好等优点。缺点是噪声较大，能量消耗大，冲击效率较低。

8.3.1.4 气-液阻尼缸

气体具有很大的可压缩性，普通气缸在工作负载变化较大时，会产生“爬行”或“自走”现象，气缸的平稳性较差，且不易使活塞获得准确的停止位置。为使活塞运动平稳，可利用液压油的性质采用气-液阻尼缸。

气-液阻尼缸由气缸和液压缸组合而成，它以压缩空气为动力源，以油液作为控制和调节气缸运动速度的介质，利用液体的可压缩性小的性质和通过控制液体排量来获得气缸的平稳运动和调节活塞的运动速度。气-液阻尼缸按其组合方式不同可分为串联式和并联式两种。

图 8-14 所示为串联式气-液阻尼缸的工作原理图，它将液压缸和气缸串联成一个整体，两个活塞固定在一根活塞杆上。若压缩空气从 B 口进入气缸右侧，必推动活塞向左运动，因液压缸活塞与气缸活塞是同一个活塞杆，故液压缸活塞也将向左运动，此时液压缸左腔排油，油

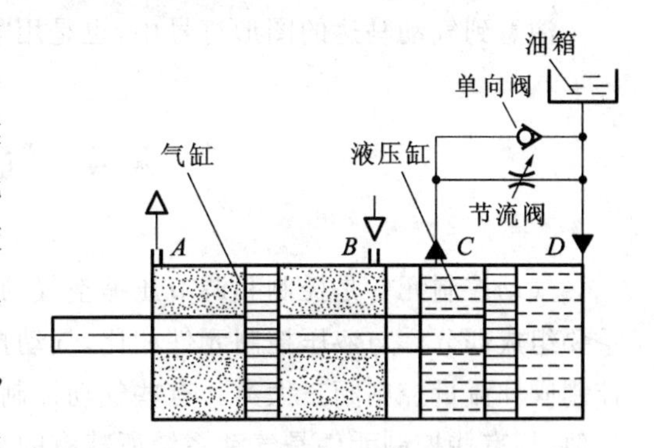

图 8-14 串联式气-液阻尼缸的工作原理图

液由 C 口经节流阀流回右腔，对整个活塞的运动产生阻尼作用，调节节流阀，即可改变活塞的输出速度；反之，压缩空气自 A 口进入气缸左侧，活塞向右移动，液压缸右侧排油，此时单向阀开启，无阻尼作用，活塞快速向右运动。这种缸的缸体较长，对加工与装配的工艺要求高，且两缸可能产生窜气、窜油现象。

注意，在气压油路原理图中，一般用“白三角”表示气路，“黑三角”表示油路，图 8-14 所示即明确区分了液压油与气体两种工作介质。

8.3.2 气动马达

气动马达是将压缩空气的压力能转换成机械能的能量转换装置，输出转速和转矩，驱动机构作旋转运动，与液压马达类似。

气动马达的优点是可以无级调速，只要控制进气流量，就可以调节输出转速；因为其工作介质是空气，不会引起火灾；过载时能自动停转。气动马达一般输出功率小，具有耗气量大、效率低、噪声大和易产生振动等缺点。

在气压传动中使用最广泛的是叶片式。叶片式气动马达有 3～10 个叶片安装在一个偏心转子的径向沟槽中，如图 8-15 所示。其工作原理与液压马达相同，当压缩空气从进气口 A 进入气室后立即喷向叶片 1、4，作用在叶片的外伸部分，通过叶片带动转子 2 作逆时针转动，输出转矩和转速，气体从排气口 C 排出，残余气体则经 B 排出（二次排气）；若进、排气口互换，则转子反转，输出相反方向的转矩和转速。转子转动的离心力和叶片底部的气压力、弹簧力使得叶片紧密地与定子 3 的内壁相接触，以保证可靠密封，提高容积效率。

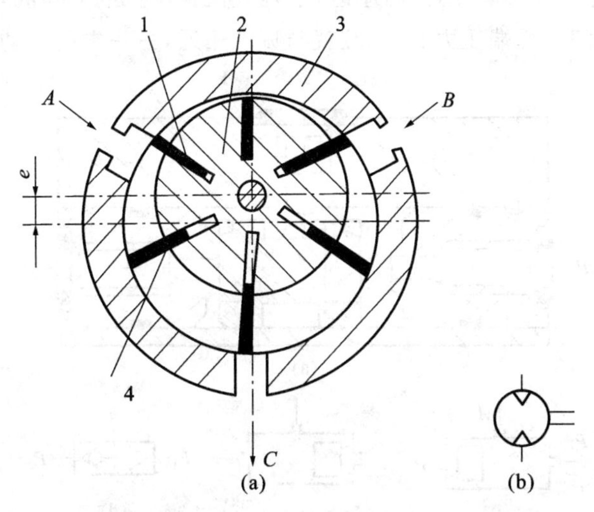

图 8-15 叶片式气动马达与图形符号

(a)结构示意图；(b)图形符号

1、4—叶片；2—转子；3—定子

注意到气动马达的图形符号中，也是用“白三角”来表示工作介质为气体。

8.4 气动控制元件

气动控制元件是控制和调节压缩空气的压力、流量和方向的元件，是各种气动控制回路的重要组成部分。与液压控制元件相比，气动控制元件按其作用和功能可分为方向控制阀、压力控制阀和流量控制阀三大类。有些气动控制元件与相应的液压控制元件的结构、原理相同或相似，但有些控制元件是气动系统所特有的。

8.4.1 方向控制阀

方向控制阀可分为单向型控制阀和换向型控制阀。

8.4.1.1 单向型控制阀

(1)单向阀

气动单向阀的工作原理与作用和液压单向阀相同。

在气动系统中，为防止贮气罐中的压缩空气倒流回空气压缩机，在空气压缩机和贮气罐之间需要安装单向阀。

单向阀还可与其他的阀组合成单向节流阀、单向顺序阀等。

(2)梭阀(或门型)

梭阀是两个单向阀反向串联的组合阀。图 8-16(a)所示为或门型梭阀的结构图。其工作原理是：当 P_1 进气时，将阀芯推向右边，P_2 被关闭，于是气流从 P_1 进入 A 腔，即图 8-16(b)所示位置；反之，从 P_2 进气时，将阀芯推向左边，于是气流从 P_2 进入 A 腔，即图 8-16(c)所示位置；当 P_1、P_2 同时进气时，哪端压力高，A 腔就与哪端相通，另一端就自动关闭。

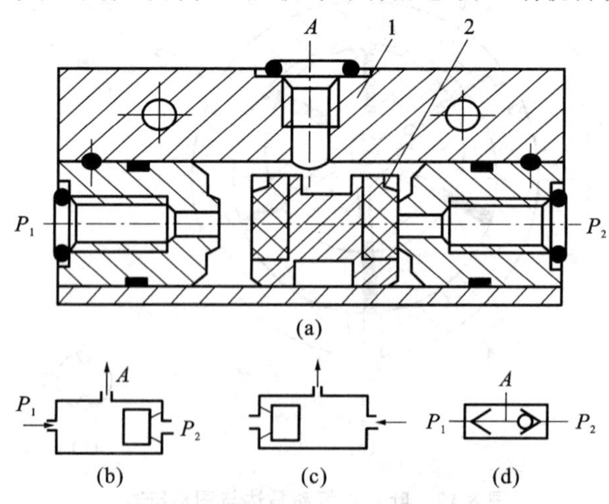

图 8-16 或门型梭阀的结构与图形符号

(a)结构示意图；(b)、(c)结构原理图；(d)图形符号

1—阀体；2—阀芯

由此可见，输入口 P_1 或 P_2 任一个口有气压输入，则输出口 A 都有气压输出，因此被称为“或门型”。梭阀的图形符号如图 8-16(d)所示。

或门型梭阀在逻辑回路中和程序控制回路中被广泛采用，图 8-17 所示是梭阀在手动-自动回路中的应用。通过梭阀的作用，使得电磁阀的自动或手动阀的手动均可单独操纵气缸的动作。

注意，在气动回路中，一般用“白三角”表示气源，换向阀的排气口都是通往大气的。从图 8-17 所示的气动回路中我们可以感受到，气动回路和液压回路有很多的相似之处，包括换向阀图形符号的画法和读图方法。当然，液压回路中的回油需要到油箱，气动回路中的排气直接排入大气中。

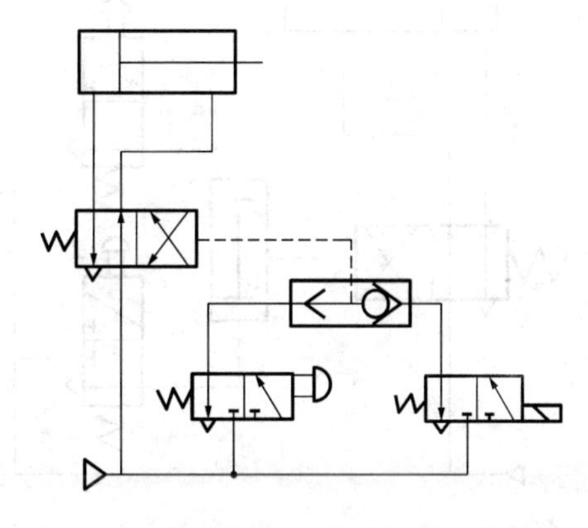

图 8-17 梭阀在手动-自动回路上的应用

(3)双压阀(与门型)

双压阀也相当于两个单向阀的组合阀，图 8-18 所示为双压阀的工作原理图。

如图 8-18(a)所示，当 P_1 进气时，阀芯被推向右端，A 腔无输出；

如图 8-18(b)所示，当 P_2 进气时，阀芯被推向左端，A 腔无输出；

只有当 P_1 和 P_2 同时进气时，A 腔才有输出，如图 8-18(c)所示。

双压阀的图形符号如图 8-18(d)所示，输入和输出之间呈现逻辑“与”的关系。

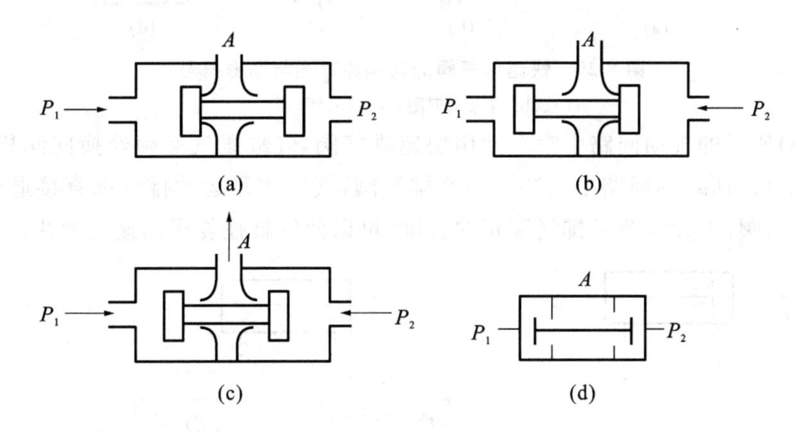

图 8-18 双压阀的工作原理图及图形符号

(a)、(b)、(c)结构原理图；(d)双压阀的图形符号

图 8-19 所示为一个双手操作的安全回路，必须手动换向阀 1 和手动换向阀 2 同时按下时，双压阀才有输出，从而控制主换向阀换向，气缸才能伸出。只按下手动换向阀 1，气缸不会伸出；只按下手动换向阀 2，气缸也不会伸出。

(4)快速排气阀

对于液压缸，其回油必须经过主换向阀到达回油管路，再排回油箱，使油液循环使用。但对于气缸，其气体是排入大气的，没有必要再经过主换向阀到回气管，这样反而造成排气不畅，因此，应该让气缸尽可能快地排气，使排气管路尽可能地短一些。

用于使气动元件或装置快速排气的阀叫作快速排气阀，简称快排阀。

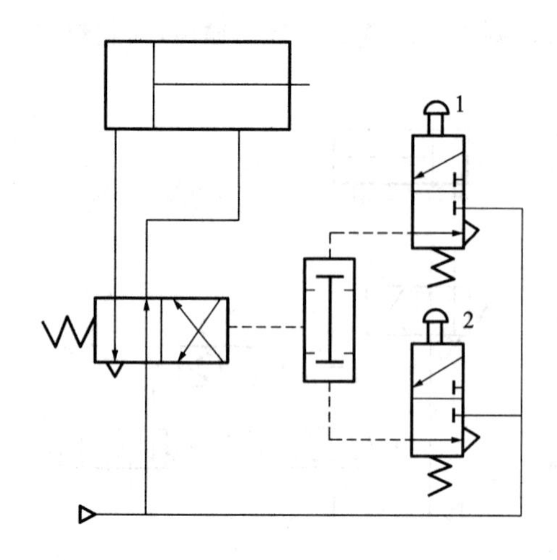

图 8-19 双压阀在互锁回路中的应用

1、2—手动换向阀

如果从气缸到换向阀的距离较长，而换向阀的排气口又小时，排气时间就较长，气缸运动速度较慢。此时，若采用快速排气阀，则气缸内的气体就能直接由快速排气阀排向大气，加快气缸的运动速度。实验证明，安装快速排气阀后，气缸的运动速度可提高4～5倍。

图8-20所示是快速排气阀的结构原理图。当P腔进气时，膜片被压下封住排气口O，气流向A腔输出，如图8-20(a)所示；当P腔排空时，A腔压力将膜片顶起，P与A不通，A与O相通，A腔气体快速排向大气中，如图8-20(b)所示。快速排气阀图形符号如图8-20(c)所示；为了降低排气噪声，快速排气阀一般带有消声器，图8-20(d)所示为带消声器的快速排气阀。

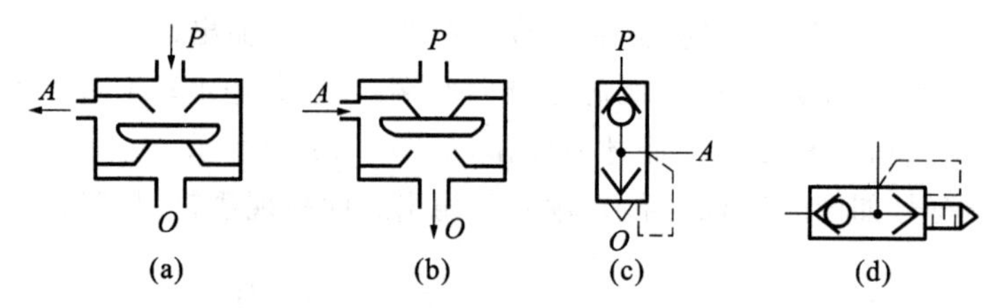

图 8-20 快速排气阀的结构原理图与图形符号

(a)、(b)结构原理图；(c)、(d)图形符号

图8-21(a)所示的气动回路中没有使用快速排气阀，气缸排气必须经换向阀排气，排气管路较长；图8-21(b)所示的回路中安装了快速排气阀，气缸往复运动排气都直接通过快速排气阀而不通过换向阀，大大缩短了排气管路的长度，可以使气缸往复运动速度加快。

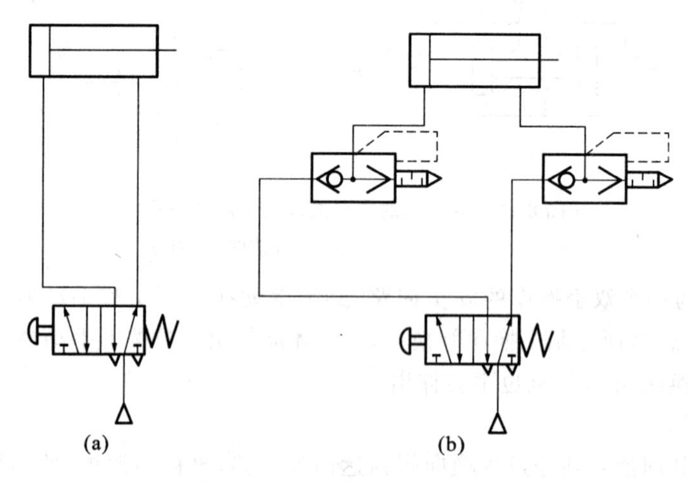

图 8-21 快速排气阀的应用回路

(a)不使用快速排气阀；(b)使用快速排气阀

快速排气阀在安装使用时，应安装在需要快速排气的气动执行元件附近，否则会影响效果。

8.4.1.2　换向型控制阀

气动换向阀与液压换向阀相比，有很多相似之处，包括结构原理、控制方式及“位”“通”的规定和职能符号的画法。

在液压油路中，主换向阀一般都是图 8-22(a)所示的二位四通换向阀(或者是三位四通换向阀)，其实在液压油路中有时也使用图 8-22(b)所示的二位五通换向阀，如果将它的两个回油口并为一个，也就成了“二位四通”；气动回路中，主换向阀一般都是选用图 8-22(c)所示的二位五通双气控换向阀，因为气压排气是排入大气中，因此气动换向阀的两个排气口没有必要并成一个，才有了常见的气动回路中的“五通”换向阀。如果将两个排气口合并，也就成了二位四通气动换向阀，如图 8-22(d)所示。

因此，在液压回路中，较常见的是二位四通阀及三位四通阀；在气动回路中，较常见的是二位五通阀或三位五通阀。

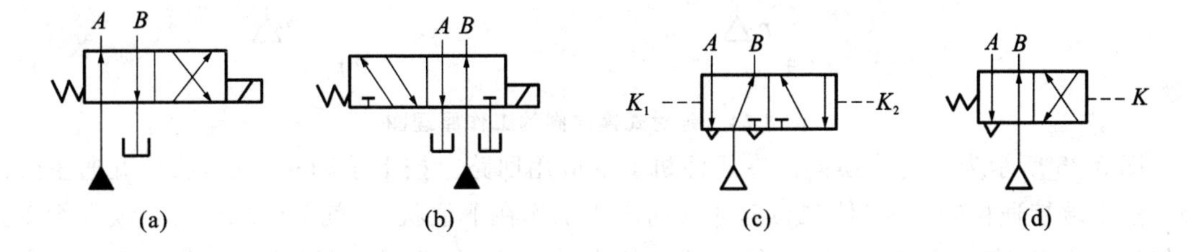

图 8-22　二位四通与二位五通换向阀

(a)二位四通换向阀；(b)二位五通换向阀；(c)二位五通双气控换向阀；(d)二位四通气动换向阀

气动换向阀常见的阀芯结构有截止式、滑阀式和膜片式等，其中以截止式和滑阀式换向阀应用较多；换向控制方式常用的有气压控制、电磁控制、机械控制、人力控制和时间控制。气动换向阀的滑阀式换向阀的结构和工作原理与液压换向阀的滑阀式换向阀的相类似。图 8-23 所示为截止式阀芯结构的气控二位三通换向阀的工作原理图。

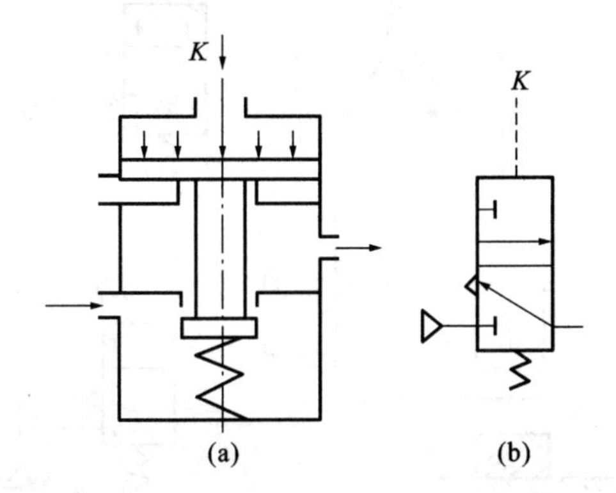

图 8-23　截止式气控二位三通换向阀的工作原理图与图形符号

(a)工作原理图；(b)图形符号

延时式换向阀也是气动回路中经常使用的一种换向控制阀。延时式换向阀是使气流通过气阻(即节流阀)、气容(即小型贮气罐)等组件，使阀芯延迟一定时间再切换，即换向控制的动作信号发出后，延迟若干时间再实现换向动作。

图 8-24 所示为二位三通延时式换向阀，它可以是一个整体组件，也可以是由节流阀、单向

阀、气容(小型贮气罐)和一个二位三通气控换向阀组合来实现。

图 8-24(a)和 8-24(b)所示的两种画法是相同的。当无控制信号气压 K 时,气容经单向阀迅速排空,换向阀的阀芯在弹簧作用下复位,气源 P 与 A 断开,A 腔排气;当有控制信号气压 K 时,控制气流经可调节流阀到气容内(此时单向阀反向不能通过),由于节流后的气流量较小,控制气流首先必须将气容(即小型贮气罐)进行充压,经过一定时间后,当气容中气体压力上升并达到某一值时,才能推动换向阀的阀芯移动,使气源 P 与 A 相通,A 腔才有气压输出。

调节节流阀,即可调节延时的长短。延时时间一般在 0～20s 范围内可调,常用于易燃、易爆等不允许使用时间继电器的场合。

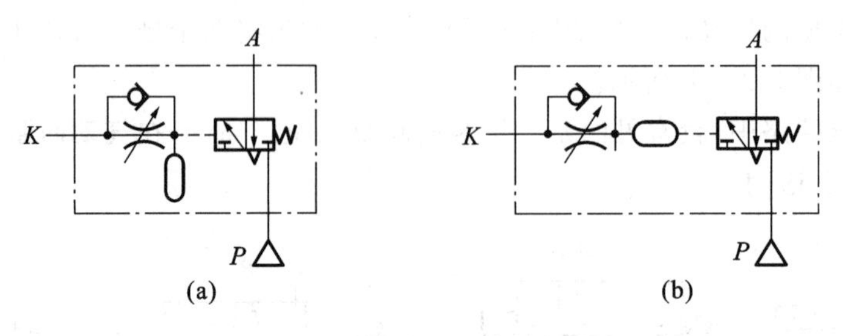

图 8-24　延时式换向阀的工作原理图

图 8-25 所示为延时式换向阀在压注机上的应用回路。按下手动阀 2 后,二位五通主换向阀 1 的下端接通控制气压,使二位五通换向阀 1 工作在下位状态,气源经二位五通换向阀 1 到达气缸的上腔,气缸的下腔排气,气缸活塞伸出并压注;与此同时,气源也经节流阀向气容充压,若干秒后,气容的气压升高并使二位三通气控换向阀 3 换向,则气源经二位三通换向阀 3 后,使二位五通换向阀 1 的上端接通控制气压,二位五通换向阀换向,气缸活塞缩回,气缸压注动作结束。工件受压时间的长短,可以通过延时阀部分的节流阀来调节。

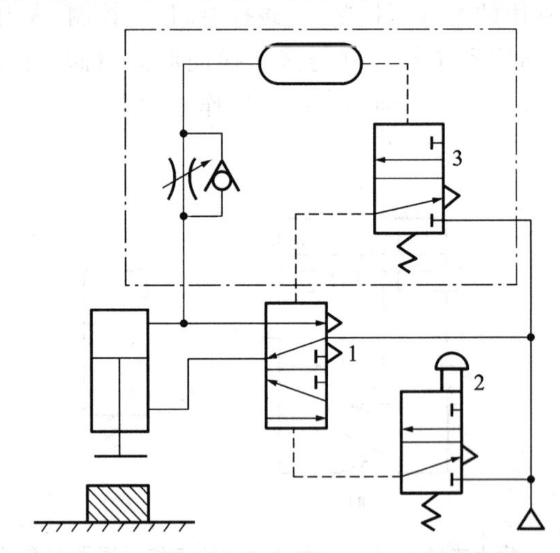

图 8-25　延时式换向阀在压注机上的应用

1—二位五通换向阀;2—手动阀;3—二位三通气控换向阀

8.4.2　压力控制阀

气动系统中的压力控制阀与液压系统一样,也分为减压阀(在气动回路中也称为调压阀)、安全阀(即溢流阀)和顺序阀等。其工作原理与液压中相关压力控制阀的相类似，都是利用压力(气压)和弹簧力相平衡的原理来工作，在此不再详细介绍有关元件的结构，具体元件的结构可以参见相关产品手册。

(1)减压阀与气动三联件

减压阀的作用是减压、稳压和调压。在气压传动系统中，一般是集中供气，由空气压缩机将压缩空气贮存于贮气罐中，然后经管路输送给各气动装置，贮气罐中的压力一般较高。各气动装置所要求的工作压力都比空压机贮气罐的压力低，而且空压机在反复启动的时候会引起贮气罐中压力的波动，经过减压阀后，可为各气动装置提供合适而且稳定的工作压力。

在气动系统中，减压阀可以单独使用，但一般都是安装在空气过滤器之后，油雾器之前，三个元件的组合即称为气动三联件，如图 8-26 所示，从图 8-26(b)中可以看到减压阀的图形符号，也可以用图 8-26(c)的简化符号来表示气动三联件。

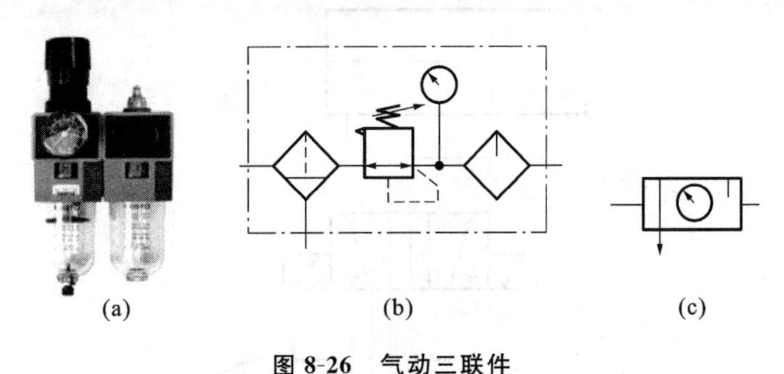

图 8-26 气动三联件

(a)产品外观示例图片；(b) 连接次序与图形符号；(c) 简化图形符号

(2)安全阀

当贮气罐或回路中压力超过允许压力时，要用安全阀往外排气。安全阀在系统中能够限制系统中最高工作压力，起安全保护作用，例如贮气罐的顶部必须装安全阀。其工作原理同液压系统中溢流阀的工作原理，图形符号也相似，如图 8-27 所示。

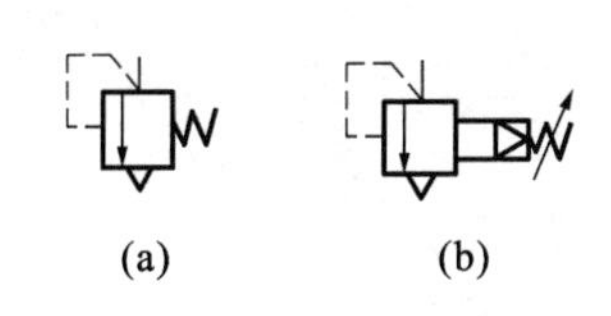

图 8-27 安全阀的图形符号

8.4.3 流量控制阀及速度控制回路

流量控制阀就是通过改变阀口的通流截面积来实现流量控制的元件，普通的气动节流阀的工作原理和结构与液压节流阀的相似，图形符号也相同。

在气动回路中，经常采用一种排气节流阀安装在气缸的排气口处，调节排入大气的流量，从而调节气缸的运动速度。图 8-28 所示为排气节流阀的工作原理图和图形符号，它主要是将节流口与消声器结合，气流进入阀内，由节流口 1 节流后经消声套 2 排出，因而它不仅能调节执行元件的运动速度，还能起到降低排气噪声的作用。

排气节流阀的结构简单，安装方便，出口直接排气，简单而实用，在气动调速中应用较多。在图 8-29 所示的应用回路中，把两个排气节流阀安装在二位五通电磁换向阀的排气口上，用来控制活塞的往复运动速度。

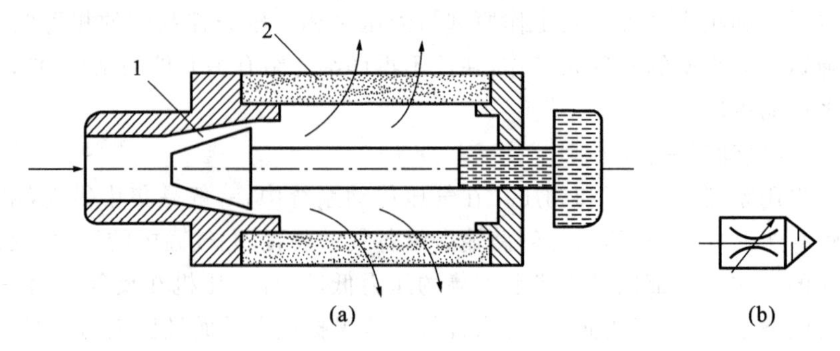

图 8-28 排气节流阀的工作原理图与图形符号

(a)工作原理图;(b)图形符号

1—节流口;2—消声套

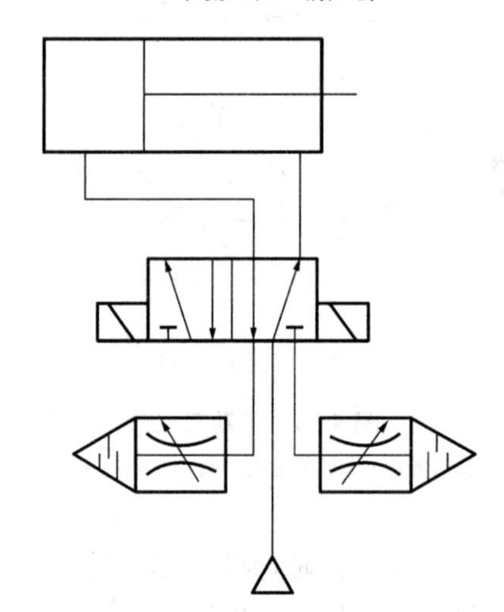

图 8-29 排气节流阀的应用

8.5 气动逻辑元件

气动逻辑元件是一种以压缩空气为阀芯的控制信号,控制阀芯的动作,改变气动回路的通断,在控制和输入、输出气压信号之间表现为一定逻辑功能的控制元件。

气动逻辑元件流道孔径大、抗污染能力强、结构简单、成本低、带负载能力强、对环境要求不高;但响应时间长、运算速度慢,在强烈冲击振动下,有可能产生误动作。

在介绍气动逻辑阀的时候,我们会注意到,气动逻辑阀与上述介绍的气动方向控制阀有很多相似的地方,甚至是相同的地方。事实上,气动方向控制阀也具有逻辑功能,从结构上看,气动方向控制阀与气动逻辑阀没有本质上的差别。例如,二位三通气控换向阀作换向阀和逻辑阀时,它们的图形符号完全相同。二者所不同的是,气动方向控制阀的输出功率较大、尺寸大,而气动逻辑阀的输出功率较小、尺寸小,气动逻辑阀主要是实现信号的逻辑控制。

气动逻辑元件按工作压力可分为:高压元件(工作压力 0.2～0.8MPa)、低压元件(工作压力 0.02～0.2MPa)及微压元件(工作压力小于 0.02MPa)三种。按逻辑功能可分为:"是门""或门""与门""非门"元件和双稳元件等。按结构形式可分为:截止式、滑阀式和膜片式等。

8.5.1 高压截止式逻辑元件

高压截止式逻辑元件的特点是行程小、流量大、工作压力高、对气源净化要求低，便于实现集成安装和集中控制。

(1)是门和与门元件

图 8-30 所示为是门元件的工作原理图。图中 A 为信号输入孔(即控制气压信号)，S 为信号输出孔(即阀芯出口)，中间孔为气源孔 P。

当 A 无信号输入时，阀芯 2 在气源压力作用下，封住 P、S 间的通道，使输出孔 S 与排气孔相通，则 S 无输出(即 A 无，S 无)。

反之，当 A 有信号输入时，膜片 1 在输入信号作用下将阀芯 2 推动下移，封住输出孔 S 与排气孔之间的通道，P 与 S 相通，则 S 有输出(即 A 有，S 有)。

A 无信号输入时，S 无输出；A 有信号输入时，S 就有输出，输入和输出之间呈现逻辑“是”的关系。

若中间孔不接气源而换接另一信号输入孔 B，则成为与门元件。也就是说，只有 A、B 同时有信号输入时，S 才有输出，输入和输出呈现逻辑“与”的关系。

(2)或门元件

图 8-31 所示为或门元件的工作原理图。图中 A、B 为信号输入孔，S 为信号输出孔(信号都是指气压信号)。

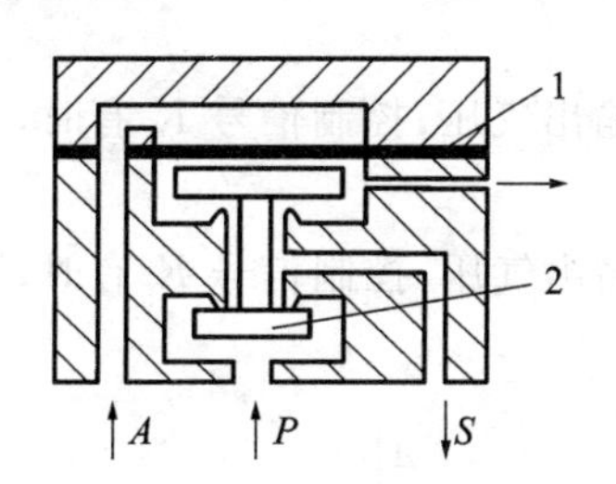

图 8-30 是门元件工作原理图

1—膜片；2—阀芯

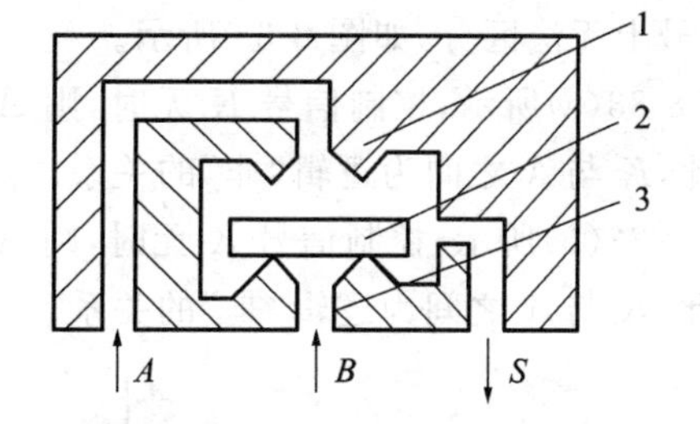

图 8-31 或门元件工作原理图

1—上阀座；2—阀芯；3—下阀座

当 A 有信号输入，B 无信号输入时，阀芯在信号气压作用下向下移动，封住信号孔 B，则气流经 S 输出(即 A 有＋B 无＝S 有)。

当 B 有信号输入，A 无信号输入时，阀芯在两个信号作用下上移，封住 A 信号孔通道，则 S 也有输出(即 A 无＋B 有＝S 有)。

当 A、B 均有信号输入时，阀芯在两个信号作用下或上移，或下移，或保持在中位，则 S 均会有输出(即 A 有或 B 有＝S 有)。

只有当 A 和 B 均无信号时，S 才无信号输出。

因此，A 或 B 只要一个有气压信号(或两个都有气压信号)输入，S 输出口均有气压信号输出，输入和输出之间呈现逻辑“或”的关系。

(3)非门元件

图 8-32 所示为非门元件的工作原理图。

当 A 无气压信号输入时，阀芯 2 在气源压力作用下紧压在上阀座上，气源 P 与输出口 S 相通，则 S 有气压输出(即 A 无，S 有)。

当 A 有信号输入时，膜片 1 在输入信号作用下将阀芯 2 推动下移，封住气源 P 与输出口 S 之间的通路，则 S 没有气压输出(即 A 有，S 无)。

A 有信号输入时，S 无输出；A 无信号输入时，S 就有气压输出，气压信号的输入和输出之间呈现逻辑“非”的关系。

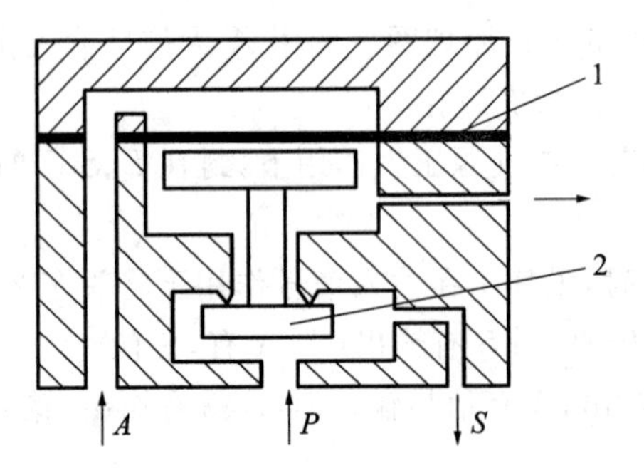

图 8-32 非门元件工作原理图

1—膜片；2—阀芯

8.5.2 滑阀式逻辑阀

滑阀式逻辑阀的工作原理和前面介绍的滑阀式气动换向阀的工作原理基本上是一样的，从职能符号上无法区分，如图 8-33 所示。

如图 8-33(a)所示，控制信号 K 无时，则 A 口有输出气压；控制信号 K 有时，则 A 无输出气压，因此，K 与 A 之间为逻辑“非”的关系。

如图 8-33(b)所示，控制信号 K 无时，则 A 口无输出气压；控制信号 K 有时，则 A 有输出气压，因此，K 与 A 之间为逻辑“是”的关系。

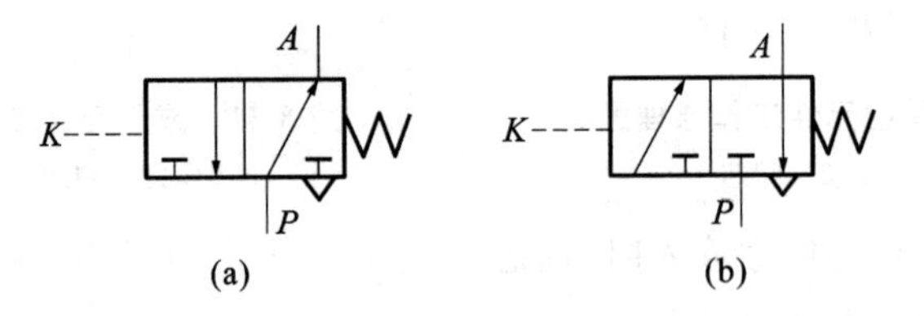

图 8-33 二位三通滑阀式逻辑阀

(a)非门；(b)是门

习 题

8-1 说明空气压缩机的工作原理。

8-2 说明贮气罐的作用。

8-3 在压缩空气站中，为什么既有除油器，又有油雾器？

8-4 常用的气动三联件是指哪些元件，安装顺序如何？如果不按顺序安装，会出现什么问题？

8-5 写出下列阀的图形符号：

二位三通双气控加压换向阀 双电控二位五通电磁换向阀 中位机能 O 型三位五通气控换向阀 梭阀

快速排气阀　减压阀

8-6　简述梭阀的工作原理，并举例说明其应用。

8-7　快速排气阀为什么能快速排气？在使用和安装快速排气阀时应注意什么问题？

8-8　用一个单电控二位五通阀、一个单向节流阀、一个快速排气阀，设计一个可使双作用气缸慢进-快速返回的控制回路。

8-9　气缸在工作时为什么会出现“爬行”和“跑空”现象？

9 气动系统常用基本回路

气动系统基本回路的分析方法与液压系统基本回路的分析方法相类似。通过对气动系统常用基本回路的了解和分析，可以加深对各种常用气动元件在回路中应用的理解，也是进一步分析气动系统的基础。

9.1 气动基本控制回路

9.1.1 换向控制回路

(1)单作用气缸的换向回路

图 9-1 所示为单作用气缸的换向回路。其中图 9-1(a)所示为二位三通电磁阀控制的换向回路，电磁铁通电时，单作用气缸伸出；电磁铁断电时，气缸靠弹簧作用回复原位。图 9-1(b)所示为三位四通电磁阀控制的单作用气缸换向回路，该阀在两电磁铁均断电时能自动居于中位，使气缸在任何位置停止，但定位精度不高。

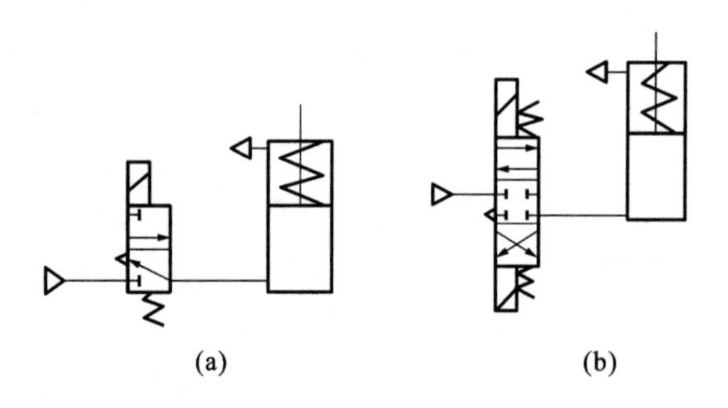

图 9-1 单作用气缸的换向回路

(a)二位三通电磁阀控制气缸换向；(b) 三位四通电磁阀控制气缸换向

(2)双作用气缸的换向回路

图 9-2 所示为双作用气缸换向回路的几种组合。其中图 9-2(a)为二位五通单气控制气缸的换向回路，图 9-2(b)为由两个二位三通单气控制气缸的换向回路，当 A 有气压信号时，气缸活塞伸出，反之，气缸活塞退回。图 9-2(a)、(b)中未显示出换向阀控制气压信号 A 的来源，图 9-2(c)通过二位三通手动换向阀给出了主换向阀控制气压信号 A 的来源。图 9-2(d)、(e)、(f)所示的控制回路相当于具有记忆功能的回路，故主换向阀两端的控制电磁铁线圈或按钮不能同时操作，否则将会出现误动作。

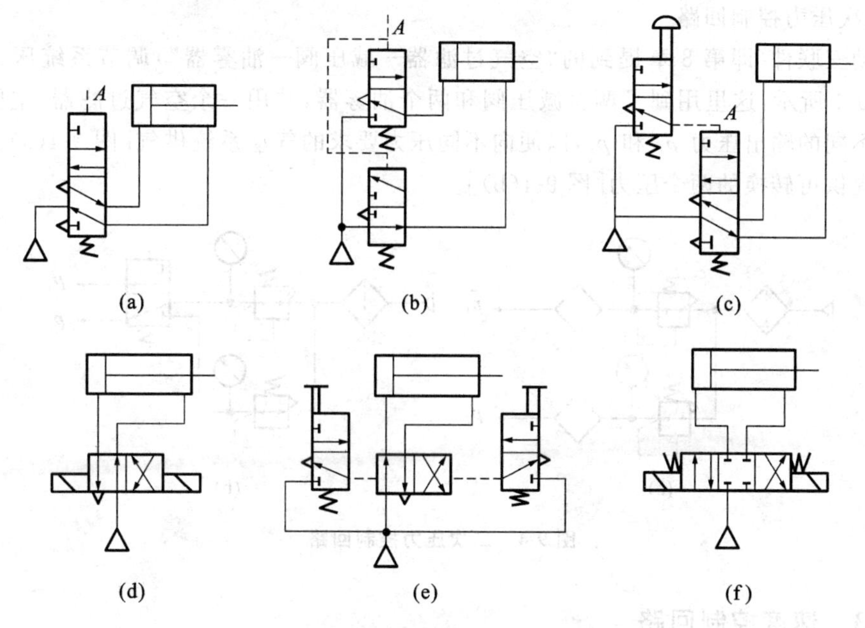

图 9-2 双作用气缸的换向回路

(a)二位五通单气控制气缸换向；(b)两个二位三通单气控制气缸换向；
(c)手动阀与二位五通阀控制气缸换向；(d)二位五通电磁阀控制气缸换向；
(e)两个手动阀与二位五通双气控制气缸换向；(f)三位五通双电控先导式电磁阀控制气缸换向

9.1.2 压力控制回路

(1)一次压力控制回路

一次压力控制回路是用于控制贮气罐的压力，使之不超过规定的压力值，并通过气动三联件保证稳定的输出压力。如图 9-3 所示，在贮气罐上常用电接触点压力表 1 或用外控溢流阀 2 来控制。当采用电接触点压力表控制时，它可直接控制空气压缩机的电机的自动启动和停止，使贮气罐内压力保持在规定的范围内；当采用溢流阀控制时，若贮气罐内的压力超过规定值时，溢流阀被打开，空气压缩机输出的压缩空气经溢流阀排入大气。前者对电机及控制要求较高，常用于对小型空压机的控制；后者结构简单、工作可靠，但耗气量大。贮气罐的压缩空气经气动三联件向气动系统提供稳定的气源。

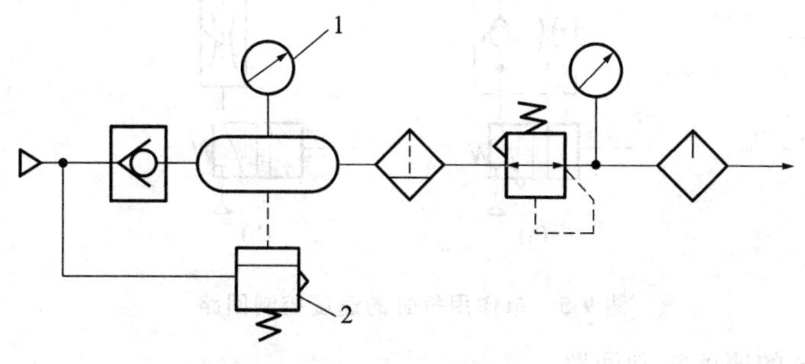

图 9-3 一次压力控制回路

1—电接触点压力表；2—溢流阀

(2)二次压力控制回路

用气动三联件(即第 8 章提到的“空气过滤器—减压阀—油雾器”)调节系统压力为稳定值。如图 9-4 所示,这里用到了两个减压阀和两个油雾器,共用一个空气过滤器,主要目的是实现两个不同的输出压力 p_1 和 p_2,以便向不同压力要求的气动系统供气[图 9-4(a)],或者向气动系统提供可转换的两个压力[图 9-4(b)]。

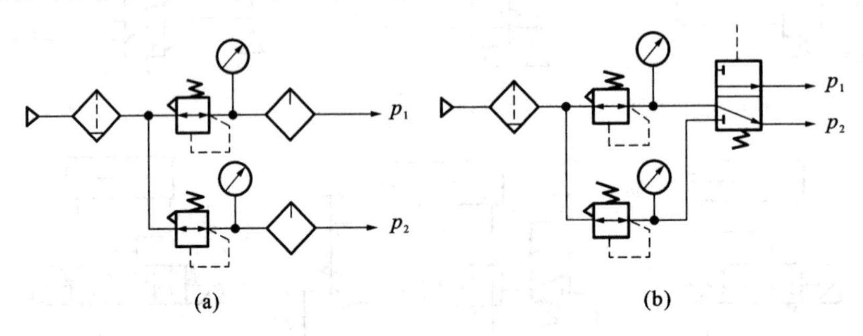

图 9-4 二次压力控制回路

9.1.3 速度控制回路

速度控制回路用来调节气缸的运动速度或实现气缸的缓冲等。一般气动系统的功率较小,因此调速方法主要是节流调速,节流阀可以安装在进气回路上,或安装在排气回路上。

(1)单作用气缸的速度控制回路

如图 9-5(a)所示,用两个单向节流阀来分别控制活塞的升降速度,进气或排气时都必须经过其中一个节流阀,以控制升降的速度;如图 9-5(b)所示,只在活塞上升时通过节流阀控制上升速度,在活塞下降时,气缸下腔通过快速排气阀排气,以实现快速下降。

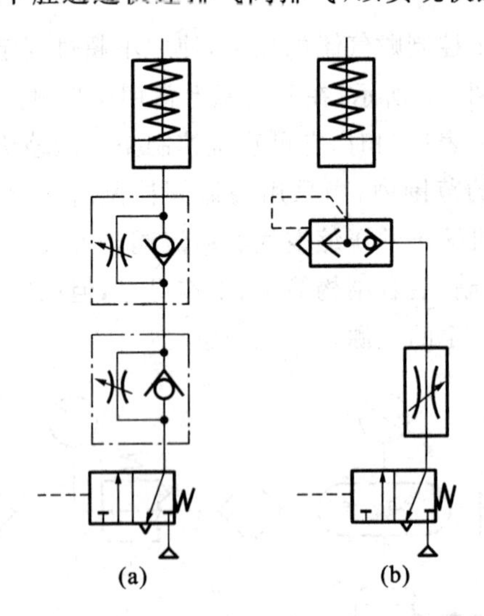

图 9-5 单作用气缸的速度控制回路

(2)双作用气缸的速度控制回路

图 9-6 所示为双作用气缸的调速回路。图 9-6(a)是将单向节流阀安装在换向阀与气缸之

间，实现排气节流调速，而且双向的运动速度可以独立调整；图 9-6(b)是将节流阀安装在换向阀之下的排气口上，实现排气节流调速。

图 9-7 所示为缓冲回路。当活塞向右运动时，缸右腔的气体经机动控制阀及三位五通阀排掉，当活塞运动到末端碰到机动控制阀时，气体经节流阀排掉，活塞运动速度得到缓冲，调整机动控制阀的安装位置就可以改变缓冲的开始时间，此回路适合于活塞惯性力大的场合。

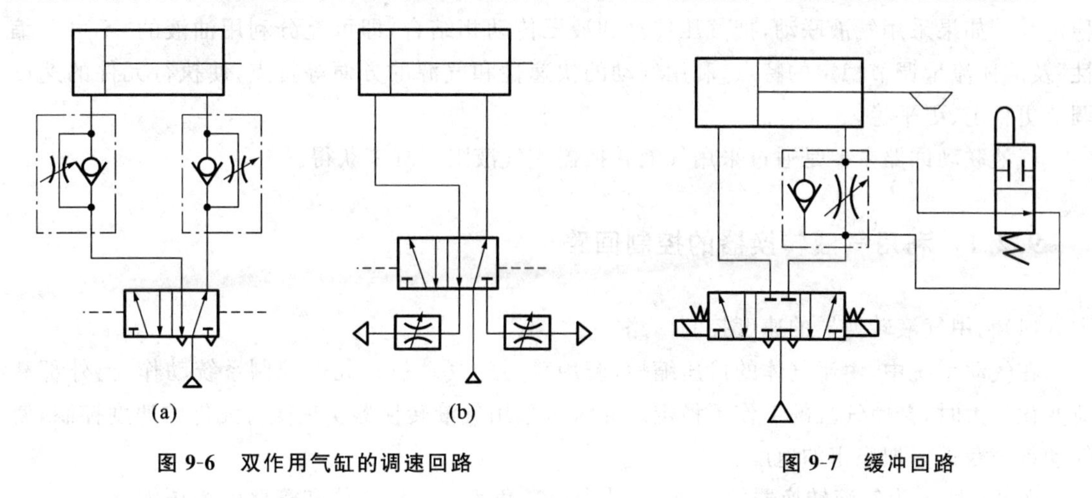

图 9-6 双作用气缸的调速回路

图 9-7 缓冲回路

9.1.4 逻辑组合控制

根据控制动作的需要，可以用滑阀式逻辑阀(图形符号与二位三通气控换向阀的相同)进行不同的组合，组成多种逻辑回路，如图 9-8 所示。

图 9-8(b)所示为或门组合，即只要 K_1 或 K_2 有一个气压控制信号，气源的气压都可以到达 A 输出口，例如，"手动或电动控制"动作的实现可以采用或门组合。

图 9-8(c)所示为与门组合，即 K_1 与 K_2 必须同时都有气压控制信号时，气源的气压才能够到达 A 输出口，例如，"双手操作的安全回路"可以采用与门组合。

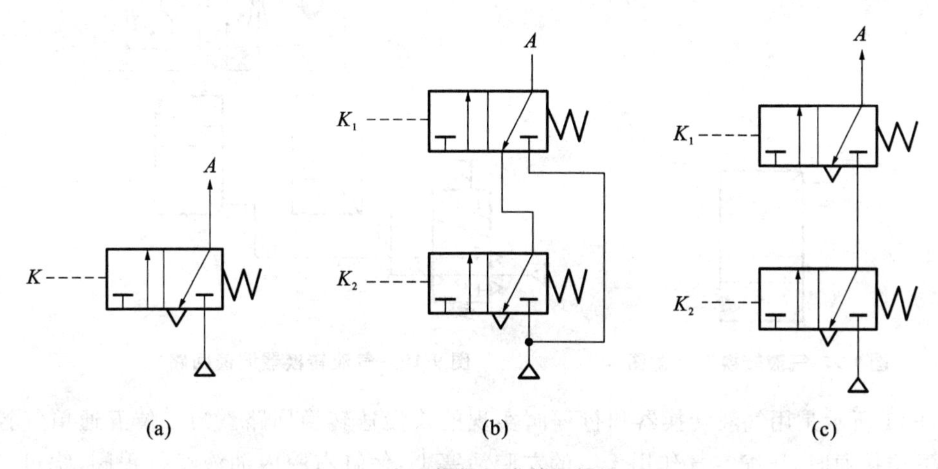

图 9-8 由逻辑阀组成的逻辑控制

(a)滑阀式逻辑阀(是门阀)；(b)或门组合；(c)与门组合

9.2 气液联动回路

在气压回路中，直接采用节流阀进行调速时，由于气体的可压缩性，不能获得很好的速度稳定性。如果采用气液联动，把气压传动和液压传动相结合，即可充分利用油液的"不可压缩性"及液体流量调节稳定的特点，利用气动的快速性和气源的方便等特点，使执行元件的速度调节更稳定、更平稳。

气液联动回路主要是通过采用气液转换器或气液阻尼缸来获得。

9.2.1 利用气液转换器的控制回路

(1)利用气液转换器的速度控制回路

在气动系统中，由于气体的可压缩性，若用普通的气动执行元件控制系统动作，当外部载荷变化较大时，会使气缸的工作不稳定。此时可采用气液转换器实现执行元件的速度控制，使气动系统获得更加稳定的速度。

图 9-9 所示为气液转换器的示意图，其中白三角表示该侧腔体和管路中为压缩空气，黑三角表示该侧腔体和管路中为液压油。

图 9-10 所示是采用气液转换器实现双向调速的气液联动回路。图中压缩空气经换向阀进入气液转换器的气腔中，并以同样大小的压力传递到了油压腔，将气压力转换为液压力，使油液强行挤出，经两个单向节流阀分别调节液压缸活塞两个方向的运动速度。

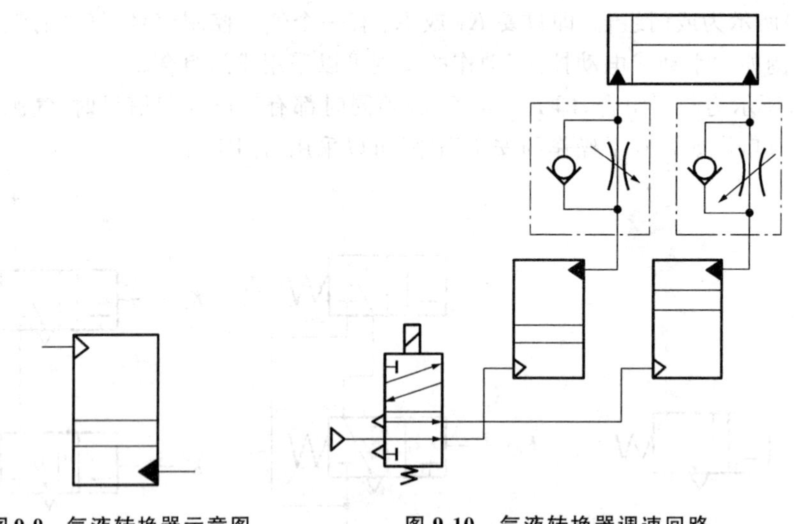

图 9-9 气液转换器示意图　　图 9-10 气液转换器调速回路

图 9-11 所示是用气液转换器和行程阀实现的快慢速转换回路。当二位五通单气控换向阀处于下位接通时，压缩空气作用于缸的左腔活塞上，使缸右腔内油液经行程阀，绕过了节流阀，进入气液转换器中，气液转换器内的气体排到大气中，缸的活塞实现快速右移。右移一定行程后，当挡块压下行程阀时，切断该阀油腔后，油液只能通过节流阀进入气液转换器，由节流

阀进行节流调速,使缸转换为慢速右移。调节行程阀的安装位置,就可以调节气缸速度转换的起点。而当二位五通单气控换向阀复位后,压缩空气进入气液转换器,使油液被挤出气液转换器,经单向阀进入缸右腔,缸左腔的气体排入大气,缸的活塞快速向左退回。实现了"快进—工进—快退"的动作循环。

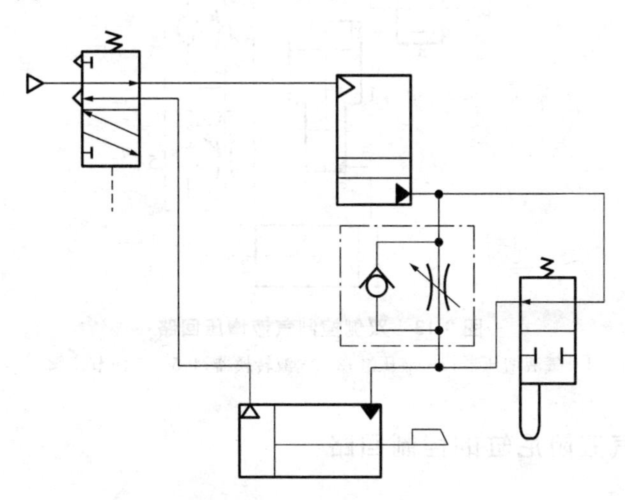

图 9-11 气液转换器和行程阀的快慢速转换回路

(2)用气液转换器的位置控制回路

图 9-12 所示是用气液转换器的位置控制回路,该回路利用二位二通电磁换向阀可控制液压缸在任意位置停留。当二通阀断电时,液压缸可实现左右运动;当二通阀通电处于左位时,即可切断缸左腔进入或排出油液,使缸实现任意位置停留。这种回路克服了气缸位置停留不精确的问题,适用于定位精度要求较高的场合。

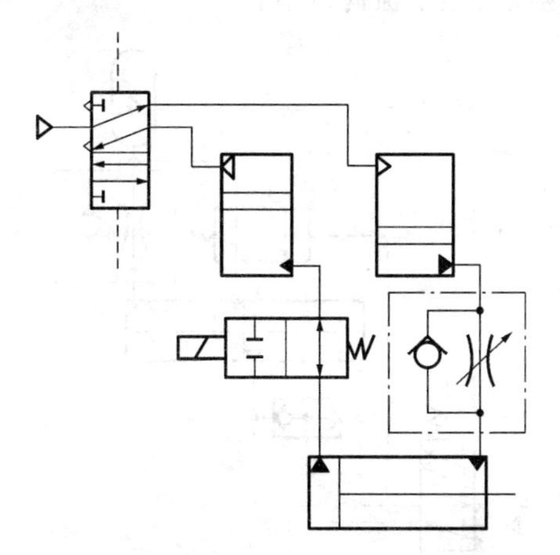

图 9-12 气液转换器位置控制回路

(3)用气液转换器和气液增压器的增压回路

图 9-13 所示是用双侧控制气液增压器的增压回路。一般气液转换器只能得到与气压相同的液压压力。当需要较高压力时,可以通过气液增压器来提高气液联动的油液压力。图 9-13 中当二位四通电磁换向阀通电处于上位状态时,压缩空气进入气液增压器 1,增压器小活塞端输出高压油液,驱动液压缸向右慢速前进,其速度由单向节流阀 5 调节;当换向阀断电处于下位状态时,压缩空气经气液转换器 3 使压力油通过单向节流阀 4 进入缸的右腔,缸活塞退回。液

压缸双向运动较平稳，适用于需单向增压且要求负载在两个方向运动平稳的场合。

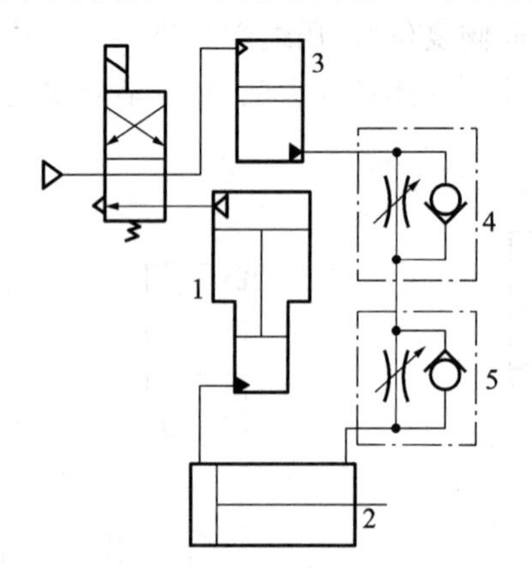

图 9-13　双侧控制气液增压回路

1—气液增压器；2—液压缸；3—气液转换器；4、5—单向节流阀

9.2.2　利用气液阻尼缸的控制回路

图 9-14 所示是利用气液阻尼缸的控制回路。利用单向节流阀可以控制调节缸的活塞右移速度，二位二通单气控换向阀 3 可控制气液阻尼缸在任意位置精确停留。

图 9-14 中，当三位五通电磁换向阀 1 处于上位状态时，压缩空气进入气缸左腔，并通过梭阀 2 输出气压到二位二通单气控换向阀 3 的控制端，使二位二通单气控换向阀 3 处于接通位置，这样液压缸右腔油液经节流阀和已接通的二位二通单气控换向阀 3 进入液压缸左腔，使气液阻尼缸向右慢速前进，其速度可由节流阀调节。

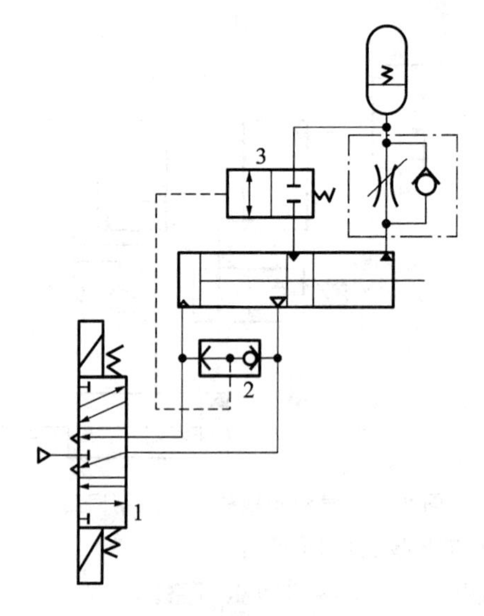

图 9-14　气液阻尼缸的控制回路

1—三位五通电磁换向阀；2—梭阀；3—二位二通单气控换向阀

当换向阀 1 处于下位状态时，压缩空气进入气缸右腔，并通过梭阀 2 输出的气压，使二位二通单气控换向阀 3 处于接通位置，这时液压缸左腔油液经二位二通单气控换向阀 3 和单向

阀快速进入液压缸右腔，绕过了节流阀，于是气液阻尼缸实现快速向左退回。

当换向阀1断电处于中间位置时，则二位二通阀3失去控制气压，自动复位并处于关闭状态，液压缸两腔不能连通，使气液阻尼缸立即停止运动。这种回路利用二位二通换向阀3可使活塞停在任意位置且定位精度高。

9.3 常用气动程序动作回路

9.3.1 顺序动作回路

图9-15所示是双缸顺序动作回路，动作顺序为"A缸进—B缸进—B缸退—A缸退"。在气动动作中，一般习惯将"进"用1表示，则图9-15的动作顺序表示为A_1—B_1—B_0—A_0。

在图9-15所示位置开始动作，两缸均处于左端。当按下二位三通手动阀使其处于上位时，控制气体使上面的二位五通双气控制换向阀处于左位，因此压缩空气进入缸A左腔，使其活塞先实现动作A_1；一旦缸A向右运动并松开二位三通行程阀1后，使行程阀1自动复位，换向阀左侧控制气体排到大气，但该换向阀仍处于左位，使缸A直到压下右侧的二位五通行程阀3后，下面的二位五通单气控制换向阀也换至左位，这时压缩空气进入缸B左腔，其活塞也开始向右实现动作B_1（此时缸B松开下面的二位三通行程阀2，使其自动复位）；当缸B向右运动并压下下面的二位五通行程阀4时，二位五通单气控制换向阀复位到右位，这时压缩空气先进入到缸B右腔，缸B活塞先向左退回实现动作B_0；当缸B退回至原位并再次压下二位三通行程阀2时，双气控制换向阀处于右位，因此压缩空气开始进入缸A右腔，使其活塞向左退回实现动作A_0。这些动作均是按预定动作设计实施的。这种回路能在速度较快的情况下正常工作，主要用在气动机械手、气动钻床及其他自动设备上。

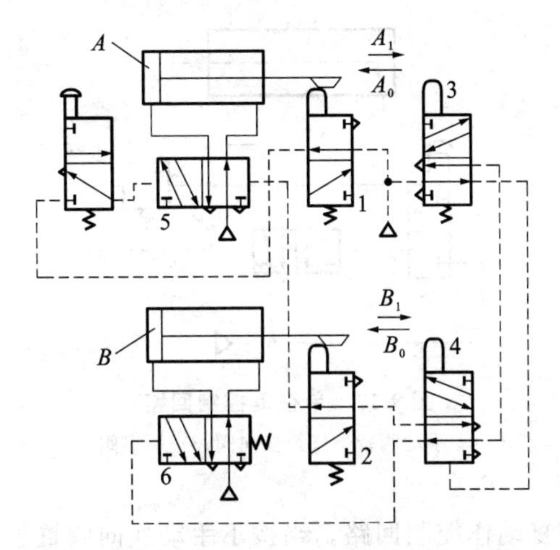

图9-15 A_1—B_1—B_0—A_0双缸顺序动作回路

1、2—二位三通行程阀；3、4、5、6—二位五通行程阀

9.3.2 同步动作回路

气动系统中的两个气缸以相同的速度和行程运动，称为同步动作。图 9-16 所示为同步动作回路。图中缸 A 的下腔与缸 B 的上腔相连，内部封入一定量的液压油(图中黑三角表示液压油)，且缸 A 的有效面积 A_1 和缸 B 的有效面积 A_2 相等，以保证两缸的同步运动。使用中要注意如果发生液压油的泄漏或油中混入空气的现象，都会破坏同步动作精度，要经常打开放气装置，放掉混入油液中的空气并补入油液。因为使用了气液联动，该回路可得到较高的同步精度。

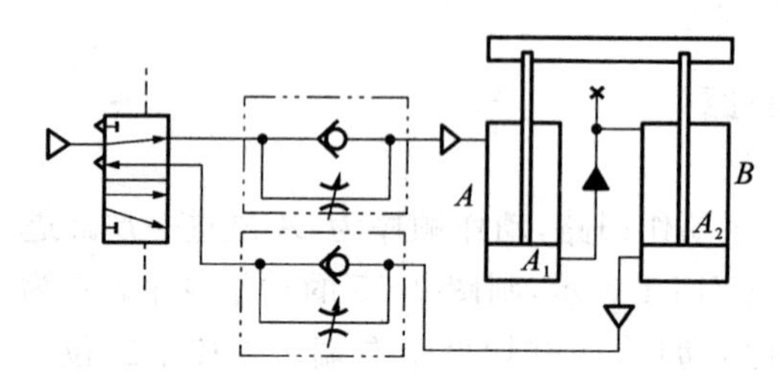

图 9-16　同步动作回路

9.3.3 往复动作回路

(1)单往复动作回路

图 9-17 所示是用压力控制的单往复动作回路。当按下手动阀 1 后，控制气体使气控换向阀 2 处于左位，压缩空气进入气缸左腔，使活塞向右运动；当活塞到达终点后，使缸左腔压力不断升高并打开顺序阀 3，使气控换向阀 2 右侧控制气压接通，气控换向阀 2 处于右位，压缩空气进入气缸右腔，其活塞开始向左退回。这种回路可以完成一次左右往复动作，再次按压手动阀 1，才能够开始下一次往复动作。

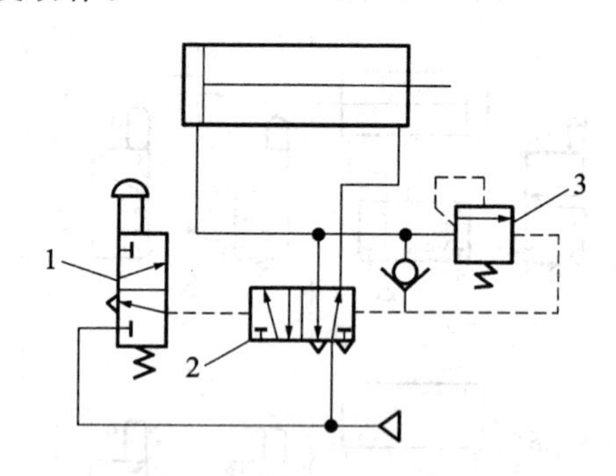

图 9-17　单往复控制回路

1—手动阀；2—气控换向阀；3—顺序阀

(2)连续往复动作回路

图 9-18 所示是连续往复动作控制回路。当按下手动换向阀置于左位工作状态后，使单气控换向阀处于右位，气缸左腔进入压缩空气，使活塞向右前进，由于气缸松开行程阀 1，使该阀自动复位而将控制气路封闭，单气控换向阀右侧的控制气压继续保持着，使换向阀仍处于右位，活塞继续向右前进；当活塞到达终点，挡块压下行程阀 2 时，使换向阀的控制气路经行程阀

2 排气，控制气压丧失，单气控换向阀恢复至左位，这时压缩空气进入气缸右腔，使其活塞向左退回。在气缸返回到原位并再次压下行程阀 1 后，换向阀又重新换至右位，使气缸左腔重新进入压缩空气，一直重复上面所述的循环动作。

该回路结构简单，只要扳动手动换向阀后，连续往复动作就会一直进行下去。手动换向阀是带锁紧机构的，不能自动复位。当手动换向阀推回置于右位工作状态时，循环动作结束。

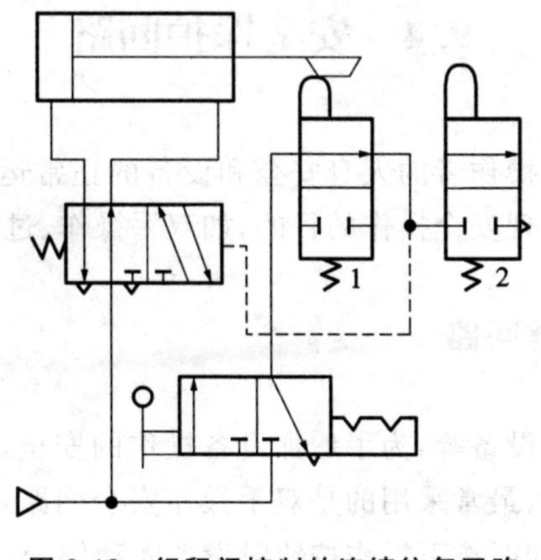

图 9-18 行程阀控制的连续往复回路

1、2—行程阀

9.3.4 延时控制回路

气动延时是延缓系统中某信号的输出，一个动作发出后，另一个动作延时一定时间才执行，常用于易燃、易爆等不允许使用时间继电器的场合。

图 9-19(a)所示是延时接通气动控制。延时元件在主控先导信号输入侧形成进气节流。当输入先导信号 A 后，使二位三通换向阀切换至上位，压缩空气经节流阀进入气容，待经过一段时间 t 使气容中的压力升高到一定值后，主控换向阀才能换向接通输出 F。延时时间可由节流阀调节。

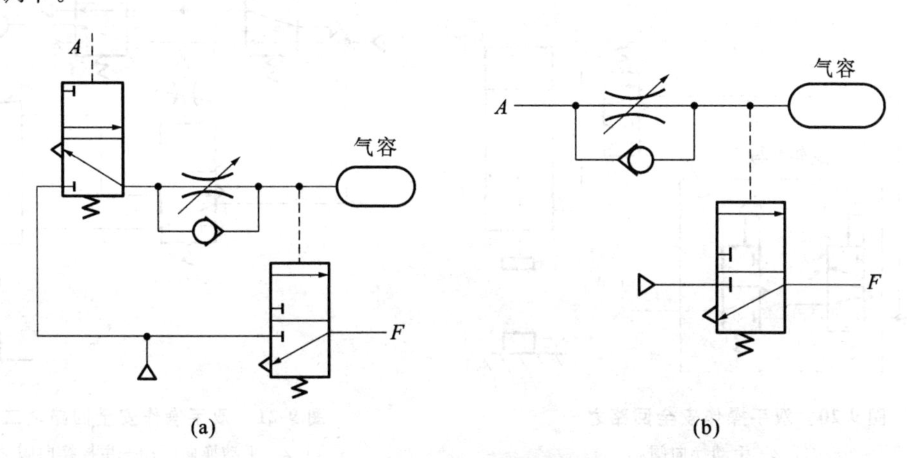

图 9-19 延时控制回路

(a)延时接通控制；(b)延时切断控制

图 9-19(b)所示是延时切断气动控制。延时元件组成排气节流回路。当输入信号 A 后，单向阀被推开，主控换向阀迅速切换为上位，压缩空气立即有信号 F 输出。但当输入信号 A 在主控换向阀上端，须经延时一定时间 t_2 后，主控换向阀才会恢复原位，这时输出 F 才能被切断。延时时间可由节流阀调节。

9.4 安全保护回路

在气动系统中，为了保护操作者的人身安全和设备的正常运转，常采用安全保护回路，通过元件的逻辑控制关系，来实现安全操作的目的，如双手操作、过载保护、急停保护等。

9.4.1 双手操作安全回路

在一些设备中，例如冲压设备等，为了增加设备操作的安全，防止操作人员误动作而发生事故，必须采用安全保护回路，最常采用的是双手操作安全回路，操作者单手操作(或误操作)时，设备无动作；只有当双手同时按下操作按钮时设备才动作。

如图 9-20 所示，两个手动换向阀之间是“与”的逻辑关系。当只按下其中一个手动阀时，压缩空气无法到达主控换向阀的控制口，主控换向阀不能换向。只有两手同时按下两个手动换向阀的操作按钮时，通过逻辑“与”的关系，压缩空气才能到达主控换向阀的控制口，主控换向阀才会换向，从而使气缸上腔进入压缩空气，活塞下落，完成冲压等操作。

如果手动换向阀 1 或 2 因故障而出现弹簧折断、卡住而不能复位时，则单独按下另一个手动换向阀也会使气缸活塞下落，可能造成事故，失去了双手操作实现安全保护的作用，因此这种回路在实际使用过程中也不是十分安全的。

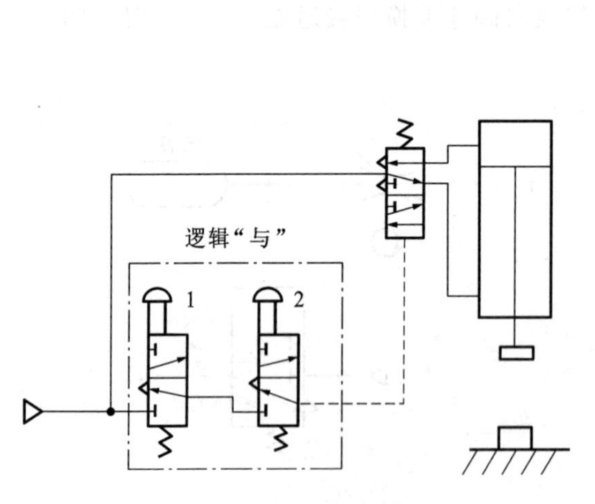

图 9-20　双手操作安全回路之一

1、2—手动换向阀

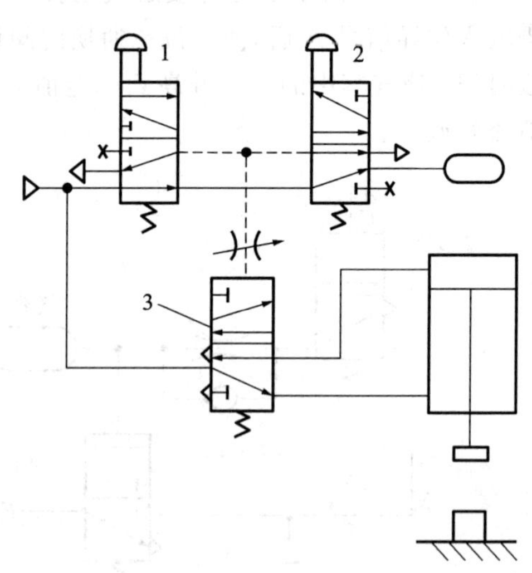

图 9-21　双手操作安全回路之二

1、2—手动换向阀；3—主控换向阀

为了保证双手操作安全，采用图 9-21 所示的双手操作安全回路，使手动换向阀 1 或 2 的弹簧折断或卡住时既不能复位，也不会动作，增强了操作安全的可靠性。在图示位置时，双手都不按下，系统向气容充气。在工作中，只要手动阀 1 和手动阀 2 不同时被按下，都会使气容与大气接通而排气，使主控换向阀 3 无法得到换位。只有双手同时按下手动阀 1 和手动阀 2 时，气容中的压缩空气才能经节流阀延时一定时间后切换主控换向阀，压缩空气才可进入气缸上腔，使活塞向下运动。这种回路常用于冲压或锻造作业中。

9.4.2 过载保护回路

为防止系统过载出现故障及损坏设备，通常采用过载保护回路，以防止事故发生。图 9-22 所示是过载保护回路，在气缸工作过程中遇到故障造成气缸过载时，该回路将使活塞自动退回，起到自我保护的作用。

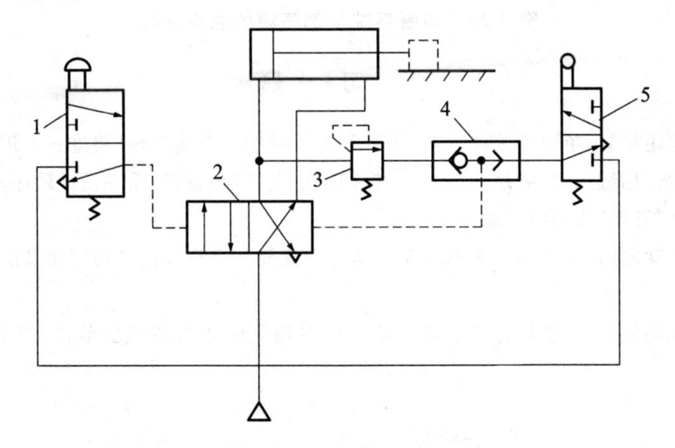

图 9-22 过载保护回路

1—手动阀；2—主控换向阀；3—顺序阀；4—梭阀；5—行程阀

气动系统正常工作时，按下手动阀 1，使主控换向阀 2 切换至左位，压缩空气进入气缸左腔，使活塞向右前进；当缸上挡块压下行程阀 5 时，控制气体使主控换向阀 2 又换至右位，压缩空气进入气缸右腔，其活塞向左退回。无过载发生时，系统正常工作。

当气缸活塞向右运动的过程中，若负载过大，使气缸左腔压力升高超过预定值时，打开顺序阀 3，控制气体经梭阀 4 将主控换向阀 2 换至右位，压缩空气也进入到气缸右腔，气缸左腔的气体经主控换向阀 2 排气，使活塞自动向左退回，防止了系统过载。

9.4.3 急停安全保护回路

图 9-23 所示是切断系统全部气源的急停回路。在气动控制系统工作进程中出现意外事故时，按动急停按钮，可将信号系统、控制系统和执行机构等的空气全部排空，实现立即停车。由于回路处于排气状态，也便于维修和检查。若急停后需要重新运行，按复位阀即可。

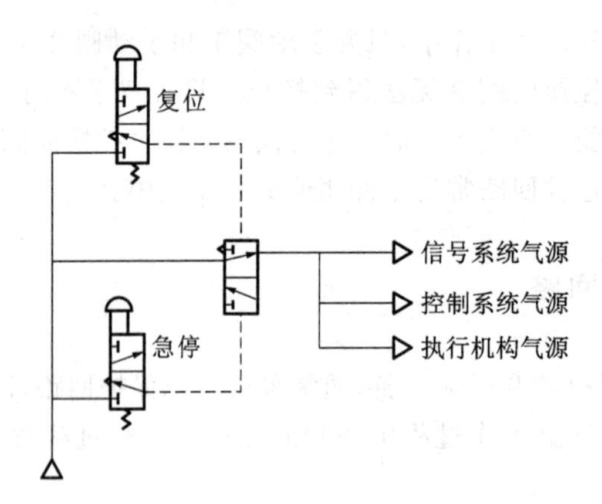

图 9-23　切断系统全部气源的急停回路

习　题

9-1　绘出用气液阻尼缸、单向节流阀、行程阀等元件组成的一个能实现“快进—工进—快退”的回路。

9-2　试用两个双作用缸、一只顺序阀、一个二位四通单电控换向阀等元件设计顺序动作回路。

9-3　试设计一个延时动作非门回路。

9-4　试绘出一气动回路，要求用三个不同输入信号中任何一个输入信号均可使气缸前进，当活塞运动到头后自动后退。

9-5　试绘出一气动回路，要求只有三个输入信号同时输入时才可使气缸前进，当活塞运动到头后自动后退。

附　　录

附表 A　液压图形符号

类别	名　称	符　号	名　称	符　号
管路及连接	工作管路	b	柔性管路	
	控制管路	$\frac{b}{3}$	管口在液面以上的油箱	
	连接管路		管口在液面以下的油箱	
	交叉管路		单通路旋转接头	
控制方法	按钮式人力控制		顶杆式机械控制	
	手柄式人力控制		弹簧控制	
	踏板式人力控制		滚轮式机械控制	
	单向滚轮式机械控制		单作用电磁控制	
	双作用电磁控制		液压先导控制	
	加压或卸压控制		气液先导控制	

续附表 A

类别	名　　称	符　　号	名　　称	符　　号
控制方法	差动控制	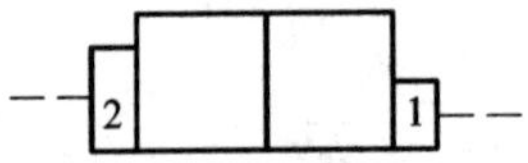 2 1	电-液先导控制	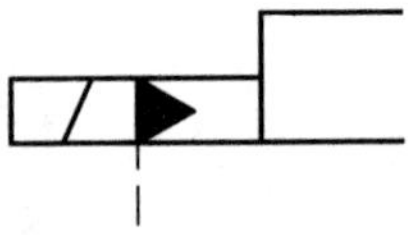
	内部压力控制	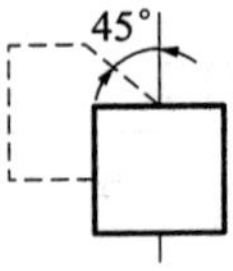 45°	液压先导卸压控制	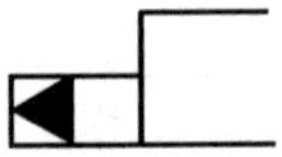
	外部压力控制	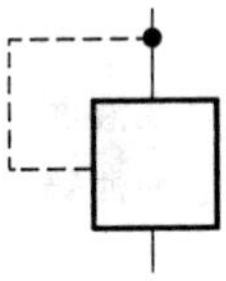	电反馈控制	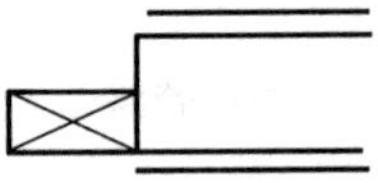
泵、马达和缸	单向定量液压泵	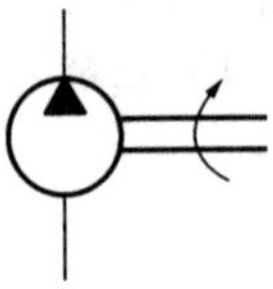	单向变量液压泵	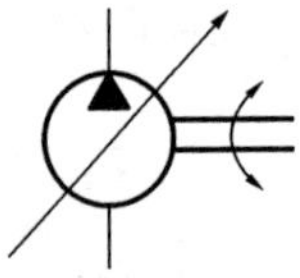
	双向定量液压泵	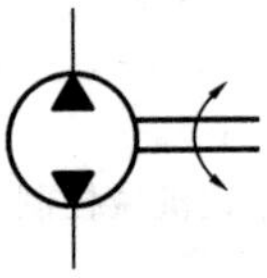	双向变量液压泵	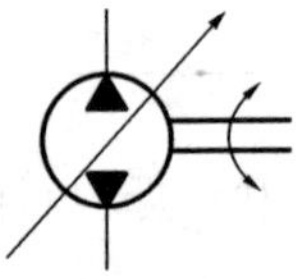
	单向定量马达	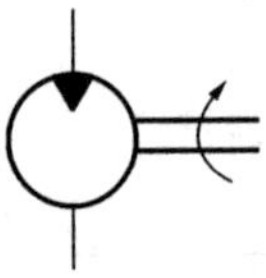	单向变量马达	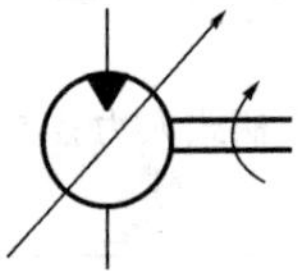
	双向定量马达	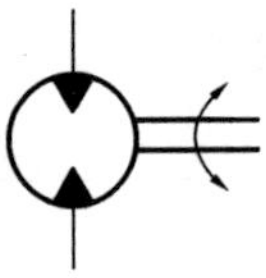	双向变量马达	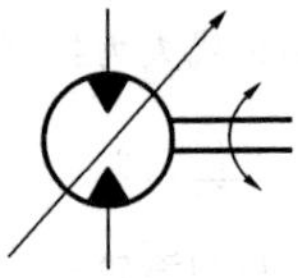
	摆动马达	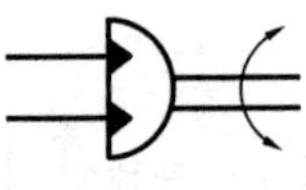	不可调单向缓冲缸	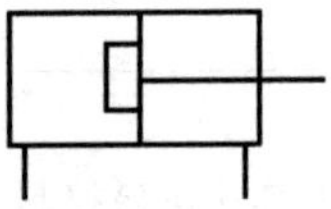
	单作用弹簧复位缸	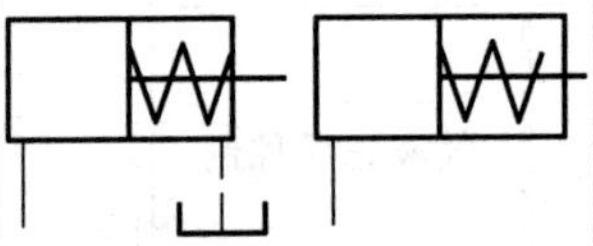	可调双向缓冲缸	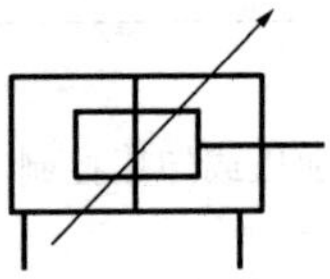

续附表 A

类别	名　称	符　号	名　称	符　号
泵、马达和缸	双作用单活塞杆缸	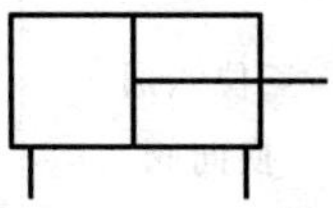	气液转换器	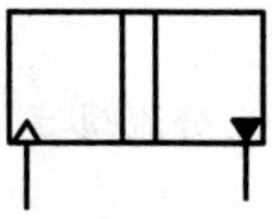
	双作用双活塞杆缸	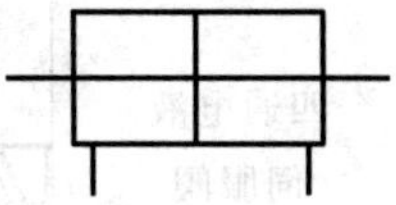	增压器	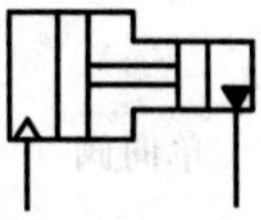
控制元件	直动型顺序阀	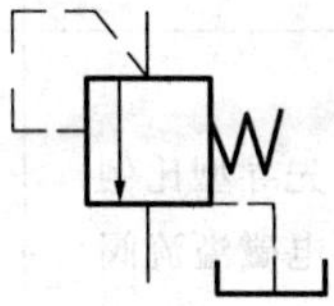	液控单向阀	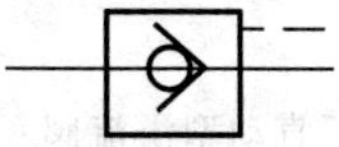
	先导型顺序阀	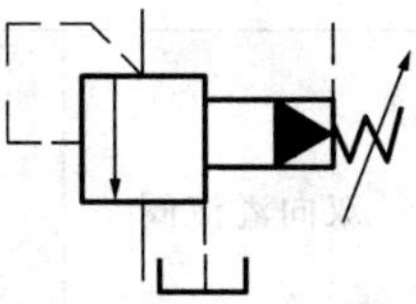	二位二通换向阀	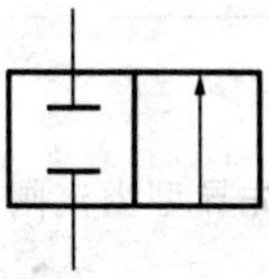
	直动型卸荷阀	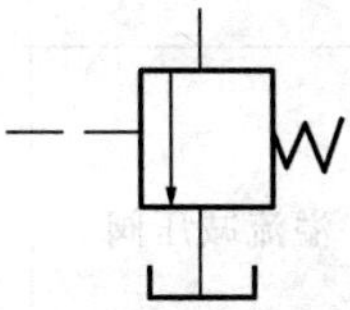	二位三通换向阀	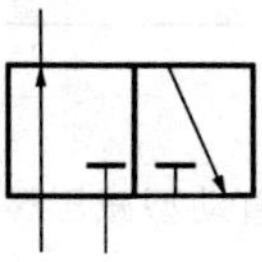
	可调节流阀	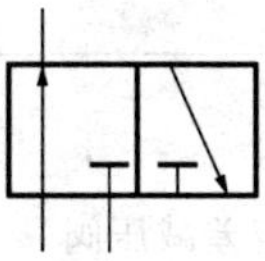	二位四通换向阀	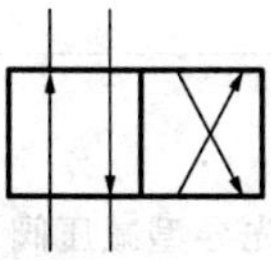
	不可调节流阀		二位五通换向阀	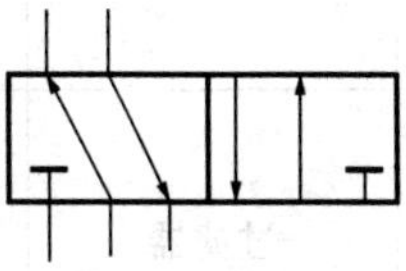
	调速阀	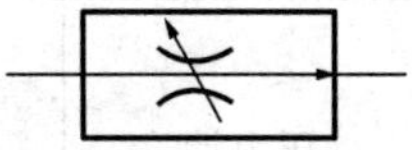	三位四通换向阀	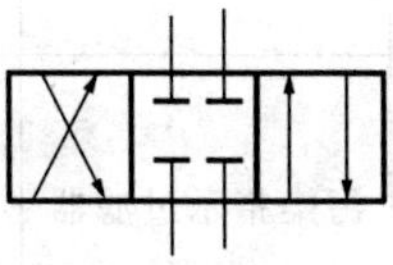
	温度补偿调速阀	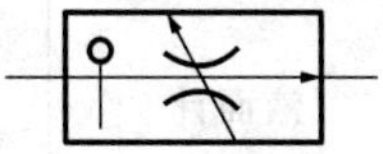	三位五通换向阀	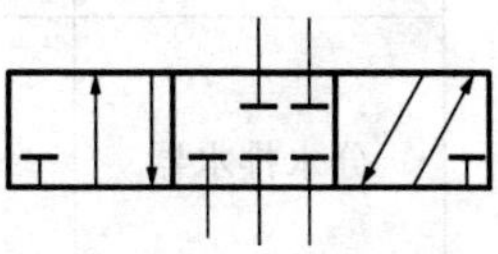

续附表 A

类别	名　　称	符　　号	名　　称	符　　号
控制元件	分流阀	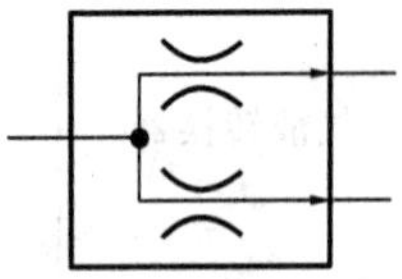	三位六通换向阀	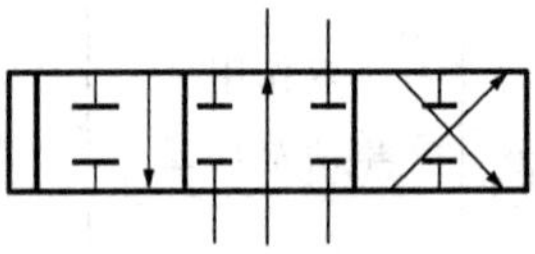
	单向阀		四通电液伺服阀	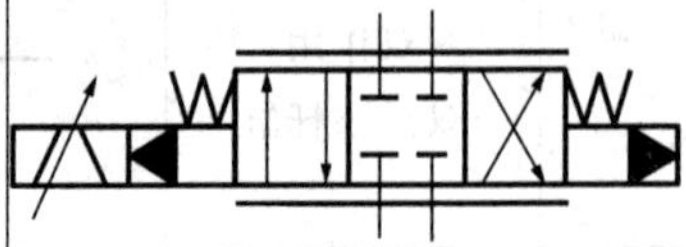
	直动型溢流阀	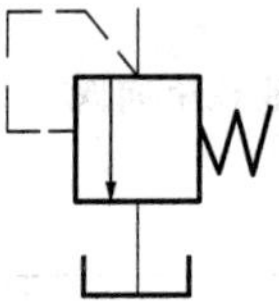	先导型比例电磁溢流阀	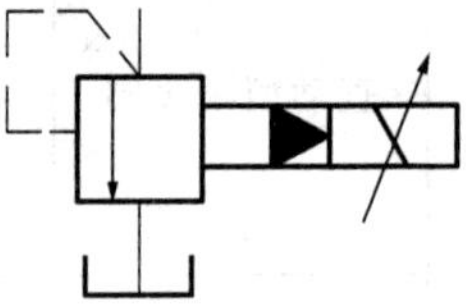
	先导型溢流阀	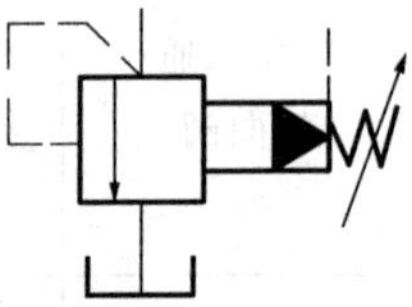	双向溢流阀	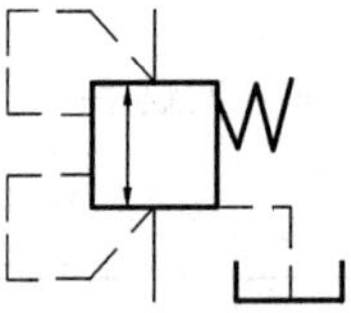
	直动型减压阀	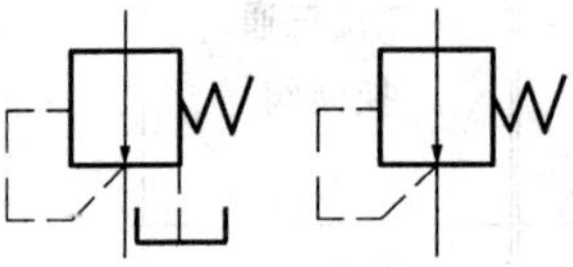	溢流减压阀	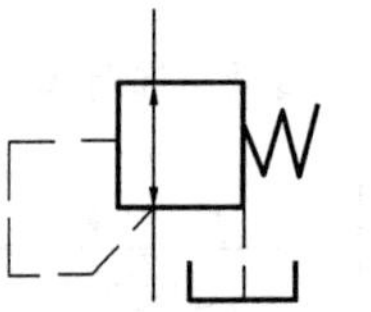
	先导型减压阀	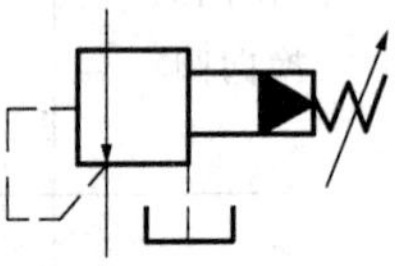	定差减压阀	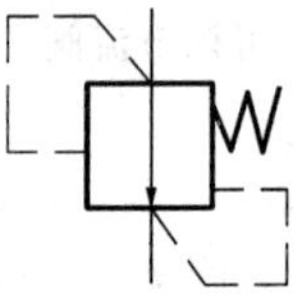
辅助元件	过滤器	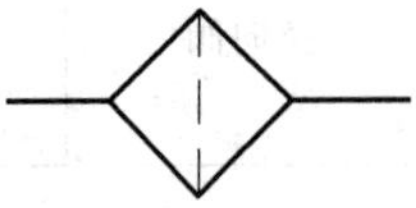	原动机	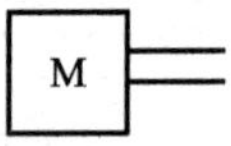 M
	污染指示过滤器	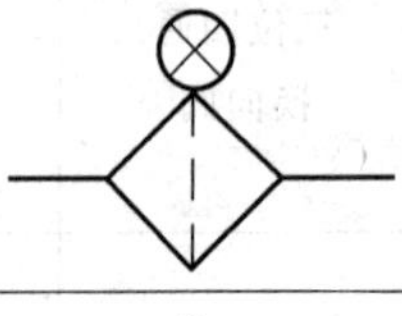	压力计	
	分水排水器	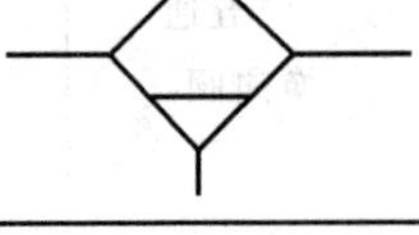	液面计	

续附表 A

类别	名　称	符　号	名　称	符　号
控制元件	空气过滤器		流量计	
	加热器		消声器	
	蓄能器		报警器	
	液压源		压力继电器	
	电动机	M		

附表 B 气动图形符号

类别	名称	符号	名称	符号
管路及连接	直接排气口	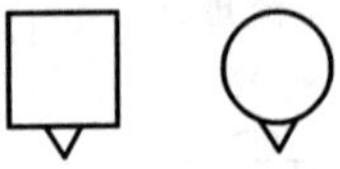	带单向阀快换接头	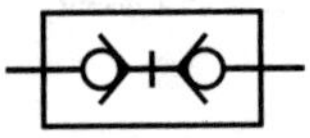
	带连接排气口	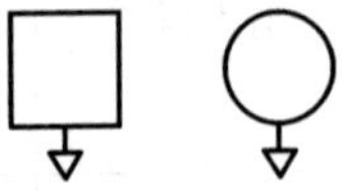	不带单向阀快换接头	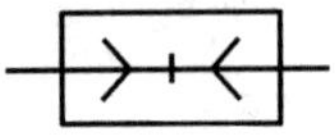
控制方法	气压先导控制	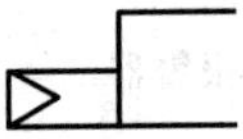	电-液先导控制	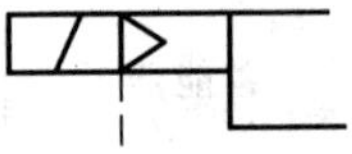
泵和马达	单向定量马达	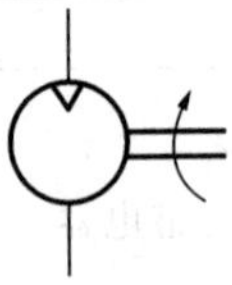	双向变量马达	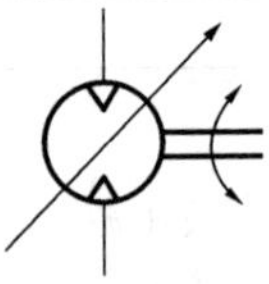
	双向定量马达	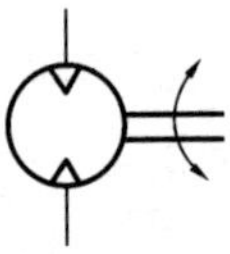	摆动马达	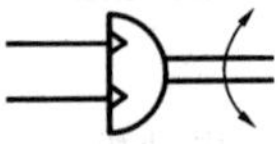
	单向变量马达	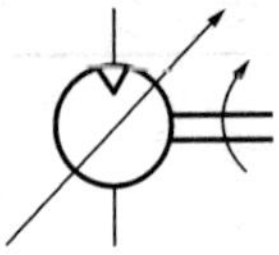		
控制元件	直动型溢流阀	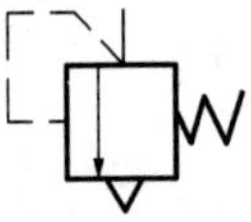	带消声器的节流阀	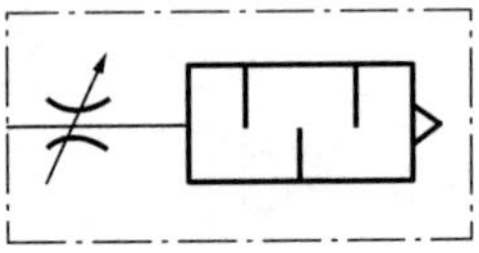
	先导型溢流阀	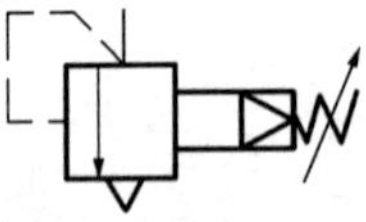	或门型梭阀	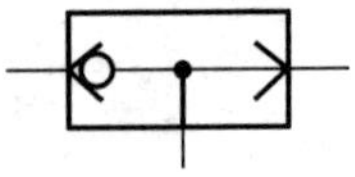
	先导型减压阀	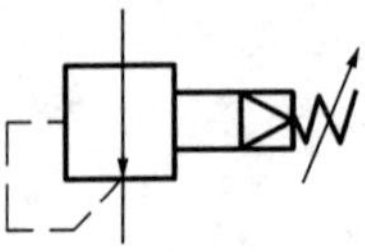	与门型梭阀	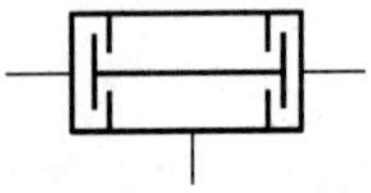
	溢流减压阀	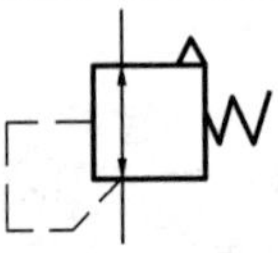	快速排气阀	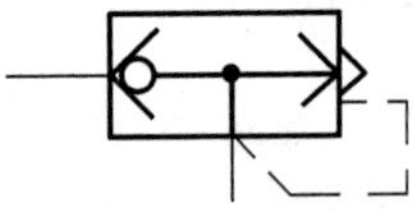

续附表 B

类别	名　称	符　号	名　称	符　号
辅助元件	分水排水器		冷却器	
	空气过滤器		气罐	
	空气干燥器		气压源	
	油雾器			

附表 C-1 液压系统常见故障及排除方法

故障	产生原因	排除方法
液压系统无压力或压力不足	电动机反转	调换电动机接线
	液压系统不供油(轴断裂或联轴节部分的键损坏)	更换泵或配键
	溢流阀主阀芯或锥阀芯被卡死在开口位置	清洗、检修溢流阀
	溢流阀弹簧折断或永久变形	更换弹簧
	溢流阀阻尼孔堵塞或阀芯与阀座接触不良	清洗、修理或更换
	泄漏量大	检修泵、缸、阀内易损件情况和系统各连接处的密封情况
液压系统流量不足	液压泵反转或转速过低	检查电动机接线,调整泵的转速以符合要求
	油液黏度不适合	更换适合黏度的油液
	油箱油位太低	补充油液
	液压系统吸油不良	加大吸油管径,增加吸油过滤器的通油能力,清洗滤网,检查是否有空气进入
	液压元件磨损,内泄漏增加	拆修或更换有关元件
	控制阀动作不灵活	调整或更换相关元件
	回油管在油面之上,空气进入	检查管路连接是否正确,液压油封是否可靠
液压系统的运动部件换向有冲击或冲击大	活塞杆与运动部件连接不牢固	检查并紧固连接螺栓
	电液换向阀中的节流螺钉松动	检查、调整节流螺钉
	电液换向阀中的单向阀卡住或密封不良	检查及修理此阀
	节流阀口有污物,运动部件速度不均	清洗节流阀口
	导轨润滑油量过多	调节润滑油压力或流量
	油温高,黏度下降	检查其原因并排除
	泄漏增加,进入空气	防止泄漏、排除空气

续附表 C-1

故障	产生原因	排除方法
液压系统的运动部件出现爬行现象	油箱油位太低，吸入空气	补充油液至油标处
	空气进入系统	检查泵的吸油管连接正确与否及密封情况
	吸油口过滤器堵塞，造成局部真空	拆洗过滤器
	液压泵性能不良，流量脉动大	将流量脉动控制在允许范围内
	流量阀的节流口处有污物，通油量不均匀	检修或清洗流量阀
	液压缸端盖密封圈压得太死	调整好压盖螺钉
	运动部件精度不高、润滑不良，局部阻力发生变化	提高运动部件精度，使其各部分均匀，选用合适的润滑油充分形成油膜，减少阻力变化
	系统内、外泄漏大	检查泵及管路的磨损及连接处的密封情况，修理或更换元件
液压系统产生振动和噪声	液压泵本身或其进油管路密封不良或密封圈损坏、漏气	拧紧泵的连接螺栓及管路各管螺母或更换密封元件
	泵内零件卡死或损坏	修复或更换
	泵与电动机联轴器不同心或松动	重新安装紧固
	电动机振动，轴承磨损严重	更换轴承
	油箱油量不足或泵吸油管过滤器堵塞，使泵吸空引起噪声	将油量加至油标处，或清洗过滤器
	溢流阀阻尼小孔被堵塞、阀座损坏或调压弹簧永久变形、损坏	可清洗、疏通阻尼小孔，修复阀座或更换弹簧
	电液换向阀动作失灵	修复该阀
	液压缸缓冲装置失灵造成液压冲击	进行检修和调整
液压系统发热大、油温过高	油箱容量设计太小或散热性能差	适当增大油箱容量，增设冷却装置（或检修、更换冷却装置）
	油液黏度过低或过高	选择黏度适合的油液
	液压系统背压过高，使其在非工作循环中有大量压力油损失，造成油温升高	改进系统设计，重新选择回路或液压泵
	压力调节不当，选用的阀类元件规格小，造成压力损失增大导致系统发热	将溢流阀压力调至规定值，重新选用符合系统要求的阀类
	液压元件内部磨损严重，内泄漏大	拆洗、修复或更换已磨损零件
	系统管路太细、太长，致使压力损失大	尽量缩短管路长度，适当加大管径，减少弯曲
	电控调温系统失灵	检修相关部件

附表 C-2 气压系统常见故障及排除方法

故障	产生原因	排除方法
减压阀二次压力升高	弹簧损坏	更换弹簧
	阀座有伤痕,阀座橡胶剥离	更换阀体
	阀体中夹灰尘,阀体导向部分黏附异物,导向部分和阀体的密封圈变形	清洗阀和过滤器,调换密封圈
减压阀的溢流孔处漏气	阀座有尘埃或伤痕、阀杆头部和阀座间研配质量不好	清洗阀、调换阀座、重新研配调换膜片
	膜片破裂	
减压阀压力调不高	调压弹簧断裂	更换弹簧
	膜片撕裂	更换膜片
	阀口径太小	换阀
	阀下部积存冷凝水	排除积水
	阀内混入异物	清洗阀
减压阀调压时升压缓慢	过滤网堵塞	拆下清洗
减压阀输出压力发生剧烈波动或不均匀变化	阀杆或进气阀芯上的密封圈表面损坏	更换阀杆或密封圈
	进气阀芯或阀座间导向不好	更换阀芯或修复
	弹簧的弹力减弱,弹簧错位	更换弹簧
	耗气量变化使阀频繁启闭引起阀的共振	耗气量尽量稳定
减压阀阀体漏气	密封件损坏	更换密封件
	弹簧松弛	张紧弹簧
溢流阀压力没超过调定值,溢流侧已有气体溢出	膜片损坏	更换膜片
	调压弹簧损坏	更换弹簧
	阀座损坏	调换阀座
	杂质被气体带入阀内	清洗阀
溢流阀压力超过调定值但不溢流	阀内部孔堵塞,阀芯被杂质卡死	清洗阀
溢流阀阀体和阀盖处漏气	膜片损坏	更换膜片
	密封件损坏	更换密封件
溢流时发生振动	压力上升慢引起阀的振动	清洗阀,更换密封件
溢流阀压力调不高	弹簧损坏	调换弹簧
	膜片漏气	调换膜片

续附表 C-2

故障	产生原因	排除方法
换向阀不能换向	润滑不良,阀的滑动阻力大	进行润滑
	密封圈变形,摩擦力增大	更换密封圈
	杂质卡住滑动部分	清除杂质
	弹簧损坏	调换弹簧
	膜片损坏	更换膜片
	换向操纵力太小	检查操纵部分
	控制压力太低	增大控制压力
	阀芯另一端有背压(放气小孔被堵)	清洗阀
	气腔漏气	重新密封
	阀芯锈蚀	调换阀或阀芯
	配合太紧	重新装配
换向阀的电磁铁有蜂鸣声	电压低于额定电压	调整电压到规定值
	铁芯吸合面上有杂质或生锈	清除杂质或锈屑
	活动铁芯上的密封垫不平	调整密封垫
	杂质进入铁芯的滑动部分,使铁芯不能紧密接触	清除进入电磁铁内的杂质
	短路环损坏	换固定铁芯
	弹簧太硬或卡死	更换弹簧或调整弹簧
	外部导线拉得太紧	引线应宽裕
	T型活动铁芯的铆钉脱落、铁芯叠层分开不能吸合	更换活动铁芯
	Ⅰ型活动铁芯密封不良	检查铁芯的接触性和密封性,必要时更换铁芯
换向阀的电磁铁通电后无吸合声	线圈烧坏	调换线圈或电磁铁
	接线接触不良	保持导线良好接触
换向阀的电磁铁动作时偏差大,有时不能动作	活动铁芯锈蚀,不能移动,密封不完善	铁芯除锈,更换坏的密封圈
	电源电压低	调整电源电压,用符合电压的线圈
	杂质进入铁芯的滑动部分,使其运动受阻	清除杂质
换向阀的电磁铁线圈烧毁	环境温度高	按规定温度范围使用
	动作频繁	使用高频电磁铁
	吸合时电流过大、温度升高导致绝缘损坏	可用气控阀代替电磁换向阀
	杂质夹在阀和铁芯之间,不能吸引铁芯	清除杂质
	线圈电压不合适	使用正常电源电压,使用符合电压的线圈

续附表 C-2

故障	产生原因	排除方法
换向阀漏气	密封圈磨损或机械损伤	更换密封圈或相应零件
	密封件尺寸不合适	更换密封件
	密封圈扭曲或歪斜	正确安装
	弹簧失效	更换弹簧
气缸外泄漏	活塞杆安装偏心	重新安装，使杆不受偏心载荷
	活塞杆与密封衬套间漏气，润滑油供应不足，使衬套密封圈磨损	正常润滑、更换密封圈
	活塞杆有伤痕	更换活塞杆
	活塞杆与密封衬套的配合面内有杂质	清除杂质，安装防尘盖
	因密封圈损坏，造成从缓冲装置的调节螺钉处漏气，管接头与缸连接处漏气，气缸体与端盖间漏气	更换密封圈
气缸内泄漏（活塞两端串气）	活塞密封圈损坏	更换密封圈
	活塞卡住	重新安装，使活塞不受偏心载荷
	活塞配合面有缺陷	更换零件
	杂质挤入密封面	清除杂质
	润滑不良	改善润滑
气缸运动不稳定，输出力不足	润滑不良	改善润滑
	活塞或活塞杆卡住	重新安装，消除偏心载荷
	气缸内表面有锈蚀或缺陷	视缺陷大小修复或调换
	气缸安装调整不佳，受偏心载荷	正确安装，使气缸免受偏心载荷
	气缸内有杂质、冷凝水	清除水分及杂质
气缸缓冲效果不好	缓冲部分的密封圈密封性能差	更换密封圈
	气缸运动速度太快	调节气缸速度
	调节螺钉损坏	更换调节螺钉
气缸损伤	缓冲机构不起作用，致使端盖损坏	检修缓冲机构，更换端盖
	偏心载荷引起折断	消除偏心载荷
	装置的冲击加到活塞杆上，活塞杆受冲击而折断	冲击不得加到活塞杆上
	气缸运动速度太快	设缓冲装置
	摆动气缸载荷很大，摆动速度快，受到冲击	减小摆动速度和冲击
	摆动角过大	减小摆动角

参 考 文 献

1. 盛东初，冯淑华. 液压传动技术教程[M]. 北京：北京理工大学出版社，1995.
2. 章宏甲，黄谊. 液压传动[M]. 北京：机械工业出版社，1993.
3. 洪英发，程国纺. 液压与气动技术[M]. 沈阳：东北大学出版社，1996.
4. 雷天觉. 液压工程手册[M]. 北京：机械工业出版社，1990.
5. 林建亚，何存兴. 液压元件[M]. 北京：机械工业出版社，1988.
6. 官忠范. 液压传动系统[M]. 北京：机械工业出版社，1996.
7. 吴振顺. 气压传动与控制[M]. 哈尔滨：哈尔滨工业大学出版社，1995.
8. 郑洪生. 气压传动[M]. 北京：机械工业出版社，1981.
9. 陈书杰. 气压传动及控制[M]. 北京：冶金工业出版社，1991.
10. 马玉贵. 液压件使用与维修技术大全[M]. 北京：中国建材工业出版社，1995.
11. 王积伟. 液压与气压传动[M]. 北京：机械工业出版社，2005.
12. 左建民. 液压与气压传动[M]. 北京：机械工业出版社，2005.
13. 朱梅，朱光力. 液压与气动技术[M]. 西安：西安电子科技大学出版社，2004.
14. 屈圭. 液压与气动技术[M]. 北京：机械工业出版社，2002.
15. 何存兴. 液压传动与气压传动[M]. 武汉：华中科技大学出版社，2000.
16. 何法明. 液压与气动技术学习及训练指南[M]. 北京：高等教育出版社，2003.
17. 徐文生. 液压与气动[M]. 北京：高等教育出版社，1998.

参考文献